E - W A S T E

생활과 도시광산

고재철 · 류경원 · 염운주 · 이현주 지음

GS인터비전 한국도시광산협회

들어가는 말

도시광산(urban mining)이란 용어에 대해 여러 매체를 통해서 한 번쯤은 들어 보셨을 것입니다. 이 용어는 1980년대 일본의 선공제련 연구소에서 처음 만들어지게 되었고, 수많은 일본기업들이 적용 및 전파를 하게 되면서 세상에 알려지게 되었습니다. 이로부터 광산에서 힘들게 또는 효율이 낮은 채광을 통하여 귀금속을 추출하는 것보다 도심 속에서 버려지는 폐기물에서 자원을 회수하는 것이 더 효율적이고, 경제적이라는 점이 부각되어 지속적인 발전을 이루고 있습니다.

한국 도시광산의 시작은 초기 액세서리 가공시 발생하는 폐기물에서 귀금속을 회수하는 것으로 매우 제한적인 적용범위에서 이뤄지고 있었습니다. 하지만, 다양한 제품군의 발생 및 회수 기술의 발전 등으로 인하여 현재는 도금 공정에서 발생하는 폐수, 산업폐수 슬러지 및 반도체 산업에서 발생하는 폐기물에 이르기까지 유가금속의 회수를 가능하게 되었습니다.

도시광산의 발전을 주도하게 된 시발점은 한국의 전자제품의 성장 특히 휴대폰의 발전과 함께 성장하고 있다하여도 과언이 아닙니다. 휴대폰을 구성하는 부속자재들의 대부분이 광산자원을 필요로 하였기 때문에, 광산자원이 부족한 한국의 경우 자재 구성원 대부분을 수입에 의존할 수 밖에 없었고, 시간이 지남에 따른 휴대폰의 폐기 처리 문제가 자연스럽게 대두되면서 도시광산을 이용한 자원확보의 필요가 더욱 증대될 수 밖에 없는 상황에 직면하게 되었습니다.

그러나, 휴대폰 제조에 필요한 광산자원의 양에 비해 재활용 또는 재사용 되거나 회수되는 자원의 량이 상대적으로 많이 부족하여 아직도 대부분 수입에 의존하고 있으며, 이는 자동차산업, 석유산업, 조선 산업 등 주요 산업분야에서도 동일하게 적용되고 있는 실정입니다.

또한, 한국의 도시광산 관련 기술은 대부분이 화학약품을 사용하는 습식공법에 치중하고 있어 기술의 성장을 저해하는 요소가 되고 있습니다. 물론 습식공법에 대한 수많은 기술의 발전에 따른 성과를 가져오고 있기는 하였으나 세부적인 기술발전의 한계 및 각 회사 간 기술 폐쇄성으로 인해 진보적인 기술로의 발전을 저해하는 요인이 되었습니다. 더욱이 산·학·연 협력을 통하여 이루어낸 성과(특정 공법) 마저도 그들만의 리그를 형성하는 문제로 인하여 도시광산 사업을 영위하고 있는 다수의 중소기업의 기술력은 세계에서 우위를 점하지 못하고 있으며, 도시광산 자원의 해외유출, 기업 경쟁력 약화의 현상이 뚜렷하게 발생되고 있습니다. 이에 본 도서를 통하여 도시광산의 제한적인 정보만이 아니라 누구나 이해할 수 있는 폭넓은 내용을 기반으로 도시광산 산업의 또다른 해석을 시도해보자 하였습니다.

일반인뿐만 아니라 전문직에 종사하는 분들이 기존의 제한된 전문지식보다 한 걸음 더 심층적인 내용을 토대로 도시광산으로부터 회수하는 다양한 유가금속들이 어떤 경로로 거래가 되는지에 대한 실제적인 부분까지 경험할 수 있는 장을 마련하고자 하였습니다.
도시광산이란 용어를 한번쯤은 접해본 독자는 본 도서로부터 도시광산이 무엇인지, 자원을 어디에 활용할 수 있는지, 그리고 이 자원을 어떻게 회수할 수 있는지, 도시광산의 거래를 위한 가치평가는 어떻게 이루어지는지에 대해서 좋은 길잡이를 찾을 수 있을 것입니다.

본 도서가 도시광산 기술력 증대에 조금이나마 기여되기를 희망해 봅니다.

도서를 만들기 위해 열심히 연구해 주신 (주)피엠알 연구원, 한국도시광산협회 임직원, 그리고 기획 제작에 도움을 주신 많은 분들께 진심으로 감사드립니다.

저자일동

차례

도시광산 개요

1

현재의 산업 시스템은 자동화설비를 사용하여 다양한 제품들을 대량 생산 하고 있다. 제품의 특징에 따라 다양한 화학재료들이 사용되고, 그 중 높은 안정성을 가진 무기원소들이 핵심적인 요소로 사용되고 있다. 무기원소 중에서 널리 사용되는 금(Au), 은(Ag), PGM(platinum group metal, Pt/Pd/Rh, Ru/Os/Ir)등은 산출량이 적어 비교적 값이 비싸고, 화학반응이 거의 발생되지 않아 산화가 잘 일어나지 않는다.

귀금속은 산업뿐만이 아니라 특유의 아름다움으로 보석류(jewelry)에도 널리 사용되고 있다. 이처럼 다양한 곳에서 사용되지만 그 수요가 점점 늘어나 천연자원이 고갈되고 있는 상황이다. 희소성을 가진 원소들의 가격은 불과 몇 년 사이에 기아 급수적으로 상승하였다.

특히 2010년대는 [그림 1-1]과 같이 금, 은, 니켈, 플라티늄 등의 가격이 치솟는 경향을 나타내고 있다. 이로 인해 경기에 특히 민감하게 움직이는 산업용 원자재 값이 상승하여 물가상승의 요인이 되었다.

도시광산(Urban Minning)이라는 용어는 이미 전세계적으로 보편화 되어 있으며, 광산이나 기타 비도시 지역에서 광물자원을 캐는 것과 달리 도시에서 사용되었던 폐가전제품 등의 폐자원으로부터 유효한 광물자원을 얻는다고 해서 생긴 말이다.

한국은 2009년부터 도시광산에 대한 심도있는 접근을 시작하였으며, 2011년 20대 도시광산 전략금속을 1차선정하면서 급격한 기술개발이 진행되었다.

석유, 천연가스와 같은 유기물질들은 태워서 사용하기 때문에 다시 사용할 수 없지만, 금속은 제품으로 만들어져 변형되어 있어도 금속의 고유 형질은 그대로 남아 있어 회수 할 경우 큰 자원이 될 수 있을 것이라는 점에서 착안된 것이다.

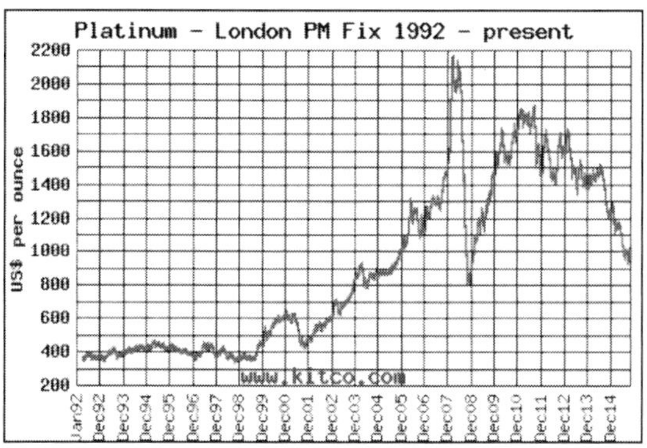

1992~2014 platium

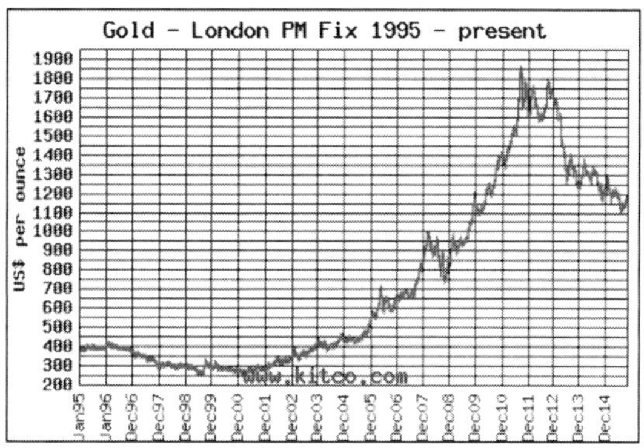

1995~2014 gold

* 자료 : Kito Metals Inc

[그림 1-1] Platium 및 Gold의 시세변동

무기원소를 대체하기 위해 유기합성재료와 같은 다양한 대체 재료 연구가 진행되고 있지만 실질적으로 무기 원소를 대체하기가 어려워 무기원소의 함량을 줄이면서 효율성을 높이는 연구가 진행되고 있다.

1972년 로마클럽은 '성장의 한계'를 발표하여 자원고갈의 위험을 경고한 지 30년 후 로마클럽은 '성장의 한계, 인류의 선택'이라는 보고서에서 지속가능발전개념을 소개하면서 자원의 재생가능성 여부를 고려하였다. 즉, 자원의 재생을 새로운 자원원천으로 제시한 것이다. 보고서의 저자인 허먼 데일리의 주장에 의하면, 재생불능자원이란 광물, 금속, 화석연료 등을 의미하며, 재생가능 자원이란 식량, 토양, 물, 산림 등을 의미한다. 허먼 데일리의 지속가능 발전을 위한 3원칙은 다음과 같다.

- 첫째, 흙, 물, 산림, 물고기 등의 재생가능자원의 이용은 재생의 속도를 넘지 않아야 한다.
- 둘째, 화석연료, 고품위 광석 등 재생불능자원의 이용은 재생가능자원으로 대체 가능한 정도를 넘지 않아야 한다.
- 셋째, 오염물질의 배출은 환경의 순환, 흡수, 무해화 가능 속도를 넘지 않아야 한다.

한편 보고서가 작성된 지 10년이 채 되지 않은 현 시점에서 재생불능자원으로 간주되었던 금속 광물자원의 일부는 재자원화되어 사용되고 있다. 불과 10여 년 전 까지만 해도 채굴하면 원래대로 되돌릴 수 없다고 여겨진 재생불능자원, 금속광물이 어떻게 재생되고, 또 그 양은 얼마나 되며, 누가 어떤 기술로써 그러한 재자원화를 하는지에 대한 심층적인 연구가 필요하다는 것은 누구나 공감하는 사실이다. 한편, 자원은 광물자원, 에너지 자원, 실량자원, 인적자원 등으로 다양하게 분류할 수 있는 포괄적인 개념이나, 여기에서는 산업 활동에 밀접한 연관성을 가진 광물자원, 즉, 도시광산 자원순환에 대해 다루고자 한다.

1.1 도시광산의 정의 및 특성

1.1.1 도시광산의 정의

도시광산은 1980년대 일본의 도호쿠대 선광제련 연구소의 난조미치오 교수진에 의해 금속재활용의 의미로 최초로 사용되기 시작하였다. 도시광산의 경우 광의적으로 보면 대상이 되는 도시광산 자원에 금속, 플라스틱 등 모든 종류의 폐기물이 포함되나, 현재 일반적으로 도시광산 산업은 [표 1-1]과 같이 재자원화 대상폐기물을 금속으로 한정하고 있으며, 자원순환의 접근방식을 3R의 개념 중 재활용(recycling)에 한정하여 정의하고 있다.

- 감량화(Reduce) : 제조공정에서 자원 사용량을 절감하거나 폐기물 배출량을 저감하는 것
  예) 청정생산, 공급망을 통한 에너지·자원생산성 제고, 생태산업단지
- 재사용(Reuse) : 재활용 가능자원을 그대로 또는 고쳐서 다시 쓰거나 생산활동에 다시 사용할 수 있도록 하는 것을 말함
  예) 중고가전제품, 음료병 등의 재사용
- 재활용(Recycle): 폐자원(제품/공정스크랩)을 해체, 파분쇄, 선별, 용융 등 물리·화학적 가공을 거쳐 다시 원료화
  예) 도시광산, 우수재활용제품(GR) 등

[표 1-1] 도시광산의 정의

구 분	도시광산(자원) 정의
도시광산 기업간 네트워크 구축사업 (지식경제부, 2012)	도시광산 산업은 사용후 제품 (폐PC, 폐가전제품 등) 또는 공정스크랩(사업장 부산물) 등을 "수집-분리/분류-선별-제련/정련"과정을 통해 함유금속을 산업원료로 재공급하는 산업.
도시광산 내 희소금속의 잠재가치 평가 – 한·일 비교를 중심으로(삼성경제연구소, 2011)	폐가전제품, 산업폐기물 등에 축적된 금속자원 중 일련의 재활용 과정을 거쳐 자원화 할 수 있는 금속 또는 관련 산업을 의미.
도시광산산업 진흥을 위한 도시광산자원 수거(회수) 및 유통체계 선진화방안 연구 (지식경제부, 2011)	도시광산 자원이란 희소금속을 포함한 유가금속자원을 함유하고 있기 때문에 금속원료로 다시 추출하여 사용할 수 있는 폐전기·전자제품 및 폐자동차 등을 말함.
도시광산 재자원화 현황 및 성공사례 연구보고서(한국생산기술연구원, 2011)	지하속에서 지상으로 이동된 금속자원을 도시광산이라 정의하며, 폐 제품 내 함유되어 있는 금속광물자원은 도시광산자원을 의미.
도시광산사업의 효율적 추진과 정책과제 (산업연구원,2010)	도시광산이란 사업원료인 광물금속이 제품 또는 폐기물 형태로 생활주변에 소량으로 넓게 분포되어 양적으로 광산규모를 가진 형태를 의미. 도시광산산업은 폐기물을 순환자원으로 간주하여 회수-분리-선별-정제련 과정을 통해 함유금속을 산업원료로 재공급하는 산업.

이렇듯 도시광산 산업이란 폐가전, 폐자동차 및 산업폐기물 등에 축적되어있는 금속자원을 수집·회수, 전처리(파분쇄) 및 정·제련 과정을 통해 추출하여 산업의 원재료로 재공급하는 산업으로 정의될 수 있다. 또한, '도시광산'이란 지하에 매장되어 있던 금속자원이 제품 또는 폐기물형태로 지상으로 이동되어 양적으로 광산규모를 가진 형태로 정의할 수 있다.

1.1.2 도시광산의 특성

도시광산산업에서의 금속의 추출이란 사용이 종료된 제품 또는 폐기물 등을 수거해서 필요한 금속을 회수하여 재료로 다시 활용하는 재활용을 의미한다. 간혹 재제조산업과 도시광산산업을 혼용하여 쓰이는 경우가 있으나, [그림 1-2]에 나타낸 바와 같이 재제조산업은 폐기물 등에서 금속 등을 회수 및 추출이 아닌, 사용이 완료된 부품 등을 분해와 재조립을 거쳐 신제품 수준으로 만든 후 다시 판매하는 산업으로, 도시광산 산업과는 산출물의 형태가 완연히 다르며, 산업의 생산활동 형태도 상이해 동일한 산업으로 분류하기에는 무리가 있다.

한국의 도시광산 관련 산업은 한국표준산업분류(KSIC, Korean Standard Industrial Classification)에도 명확히 분류되어 있지 않으며, 대분류 하수, 폐기물 처리 원료재생 및 복원업(E), 세세분류로는 금속원료재생업(38302)에 해당된다. 그러나 도시광산 산업현장 조사결과, 한국표준산업

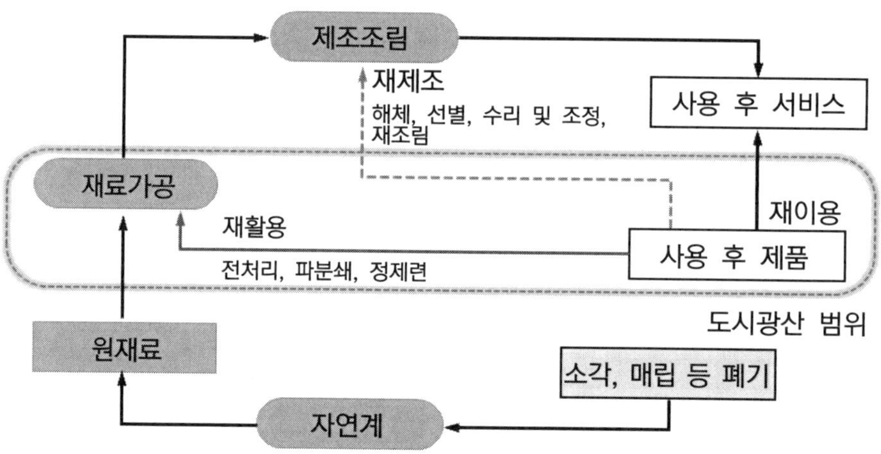

[그림 1-2] 재활용, 재제조 및 재이용의 차이

분류의 금속원료재생업으로 신고 후 영업을 하는 도시광산 산업체는 일부이며, 금속제품제조업 등 기타산업분류로 신고하는 경우도 다수 존재하여 한국표준산업분류의 금속재생업만이 국내 도시광산 산업이라고 판단하기에는 어렵다.

도시광산 산업은 고도의 정·제련기술을 요구하는 기술 집약형 산업으로서 기존 폐기물처리 또는 재활용 산업과는 확연히 구별되며, 일반적인 도시광산산업의 특징을 살펴보면 다음과 같다.

- 첫째, 자원순환산업이다.

  기존 폐기물처리 또는 재활용산업과 그 맥이 같다고 할 수 있다. 재활용산업의 경우 폐전자제품 등에서 금속물질을 분리-파쇄-선별 단계에서 끝나는 반면, 도시광산산업의 경우 선별단계에서 더 나아가 정·제련단계로 이어지는 완전한 자원순환시스템을 구축하고 있다.

- 둘째, 고부가가치산업이다.

  버려지는 모든 폐기물이 경제적 가치가 있는 것은 아니다. 폐전자제품을 비롯한 폐자동차 등의 폐기물에는 여느 폐기물과 달리 금속자원 함량이 높다. 이러한 금속자원을 잘만 추출한다면 고부가가치를 창출할 수 있다. 때문에 폐기되는 폐전기전자제품을 얼마만큼 확보하느냐가 관건이다.

- 셋째, 재제조산업의 종합이다.

  폐전기전자제품에서 회수한 희소금속 물질을 비롯한 비철금속 등을 정·제련단계에 이르는 고도의 기술력을 통해 처녀제품의 원료로 재제조하는 산업이다.

- 넷째, 소비자의 소비행태에 기인하는 산업이다.

  도시광산산업의 시장성과 수익성은 소비자의 소비행태와 제품제조사의 제품 혁신에 기인한다. 무엇보다 가장 큰 문제는 버려지는 폐전기전자제품이 앞으로 크게 줄어들거나 제품제조 기업이 희소금속 물질 비중을 줄이려는 노력여하에 따라 도시광산산업의 시장성과 수익성에 많은 영향을 끼친다고 할 수 있다.

- 다섯째, 자원생산성산업이다.

  주로 도시지역에서 발생하는 폐전기전자제품과 폐자동차에는 금과 은 같은 귀금속 물질을 비롯한 희소금속 함량이 비교적 높다. 따라서 자연광산과는 달리 도시광산 자원의 편재성이 높다고 할 수 있다. 자연자원이 턱없이 부족한 한국은 편재성이 높은 도시광산 자원을 통해 자원을 확보할 수 있다.

- 여섯째, 친환경적인 산업이다.

  버려지는 폐전기전자제품을 처리하지 않으면 도시 곳곳은 온갖 부산물로 넘쳐날 것이다. 그렇다고 모두 소각이나 매립을 하게 되면 대기오염을 비롯한 비효율적인 국토 사용으로 곳곳이 매립장화 될 것이다. 하지만, 버려지는 부산물 전량을 재활용함으로써 자원을 절약할 수 있고, 국토를 효율적으로 사용할 수 있어 환경친화적인 산업이라 할 수 있다.

- 일곱째, 공공재 성격이 매우 짙다.

  부산물의 재활용은 환경오염을 방지하고 자연자원을 절약하게 해준다. 또한 부산물의 수거, 운반, 매립에 소요되는 비용을 절감시켜 준다. 특히 폐기물이 노출되거나 처리과정에서 발생할 제2차 환경오염을 감소시켜준다.

이러한 사회적 기여에 대해 재활용에 따른 대가는 대체로 인정받지 못하고 만다. 폐전기전자제품의 재활용을 사회적 적정수준으로 끌어올리기 위해서는 폐전기전자제품의 재활용이 제공하는 사회적 기여에 대해서 우리 사회가 대가의 일부를 가로채지 말고 정당한 대가를 지불해주어야 한다. 재활용에 소요되는 비용에서 그에 상응하는 만큼을 경감시켜주거나 또는 재활용된 제품의 가격에 부산물 처리수수료에 상응하는 만큼을 얹어주어야 한다. 이때 재활용에 소요되는 비용은 폐전기전자제품을 다시 쓸 수 있게 가공처리하는 비용뿐만 아니라, 재활용을 위해 쓰인 부산물의 수거비용과 재자원화 될 부산물을 분리하는데 소요되는 비용까지 포함한 비용이다. 경제가 성장하고 국민의 소득 수준이 높아지면 폐전기전자제품이나 폐자동차의 발생량도 많아질 것이고, 우리 주변에 그만큼 금속자원이 축적되어 있다는 것을 의미한다. 도시광산산업을 발전시켜 나가기 위해서는 우리 사회가 정당한 비용을 지불할 때 가능하다.

1.2 도시광산 산업의 발전성

1.2.1 도시광산 산업의 방향

한국의 폐금속자원 재활용 기술은 선진국의 약 50% 수준인데 스크랩에서 귀금속 등의 회수 기술은 선진국의 80% 수준에 근접하고 있으나, 폐제품에서의 회수, 재활용 기술은 40~50%수준에 불과하다. 특히 희유금속(35개)의 경우, 고가금속(백금·인듐 등 7개) 이외 금속의 실증, 상용화, 고순도 기술은 선진국의 20% 내외 수준으로 평가된다.

유럽 및 일본의 경우 폐전자기기의 양이 많아 사업의 추가 운전비용 이상의 수익성이 있어 전문화가 이루어졌으나, 국내의 경우 폐전자기기의 체계적인 수집체계 및 유통체제 미비로 인하여 수익성 측면의 잠재량이 존재함에도 불구하고 전문화가 이루어지고 있지 않는 상황이다. 특히 생활 및 산업폐기물은 바젤협약에 의해 직접적인 국제교역이 불가능하여 전처리 이후 국제교역이 이루어지고 있으며, 국내 도시광산업 기업은 주로 회수, 분리, 선별 단계인 전처리 부분에 국한되어있다. 회수 및 수집/운반 업체는 지자체에 속한 5개 권역의 리사이클링 센터가 가장 큰 규모를 가지는데, 허가받은 운반 장비로 운반하는 형태에서 일반 장비로도 운반이 가능하도록 제도를 개편할 예정이다.

환경변화에 대응하여 지속가능한 발전을 이루기 위해서는 자원순환 기술개발의 확대가 필요하지만 예산 지원이 미흡한 상황이다. 한정된 투자여건 하에 기술개발의 효율성을 위해 정부지원을 통한 국가연구기관 주도로 폐금속자원 재활용 기술개발 및 로드맵 조성이 추진되고 있다.

1.2.2 문제점 및 기대효과

2000년대 이후 중국과 인도 등 신흥국의 급속한 경제성장과 선진국의 녹색산업의 투자 확대를 배경으로 첨단제품에 대한 수요가 증대되고 있다. 전세계 자동차의 생산대수는 2001년 약 5,630만 대에서 2010년 7,760만 대로 2,000만 대 이상 확대되었다. 스마트폰 시장 규모도 2008년 이후 매년 50% 이상씩 성장하고 있다. 특히 제품의 고기능 경량화 및 고효율화 추세로 희소금속 자원을 이용한 제품의 소비가 크게 증가하면서 희소금속 자원의 소비가 동반 확대되고 있다. 2003~2007년 동안 전세계 희소금속 소비는 리튬 1.7배, 니오븀 1.8배, 티타늄 1.9배 등 평균 2배 가까이 증가하고 있다. 이 때문에 도시광산업의 중요성이 더욱 부각되고 있다. 국내 첨단산업에 필요한 핵심 부품소재로 희소금속 자원의 소비가 늘면서 수입액도 크게 증가하고 있다. 2002~2008년 동안 국내 희소금속 수입액은 32.5억 달러에서 129.5억 달러로 4배 가까이 증가하고 있다. 이처럼 희소금속의 수요가 급증한데도 공급은 매우 제한적이다. 희소금속은 특성상 매장량 자체가 한정되어 있고, 기술적으로도 채굴이 매우 어렵기 때문이다. 2009년 기준 전체 매장량은 약 9,900만 톤 수준이며, 연간 생산량은 약 12.4만 톤에 불과하다. 희소금속 대부분이 가채연수가 짧아 희소성은 갈수록 높다. 또한 비교적 매장량이 많고 가채연수가 긴 희토류조차 생산을 대부분 중국에 의존하고 있는 실정이다. 희토류는 매장량은 많지만 채산성 문제 등으로 생산의 96.8%를 중국이 맡고 있을 정도이다. 중국은 수출을 촉진할 목적으로 희소금속에 대한 수출증치세 환급제도를 도입해 왔었지만, 2006년 9월에는 대부분의 금속에 대해 수출증치세 환급제도를 폐지하고, 오히려 수출부가세를 적용하고 있다. 또한 2007년 2월에는 일부 희소금속에 한해 외국 기업에 의한 투자를 금지함으로서 희소금속의 국외 유출을 막고 있다. 과거 등소평이 "중동에 석유가 있다면 우리에겐 희토류가 있다"고 자신 있게 말한 것이 허언이 아님을 보여주고 있는 것이다.

한국은 현재 희토류(Rare Earth)를 포함해 알칼리 금속, 반금속 원소 등 35종을 희소금속으로 지정하고 있는데, 대부분의 금속을 해외에서 수입하며, 1인당 금속자원 소비량은 OECD 최고 수준으로 해외 의존도가 높다. 따라서 폐금속 자원을 회수하여 자원의 수입의존도를 완화하고, 희토류 등 첨단산업 소재의 안정적 확보가 필요하다.

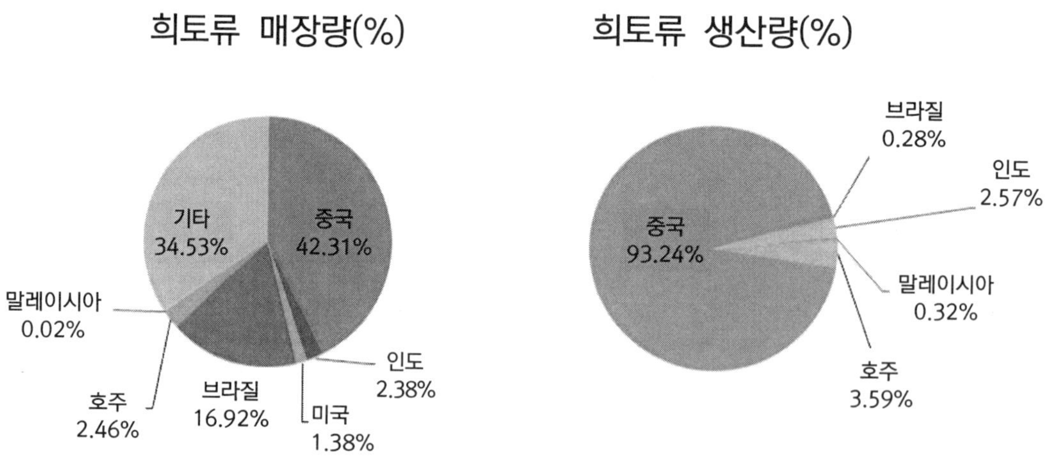

* 자료 : 한국광물자원공사 전자도서관, KORES

[그림 1-3] 각국별 희토류 생산 및 매장량 현황

자원의 대부분을 해외 수입에 의존하는 한국의 실정에서 도시광산자원의 이용활성화는 새로운 자원원천으로써 새로운 부가가치를 창출할 수 있다. 또한 천연자원을 산업에 이용할 수 있도록 가공하는 과정은 부수적인 자원과 에너지가 필요한 비용 소모적 절차로써 도시광산을 이용하는 기술의 발전과 함께 이들 비용은 상당히 줄어들 수 있다. 또한 도시광산을 제련 또는 정련하는 기술은 신기술이 아닌 기존의 자원처리기술과 동일한 기술로써 금속 및 부품가공기술의 상생발전을 기대할 수 있다.

자원과 에너지의 절약측면을 살펴보면, 철광석에서 조강 1톤을 생산하기 위해서는 철광석 약 1.5톤, 석탄 약 0.8톤, 석회석 약 0.2톤이 사용되지만 원료를 천연자원에 의존하지 않고 도시광산자원을 활용하면 자원채굴 등에 소요되는 에너지 사용량을 절감할 수 있다. 철 스크랩을 자원으로 활용할 경우 철광석을 가공처리해서 원료화하는 것보다 에너지 사용량을 약 3분의 1로 줄일 수 있다. 구리를 재자원화 하는 데 소요되는 에너지 사용량은 광석을 활용하는 것에 드는 에너지 사용량의 7분의 1 정도로 알려져 있다. 알루미늄을 재자원화 하는 경우는 원광석을 활용하는 것의 20분의 1의 에너지량이 필요하다. 이러한 에너지 절감은 비용의 절약뿐만 아니라 지구온난화 방지에도 간접적으로 긍적적인 영향을 미칠 수 있다. 이미 철강업에서는 제품의 3분의 1이상을 철 스크랩으로 만들고 있다. 철(Fe) 뿐만이 아니라 알루미늄(Al)과 구리(Cu)도 도시광산자원에 의존하는 비율이 점차 늘어나고 있으며, 일부 산업현장에서는 그 비용효과를 충분히 인식하고 있다.

한편 도시광산자원의 활용은 자원절약 차원에서도 의미가 있지만, 폐기물의 발생을 원천적으로 저감한다는 측면에서 환경영향에도 긍정적인 효과를 가져올 수 있다. 이와 같이 다양한 효과가 발생될 수 있는 도시광산의 이용에 대한 기본적인 조사와 통계 등을 체계적으로 갖추어 그 잠재량과 향후 필요한 기술들을 충분히 검토한다면 추가적인 자원공급, 에너지 절감, 환경보존이라는 3가지 효과를 동시에 얻을 수 있을 것으로 기대된다.

국가별 도시광산 산업현황

2

2.1 한국

2.1.1 도시광산 산업현황

도시광산의 대표적인 자원인 금은 전세계적으로 연간 2,500톤 정도가 채굴되며, 도시광산 자원으로서 재활용되는 양까지 합치면 4,500톤에 달하고 있다. 금 수요처는 보석과 투자용이 가장 많으며, 반도체 및 기타 산업용으로는 약 10% 내외가 사용된다.

얼마 전까지 인도가 세계 금 소비국 1위였지만, 중국의 산업수요 증가와 소득증가에 따른 금수요의 증가로 연간 약 800톤을 소비함으로서 1위를 차지하고 있다.

한국의 금 수요량은 약 200톤으로 추산되나, 이 중 25%만이 정식통관 절차로 들어오고 있으며, 반도체부문에서 20%를 사용하고 나머지 80%는 장신구용으로 사용되고 있다.

1930년대 금광개발이 붐을 이뤄 3,000개가 넘는 광산이 있었으나, [그림 2-1]에서 보듯이 지금은 약 8개 정도가 남아있다.

(주)파코코리아의 2014년 보고서에 따르면 한국은 연간 약 220 kg의 금을 생산하는데 해남의 모이산광산(은산광산, 매장량 약 5.3톤)에서 98%인 215 kg을 생산하고 있어 유일한 금광이라는 표현이 사용되고 있다. 이처럼 수요량에 비해 생산량이 현저히 적어 수입에 의존하고 있어 폐전자제품, 폐자동차 등의 도시광산자원을 통한 회수가 중요시 되고 있다.

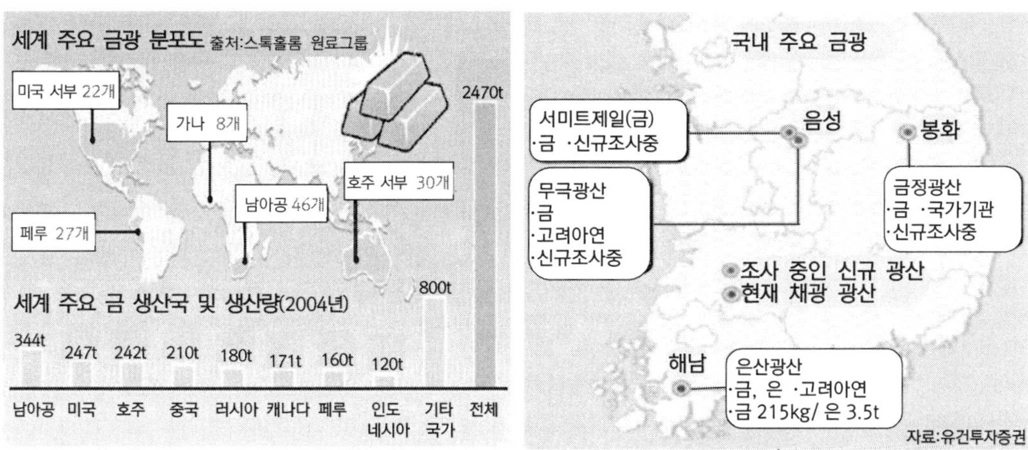

* 자료 : FACCO Korea, 2015

[그림 2-1] 세계주요금광 및 국내 주요 금광 분포도

[표 2-1] 한국의 주요 도시광산업체 활동 현황

기업명	처 리 금 속	사 업 내 용
A	귀금속, 인듐, 코발트, 몰리브덴, 바나듐, 니켈	ITO, 귀금속 회수, 폐촉매 회수, PCB, 전자 스크랩 등 재자원화
B	백금, 은, 인듐	PCB, 전자스크랩, ITO, 폐촉매 회수, 귀금속 회수
C	귀금속, 코발트	PCB, 전자스크랩, PC, 휴대폰, IC, 충전지, 폐촉매, 재자원화
D	백금, 팔라듐, 로듐	자동차용 및 석유화학 공정용 폐촉매로부터 귀금속 회수
E	귀금속	전자스크랩 재자원화 및 유가금속회수
F	귀금속	폐촉매 회수 및 재생
G	사산화바나듐, 몰리브덴	석유화학공정의 폐촉매 재자원화
H	귀금속	전자 및 전지 스크랩, 폐촉매, 비철·특수금속 스크랩, 금속 슬러지 재자원화
I	금, 은, 구리	휴대폰, 전자스크랩 재자원화
J	귀금속	PC, 휴대폰, 전자제품 회수 및 재자원화

한국은 [표 2-1]과 같이 여러 유형의 도시광산자원 관련업체들이 존재하는데, 천연광석의 제련사업을 통해 축적된 기술로 재자원화 사업까지 확대 운영하고 있는 대규모의 기업과 수작업을 통해 폐제품을 분리하는 소규모의 영세 기업으로 나뉘고 있다.

한국의 유수한 재자원화 기업들이 앞다투어 설립되었지만 아직 여러 형태의 산업 스크랩을 포함한 도시광산 자원을 처리하기에는 기술적으로 역부족한 상태이며, 도시광산 자원의 함량에 따라 알맞은 수익을 내기에는 부족한 구조이다.

천연자원과 순환자원을 연계한 국가 차원의 자원관리정책은 아직까지 정착되지 않아 미흡한 실정이다. [그림 2-2]에서 보듯이 한국은 금(Au) 보유량이 34위로서 다른 국가에 비해 GDP순위(11위)와 많은 차이를 보이고 있다. 최근 들어 세계 자원시장이 공급자 중심으로 전환되고 자원민족주의가 심화됨으로서 자원 관리의 중요성이 더욱 고조되고 있다. 이러한 국제적 추이에 적극적으로 대응하고자 순환자원과 천연자원을 연계한 자원수급 안정화 정책 수립을 위한 기업 또는 국가 차원의 정책개발이 시급한 실정이다. 또한 한국은 전략물자의 비축정책이 리스크 관리와 연계성이 부족하여 도시광산자원과 연계한 전략물자 비축정책의 재정비가 필요한 시점이다.

일본의 자원재활용률은 50%에 이르는 반면 한국의 자원재활용률은 10%밖에 안되는 것에서 일본과 한국의 도시광산업의 현주소를 단적으로 보여주고 있다. 연평균 26%씩 성장하는 2조원

	Tonnes	% of reserves**		Tonnes	% of reserves**		Tonnes	% of reserves**		Tonnes	% of reserves**
1 United States	8,133.5	74.0%	26 Thailand	152.4	4.0%	51 Malaysia	35.8	1.3%	76 Guatemala	6.9	3.6%
2 Germany	3,384.2	68.7%	27 Singapore	127.4	2.0%	52 Peru	34.7	2.2%	77 Macedonia	6.8	9.8%
3 IMF	2,814.0	[1]	28 Sweden	125.7	8.3%	53 Slovakia	31.7	32.2%	78 El Salvador	6.8	8.4%
4 Italy	2,451.8	67.7%	29 South Africa	125.2	10.7%	54 Azerbaijan	30.2	8.2%	79 Tunisia	6.8	3.3%
5 France	2,435.4	66.8%	30 Mexico	122.6	2.5%	55 Syria	25.8	5.9%	80 Latvia	6.6	7.8%
6 Russia	1,207.7	13.0%	31 Libya	116.6	4.8%	56 Ukraine	23.9	15.1%	81 Ireland	6.0	14.5%
7 China	1,054.1	1.1%	32 Greece	112.5	71.3%	57 Sri Lanka	23.2	11.2%	82 Lithuania	5.8	25.1%
8 Switzerland	1,040.0	7.7%	33 BIS[2]	111.0	[1]	58 Morocco	22.0	4.4%	83 Mozambique	5.4	6.8%
9 Japan	765.2	2.5%	34 Korea	104.4	1.2%	59 Afghanistan	21.9	11.7%	84 Nepal	4.9	3.2%
10 Netherlands	612.5	57.2%	35 Romania	103.7	10.8%	60 Nigeria	21.4	1.8%	85 Bahrain	4.7	3.1%
11 India	557.7	6.9%	36 Poland	102.9	4.2%	61 Serbia	17.5	5.9%	86 Brunei Darussalam	4.6	5.1%
12 Turkey[5]	514.9	16.0%	37 Iraq	89.8	5.5%	62 Jordan	17.1	4.3%	87 Kyrgyz Republic	4.0	8.6%
13 ECB	504.8	27.6%	38 Australia	79.9	6.0%	63 Cyprus	13.9	58.1%	88 Slovenia	3.2	12.4%
14 Taiwan	423.6	4.1%	39 Kuwait	79.0	9.2%	64 Bangladesh	13.8	2.5%	89 Aruba	3.1	18.4%
15 Portugal	382.5	72.8%	40 Indonesia	78.1	2.8%	65 Cambodia	12.4	8.2%	90 Hungary	3.1	0.3%
16 Venezuela	367.6	70.2%	41 Egypt	75.6	19.7%	66 Qatar	12.4	1.2%	91 Bosnia and Herzegovina	3.0	2.5%
17 Saudi Arabia	322.9	1.8%	42 Brazil	67.2	0.8%	67 Ecuador	11.8	13.1%	92 Canada	3.0	0.2%
18 United Kingdom	310.3	11.3%	43 Denmark	66.5	3.6%	68 Czech Republic	10.6	0.8%	93 Mongolia	2.9	7.0%
19 Lebanon	286.8	22.7%	44 Pakistan	64.5	18.1%	69 Colombia	10.4	0.9%	94 Luxembourg	2.2	10.6%
20 Spain	281.6	22.4%	45 Argentina	61.7	8.0%	70 Mauritius	8.9	9.7%	95 Hong Kong	2.1	0.0%
21 Austria	280.0	43.7%	46 Finland	49.1	18.6%	71 Laos	8.9	32.4%	96 Iceland	2.0	1.9%
22 Belgium	227.4	36.2%	47 Bolivia	42.5	11.4%	72 Ghana	8.7	7.7%	97 Papua New Guinea	2.0	3.3%
23 Philippines	195.3	9.9%	48 Belarus[4]	41.5	35.6%	73 Tajikistan	8.6	67.4%	98 Trinidad and Tobago	1.9	0.7%
24 Kazakhstan	193.4	27.0%	49 Bulgaria	40.1	9.2%	74 Paraguay	8.2	4.7%	99 Haiti	1.8	6.0%
25 Algeria	173.6	3.7%	50 WAEMU[3]	36.5	11.5%	75 Myanmar	7.3	4.0%	100 Albania	1.6	2.5%

* 자료 : International financial statistics, 2015

[그림 2-2] World official gold holdings

규모의 자원재활용 신시장을 한국에서는 관련 기술의 부족, 관련 산업의 미발달, 관련 법제의 미비 등으로 인해 귀중한 자원이 폐기되고 있는 실정이다. 이미 일본, 벨기에 등 선진국은 '도시광산(Urban Mining)' 산업이 국가 기간산업의 한 분야로 자리 잡고 있으며, 기업을 중심으로 타운이 형성되고 있고, 지역에서 나아가 지역 간 균형 발전을 연결하는 벨트가 형성되고 있는 추세이다.

많은 도시광산자원이 해외로 유출되고 있는 현상을 막기 위해서는 국가적으로 중장기 기술지원과 법제도 개선 등을 통한 많은 과제가 남아 있다. 현재 한국에 도시광산 관련업체는 약 40여개로, 이들 중 70%이상이 매출 500억원 미만의 중소기업이다. 매출 규모가 큰 기업을 중심으로 국내 수요가 많은 철가용 소재인 니켈, 몰리브덴, 망간 등을 생산하고 있다. 기업분포를 보면 약 60% 정도가 희유금속 원소재를 이용하는 금속소재산업이며, 금속 재자원화산업이 차지하는 비율은 약 15%정도에 머물고 있다.

[표 2-2]에서 보듯이 도시광산자원의 금속들은 중간 가공업체의 부재 또는 기술력 부족으로 원재료를 수출하였다가 중간소재 및 완제품 형태로 재수입하는 경우가 대부분이다. 특히 초고순도 기술은 턱없이 부족해 해외에 의존하는 실정이다. 원재료 자급화를 위한 자원처리기술,

[표 2-2] 금속 종류 및 분야별 선진국 대비 기술 수준

금속종류	분야	기술수준(%)				
		기초	실증	상용화	초고순도	대체
귀금속(금·은)	스크랩	80~90	70~80	70~80	40~50	30~40
	폐제품	40~50	40~50	40~50	40~50	20~30
비철금속(동·주석 등)	스크랩	80~90	70~80	70~80	60~70	40~50
	폐제품	50	40~50	40~50	30~40	30~40
희소금속(인듐 등)	스크랩	50	50~60	30~50	20~30	30~40
	폐제품	30~40	30~40	20~30	20~30	20~30

제련·정련기술, 순환기술, 소재생산기술 등에 대한 원천기술 및 연구기반 확보가 필요하다.

자원관리 및 제도적인 측면을 살펴보면, 중과세 회피를 위한 발생업체와 회수업체간 금속 스크랩 및 기타 도시광산자원의 음성적 거래가 이루어지고 있어 순환자원(2차 자원) 흐름통계 파악이 어려운 실정이다. 또한 국내 재활용 업체들의 기술 수준 미흡과 스크랩 가격 저평가 등으로 다량의 스크랩이 일본 및 필리핀 등의 해외로 유출되는 사례가 많이 발생되고 있다. 이와 함께 도시광산 재활용업은 유해물질 안전처리 또는 재자원화 측면에서 친환경산업임에도 불구하고 환경부담금을 부담하는 업종으로 분류되어 있어 제도의 불합리성이 지적되기도 한다.

2.1.2 금속자원정책

한국은 희소금속의 안정적 수급을 위하여 대내외 정책을 동시에 추진하고 있으며, 대외적으로는 희소금속 보유국에 공적개발원조(ODA)에 집중적으로 투자하고 있다.

공적개발원조를 활용하여 중남미, 아프리카 등에 지원 비중을 상향하고 해외자원 투자확대를 위하여 메이저 자원 기업의 육성을 시도하고 있다. 희소금속 자원보유국인 호주, 캐나다, 브라질과 우선하여 FTA를 추진하고, 희소금속의 안정적 공급을 위하여 니오븀, 비스무스를 신규비축 항목에 추가하여 선제로 비축을 확대하고 있으며 10대 희소금속의 수입처를 다변화하고 고순도 추출 기술개발 및 대체 소재개발을 위하여 리사이클링 확대와 기술개발을 서두르고 있다. 2010년 8월 세계 최대 리튬 매장국인 볼리비아와 '우유니 소금광산의 리튬 산업화 연구개발을 위한 MOU'를 체결하는 등 희유금속 확보 전에 뛰어들었다. 또한 한·일 양국이 희토류 확보를 위해 국내 및 제3국 광산개발 분야에서 긴밀하게 공조하기로 한데 이어 한·베트남 양국이 희토류 광상 공동탐사에 나서기로 하였다.

지식경제부의 '2011년 업무보고'를 통해 희토류와 리튬 등 신전략광물 자주 개발률을 2010년 (5.5%) 대비 배 수준인 10%까지 획기적으로 끌어올리기로 하고, 이를 위해 '리튬 삼각지대'(칠레 · 아르헨티나 · 볼리비아), 중앙아시아 등 희토류 부존 유망국으로의 진출을 통하여 국내 11개 희유금속 유망 부존지역을 탐사하기로 했다. 아울러 희유금속 전용 비축기지를 국내 최초로 완공하고 비축규모도 2010년 기준 8.1일분에서 13.5일분으로 확대하기로 했다.

'희유금속의 안정적 확보 방안'을 통해 신산업 연계성이 높은 리튬 · 희토류 등 2~3개 희유금속을 신전략광물로 지정, 해외투자 대상 자원에 포함시키는 한편 중점 관리해 나가기로 했다. 우선, 국내에 부존하는 텅스텐, 몰리브덴 광산 등을 대상으로 '국내 광물자원산업 선진화 방안(지식경제부, 2009)'에 근거하여 매장량을 재평가하고, 2020년까지 국내 재개발 대상 22개 광산 중 6개의 희소금속 광산을 우선적으로 재개발할 계획이다.

국내적으로 금속자원 확보전략을 살펴보면 폐금속자원의 재활용을 통한 금속자원의 확보방안을 들 수 있는데, 한국은 천연자원 매장량 감소와 폐금속 자원은 지속적으로 증가하는 반면 재활용은 저조하여 환경오염 및 자원의 낭비가 초래되고 있다. 이에 따라 선진국 수준의 폐금속자원 재활용 기술개발 및 에너지 절감형 산업육성으로 환경오염 및 자원문제를 동시 개선하고자 추진하고 있다.

정부는 산업계 수요(연간 원료 수입금액, 제품내 금속 부존가치)와 10대 전략 희소금속 해당 여부, 스크랩 수출입 현황, 국내 자원순환율 등을 고려해 코발트·몰리브덴·타이타늄·텅스텐·주석·금·인듐·갈륨·은·납·바나듐·리튬·마그네슘·크롬·아연·알루미늄·철·망간·백금족·희토류 등 총 20개 도시광산 전략금속을 선정하고, 금속별로 수거확대, 시설확충, 기술개발 전략을 통해 경제적 가치 창출이 가능할 것으로 예상된다. 이와 함께 금속별 도시광산 관련 기술 개발 로드맵을 구축, 선진국 수준으로 도시광산산업을 육성하겠다는 전략이다. 주요금속에 대해 원료 및 기초소재 단계-1차 가공제품 단계-중간제품 단계-최종산업(제품) 단계-사용축적 단계-수집 단계-재자원화 단계-폐기 단계에 거친 물질흐름분석 또한 진행 중이다. 광종별 물질흐름분석사업은 각 단계별 자원의 투입과 다른 형태로의 발생 및 그에 따른 가격의 변화를 파악할 수 있도록 해준다. 국내 산업수요가 많은 16개 금속자원에 대해 원료수입, 가공, 제품생산, 사용 및 축적, 수집, 재자원화, 폐기 등 자원순환 전 과정에서 물질흐름량을 정량적으로 분석했으며, 16개 금속자원을 포함한 총 61개 금속자원에 대한 물질흐름통계도 구축하고 있다.

[표 2-3] 도시광산 전략금속 기술개발 방향

금속	대상제품	기술개발 내용
니켈	니켈 공정 스크랩	고온용 니켈 베이스 합금 소재에서 니켈 추출 및 고순도화 기술개발
	전지(니켈수소전지, 니켈-카드뮴전지 등)	전지에서 회수한 니켈을 니켈전지에 재활용하는 “battery to battery”등의 고부가가치 기술 개발(일본 도요타가 개발 중인 기술)
코발트	초경합금 스크랩 및 제품	초경합금의 Co 상용화 기술 개발(현재 연구수준 개발 완료)
몰리브덴	금속몰리브덴제품	항공, 전자, 군수산업의 몰리브덴 합금에서 몰리브덴 추출 및 고순도화 기술 개발
타이타늄	전자제품(디스플레이, 반도체 등)	전자제품에서 타이타늄 추출 및 고순도화 기술개발
	타이타늄 합금	타이타늄 합금 소재(항공, 형상기억합금 등)에서 타이타늄 추출 및 고순도화 기술개발
백금족	전지(연료전지)	연료전지 막전극접합체, PtCo/C, Pt/C에서 백금족 계열 회수율 향상 기술개발
텅스텐	초경합금 스크랩 및 제품	초경합금의 스크랩 및 공구제품에서 텅스텐 회수 상용화 기술개발
금	전자제품 부품	전자제품의 부품(PCB 등)에서 유가금속(금, 은, 니켈, 구리 등)의 건식, 습식 추출기술 개발
희토류	형광체	형광등 및 전자제품의 형광체에서 희토류 성분별 분류 및 추출기술 개발
구리	폐자동차의 전선 등 구리제품	자동 피복제거/분류 기술 및 장치 제작 기술
아연	전기로 제강분진	제강분진에서 아연 회수율 증가 기술(아연뿐만 아니라 모든 금속의 제장분진에서 분진 수집 및 회수율 증가를 위한 기술개발 필요)
	자동차 판재	자동차용 판재의 부식보호를 위해 도금된 아연 도금층의 회수기술 개발
	망간함유전지	망간전지에서 회수한 망간의 고부가가치 기술 개발

2.2 일본

2.2.1 도시광산 산업현황

일본은 한국과 마찬가지로 자원빈국이자 비철금속 다소비국으로, 광석공급을 해외광산에 대부분 의존하고 있다. 일본은 중국에 이어 철 수입량이 세계 2위이며, 2014년까지 그 수요량이 배가 되어 연간 6,000만 톤의 철을 수입해야 한다. 일본의 알루미늄 소비량은 세계 3위이고, 구리의 경우 중국, 미국에 이어 세계 3위이다. 일본의 금 수요량은 2014년 기준으로 총 350톤이다. 세계 총 금생산량의 2,500톤의 13.5%가 일본에서 소비하고 있는 셈이다.

일본에서는 가전, 자동차 등의 소형화, 경량화 등으로 희유금속 및 희토류 원소의 소비량이 증가 추세를 보이고 있는데, 이들 희유금속과 희토류 원소의 수입은 중국에 편중되어 있다. 일본의 인듐 생산량은 세계 생산량의 10%로 중국 49%, 한국 17%에 이어 3번째로 많으며 인듐 소비량은 세계 총 소비량의 60%를 차지하고 있다. 한편 전 세계 코발트 소비량은 5.5만톤 인데, 총량의 25%를 일본에서 소비하고 있다. 일본의 백금 소비량은 전 세계에서 2위이다. 이렇게 일본은 대부분의 천연금속자원을 수입에 의존하고 있지만, 사용 후 제품이나 폐기물 속에 묻혀있는 도시광산을 활용함으로서 자원문제를 해결하고 있다. 물질·재료연구기구가 발표한 일본에 축적된 도시광산 규모의 산출 결과에 따르면, 일본의 도시광산에 축적되어있는 금은 약 6,800톤으로 세계 매장량의 16%에 달하는 정도라고 한다. 이것은 세계 최대의 금자원국인 남아프리카공화국을 상회하는 규모이다.

일본 도시광산 내에 매장되어 있는 은 축적량은 세계매장량의 23%이고, 액정 전극 등에 사용되는 인듐은 세계매장량의 61%의 규모라고 한다. 일본 도시광산만으로 세계 소비량의 2~3년분 조달할 수 있다. 특히 전지 재료가 되는 리튬은 7.4년분, 촉매나 연료전지 전극에 불가피한 플라티늄은 5.7년분의 축적량을 보유하고 있다.

일본의 도시광산 규모를 각 국의 천연자원 매장량과 비교 해보았을 때, 금, 은, 납, 인듐은 세계 1위이고, 구리는 세계 2위에 상당한다. 물론 도시광산 축적량은 추정치에 지나지 않고, 설사 추정치만큼의 축적량을 보유하고 있다하더라도, 그 축적량 전량이 이용 가능한 양은 아니다. 그러나 원활한 자원순환을 지속적으로 유지하기 위해 이와 같은 축적량 추정을 계속하고 있다.

일본이 도시광산에 주목한 것은 1980년대로서 당시 도호쿠 대학 선광제련 연구소의 난조 미치오 교수진이 전자제품에 사용된 금속을 재활용한다는 의미에서 '도시광산'이란 개념을 처음 사용하게 되었다. 최근 들어 일본에서 크게 주목받고 있는 이유는 일본 내 도시광산의

[표 2-4] 중국에 대한 수입의존도가 높은 금속원료

품목	중국 수입량(톤)	총 수입량(톤)	중국에 대한 수입 의존도(%)
희토류 금속	9,296	9,320	99.7
바나듐산화물	2,520	2,660	94.7
3산화안티몬	7,391	7,700	96.0
텅스텐산염	2,077	2,122	97.9
셀륨화합물	15,954	19,028	83.8
산화이트륨	1,721	1,805	95.3
산화란탄	3,110	3,310	94.0
희토류화합물	5,703	6,261	91.9
페로몰리브덴	1,448	3,234	44.8
페로텅스텐	947	947	100.0
안티몬(괴, 분)	6,802	7,483	90.9

* 자료 : 일본무역통계, 2014

매장규모가 많기 때문이다. 매장규모가 아무리 크더라도 경제적 가치가 적다면 의미가 둔화되지만 도시광산에는 희유금속이 함유되어 있기 때문에 그 가치가 크다고 볼 수 있다고 일본은 판단하고 있는 것이다.

일본 도시광산의 대표기업인 도와는 1990년대 후반 미국에 유학하고 있던 사원이 작성한 '미국 산업폐기물 처리시장 성장보고서'를 통해 사업화의 기회를 마련하였다. 꾸준한 연구 개발을 통해 도와는 2008년 4월 리사이클링 원료에 알맞는 전용 제련 설비를 개발하였고, 약 18 종류의 금속을 동시에 처리할 수 있는 '복합 광물 처리기술'을 확보함으로서 벨기에의 유미코어, 캐나다의 에크스트라타 등 세 개 업체만이 가지고 있는 기술을 확보함으로서 경쟁력을 가지게 되었다. 이러한 기술적 진보를 통해 도와는 도시광산업의 차별화된 경쟁력을 확보할 수 있었고, 폐기물에서 금속을 추출하는 것뿐만 아니라 다른 폐유생산, 최종자연물의 소각 매립을 통한 부가 수익을 얻는 사업구조를 만들어 내었다.

일본은 이처럼 도시광산의 중요성을 파악하고 꾸준한 기술개발을 통해 경쟁력을 확보하게 되었다. 한국은 도시광산업의 후발주자로서 지속적인 투자와 관심으로 기술개발을 통해 세계경쟁력확보를 위해 노력해야 할 것이다.

[표 2-5] 일본 도시광산 규모의 추계

금속		세계 매장량 대비 일본 도시광산 축적량(%)	일본 도시광산 축적량 /세계 연간 소비량	매장량의 국별 순위
안티몬	(Sb)	19.13	3.1	3
동	(Cu)	8.06	2.5	2
금	(Au)	16.36	2.7	1
인 듐	(In)	61.05	3.8	1
납	(Pb)	9.85	1.7	1
리튬	(Li)	3.83	7.4	6
몰리브덴	(Mo)	2.69	1.3	6
백 금	(Pt)	3.59	5.7	3
은	(Ag)	22.42	3.1	1
탄탈륨	(Ta)	10.41	3.5	3
주 석	(Sn)	10.85	2.4	6
바나디움	(V)	1.08	2.2	4
아연	(Zn)	6.36	1.4	6

* 자료 : 독립행정법인 물질·재료연구기구, 2014

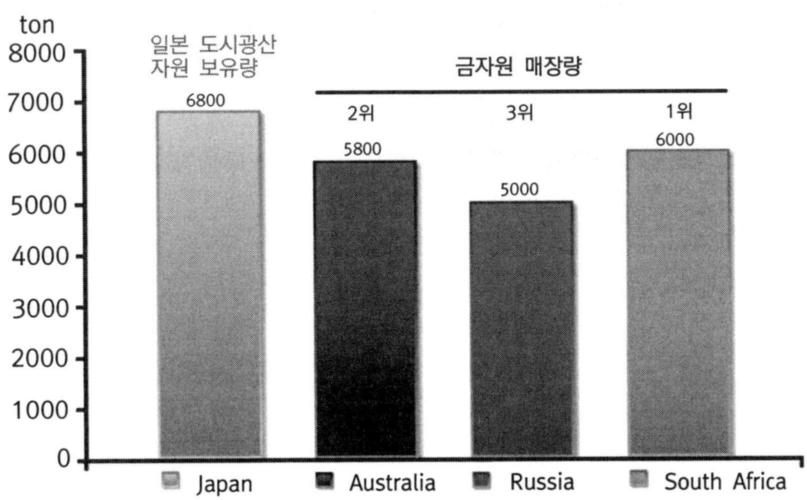

* 자료 : 일본 물질재료연구소, 2009

[그림 2-3] 국가별 금자원 보유 규모 비교

2.2.2 금속자원정책

일본의 금속자원정책은 크게 두 '금속광물안정공급' 측면과 3R(감소, 재활용, 재사용) 이니시에이티브 정책이다. '금속광물안정공급'을 담당하는 광물지원과는 희유금속의 수급안정을 목표로 5개의 시책을 추진하고 있다. 첫 번째는 자원탐사 및 개발 시책으로서 잠재적으로 천연자원이 매장되어 있을 것으로 추정되는 새로운 광산을 개발하는데 중점을 두고 있다. 자원외교정책을 통해 해외에서 자원을 탐사하고 개발하여 일본 내의 자원 공급을 원활히 하는데 그 목적이 있다. 두 번째는 재활용 촉진 시책이다. 중국에 대한 수입 의존도가 높은 희토류원소들의 수급안정화 방안으로서 재활용 목표로 희토류 원소 80%, 인듐 90%, 텅스텐 95% 등으로 설정하여 추진하고 있다. 세 번째는 대체 재료 개발 시책이다. 희유금속 사용량 저감 기술과 기능대체 신소재 개발을 추진함으로서 투명전극의 인듐 사용량의 50%이상 저감과 희토류자석의 디스프로슘 사용량의 30%이상 저감, 초경공구의 텅스텐 사용량의 30%이상 저감을 목표로 하고 있다. 네 번째는 희유금속비축 시책이다. 대체가 어려운 희유금속 7개를 대상으로 단기적 공급장애에 대비하기 위해 추진되고 있다. 비축 대상은 니켈, 크롬, 몰리브덴, 망간, 텅스텐, 코발트, 바나듐으로서 총 60일분(정부 42일, 민간 18일)의 비축을 목표로 한다. 다섯 번째는 조직정비 및 인프라 구축이다. 석유천연가스 · 금속광물자원기구(JONGMEC)를 구축하여 자원을 비축하고 기술개발 활동을 추진하는 기능을 가진다. 출자·융자·책무보증, 기술개발·지원, 정보수집·제공, 지질구조조사, 자원비축 광해방지 등이 있다.

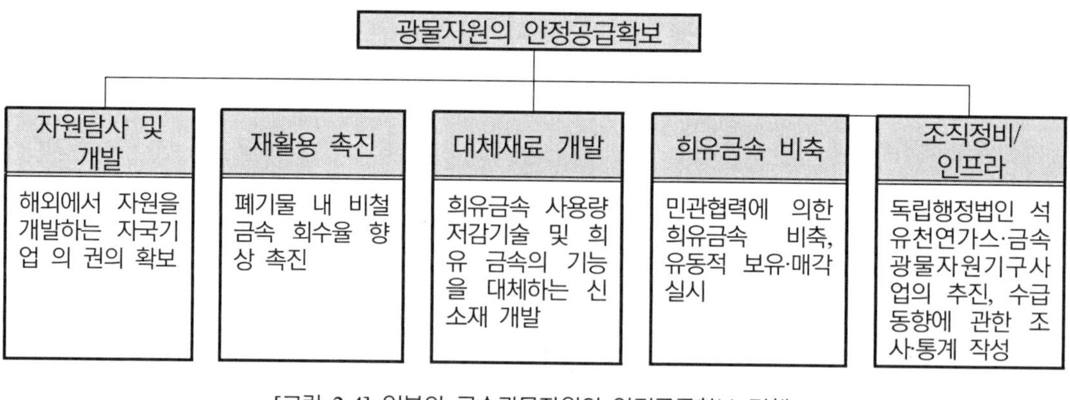

[그림 2-4] 일본의 금속광물자원의 안정공급확보 정책

일본은 '금속광물안정공급' 정책을 통해 현재 소형전자 · 전기기기로부터 텅스턴 회수기술 프로젝트와, 희유금속 회수기술 개발에 지원하고 있으며, 화학적 침출 · 추출 회수 Flow를 개발하는 것을 목표로 하고 있다. 3R 정책은 경제산업성 산업기술환경국 리사이클추진과 총괄하며,

제품의 장수화를 기본으로 제품 제조, 유통, 사용 등의 자원 생산성 및 자원효율성을 통해 폐기물 발생량을 최소화를 위해 노력하고 있다. 또한, 희유금속 함유 제품의 이용 효율을 향상시켜 자원저감, 희유금속의 일반금속 대체화, 제품수명의 연장 등에 그 목적이 있다.

2.3 미국

2.3.1 도시광산 산업현황

미국정부와 도시광산산업계는 전자폐기물로 인한 환경오염을 해결하기 위해 방안을 지속적으로 마련중에 있다. 캘리포니아 주에 전자폐기물에 관한 법안을 주의회에서 처음으로 통과시켰다. 델, HP, IBM과 같은 주요 PC업체들이 전자제품의 재활용을 촉진하기 위해 13＄에서 최고 35＄의 비용을 받으며 소비자들의 폐전자제품을 수거하여 처리하고 있다. 한국처럼 미국도 주요 4개 기업이 재활용 시장의 30%이상을 점유하고 있다. 컴퓨터나 TV를 취급하는 업체는 제품을 한대씩 팔 때 마다 주정부 관련 부처에 6~10＄에 해당하는 재활용 비용을 지불하여야 한다. 1976년에 자원보존 및 재생법을 제정하여 자원 회수를 추진하고 있다. 미국은 플라스틱 재활용에 중점을 두고 있어 PET, HDPE 재활용이 활성화되었다.

미국은 세계 최대급 광물자원 보유국이다. 레늄, 텔루늄, 탈륨 등의 희유금속의 매장량은 세계 1위이며, 희토류, 금, 구리, 아연 매장량은 세계 2위이다. 또한 미국은 그 외의 금속광종의 매장량도 대부분 세계 매장량의 10위 이내를 차지 할 정도로 막대한 자원력을 가진 국가다. 한편, 미국은 세계 제일의 광물자원 소비국이기도 하다. 전 미국인이 현재와 같은 수준의 생활을 유지하기 위해서는 매년 5,000만 톤의 비연료용 광물을 수입해야 한다. 2004년 미국 경제에서 광물자원 수입을 위해 지출된 비용은 전년대비 13배 증가한 4,180억 달러에 이르렀으며, 현재 소비 광물 중 17개 광종의 전량을 수입에 의존하고 있으며, 42개 광종의 수요량 50% 이상을 수입하고 있다. 즉, 미국도 광물자원국이라 할지라도 무한정 광물을 채굴해서 소비할 수 있는 형편은 아니다. 1872년 광업법에 따르면 천연자원이란 국민공유 재산으로써 연방정부에 귀속된다고 명시되어 있으며, 이들 광물자원은 Locatable Mineral, Leasable Mineral, Salable Mineral로 구분되어 관리되고 있다. 금속광물은 Locatable Mineral로 분류된다.

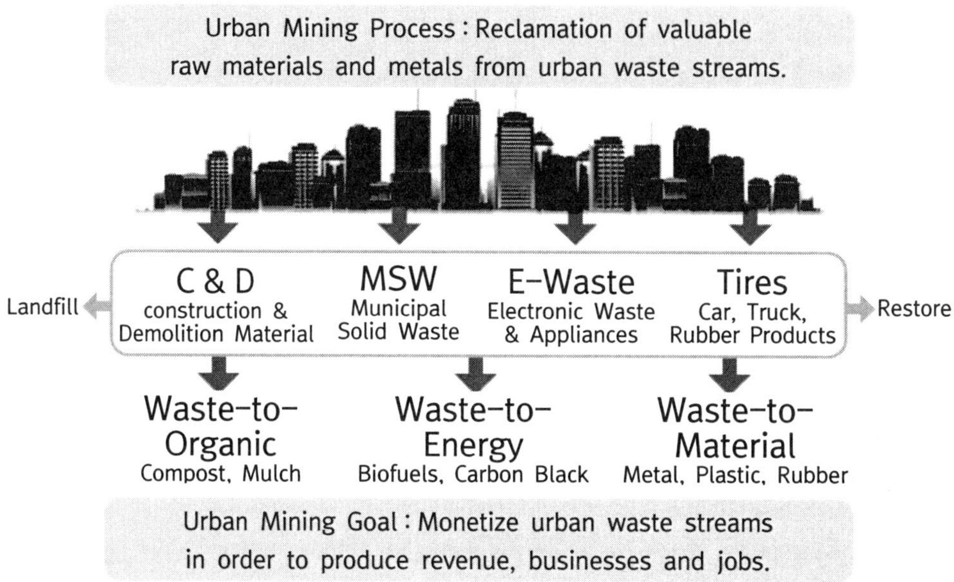

* 자료 : Jobenomics, 2015

[그림 2-5] 미국의 도시광산자원 흐름도

[표 2-6] 미국의 금속자원 매장량 및 생산량

광 종	미국 매장량 (천톤)	세계 매장량 (천톤)	미국 생산량 (천톤)
구 리	35,000	700,000	1,370
철광석	2,100,000	87,000,000	58,000
아 연	10,000	230,000	820
금	3	55	0.2
은	25	530	1.2
보크사이트	20,000	28,000,000	126
텅스텐	140	3,300	NA
리 튬	38	13,500	W
몰리브덴	2,700	11	65.5
희 토 류	13,000	130,000	7

W : Withheld to avoid disclosing company proprietary data
NA : Not available

* 자료 : Mineral Commodity Summaries, USGS, 2015

2.3.2 금속자원정책

미국은 자원부존국이나 광물자원 수입의존도가 해마다 증가하고 있는 상황에서, 미국지질조사소를 중심으로 2006년부터 2010년까지, 국가의 광물자원 5개년 프로그램을 수립하였다. 미국지질조사소는 자원에 대한 객관적 평가와 과학적 정보를 제공하고 광물 매장량, 생산, 소비 및 환경 영향에 관한 조사업무를 담당하고 있는 연방기관이다.

광물자원프로그램(Mineral Resources Program)은 국내 및 해외 180여 개국에서 생산되는 100여 가지 광종에 대한 수급정보를 취합하고 분석하여 정보를 제공하는 것을 내용으로 한다. 또한, 정책입안자 및 의사결정권자에게 확정·추정 매장량 및 광물자원 생산으로 인한 환경영향에 대한 정보를 제공하여 정책을 지원하는 기능을 가진다. 광물자원프로그램에서 제공하는 세계적 수준의 정보는 국내외 광물자원 수급에 관한 국가 정책은 물론, 기업의 정책 결정에 반영된다. 광물자원프로그램의 장기적 목표는 조사평가와 광물정보 제공으로 구분된다. 조사평가는 미발견 광물매장량에 대한 정확한 평가, 연방 내 주요 부존자원에 대한 지질물리학적 데이터의 신뢰성 제고를 목표로 한다. 광물정보제공은 국가적 안전성의 요구에 따른 광물자원의 수급에 관한 장기적 데이터를 확보하는 것을 목표로 한다.

2.4 유럽연합(EU)

2.4.1 도시광산 산업현황

EU는 비철금속의 전 세계 생산량의 10%를 생산하는 지역이다. 그러나, 소비량은 전 세계의 25%~30%로 소비량이 생산량을 상회한다. 즉, 금속소비량의 상당부분을 해외로부터의 수입에 의존하고 있다. [표 2-7]은 EU의 금속자원 수급 실태를 나타낸다. 크롬, 구리, 납 과 같은 금속은 일부 EU에서 생산되고 있으나, 안티몬, 베릴륨, 바나듐 등의 금속은 전량 수입되고 있다. 전 세계 시장의 50%를 점유하는 높은 수준의 채광기술을 자랑하는 EU도 자원국가의 편재성 및 천연자원의 고갈 위협으로부터 벗어날 수 없기 때문에 금속자원의 재자원화를 적극 추진하면서 자원대책을 강구하고 있다.

2.4.2 금속자원정책

EU의 지속가능광물자원기술기반(European Technology Platform on Sustainable Mineral Resources)은 EU 지역 내의 자원관리 및 재자원화 정책을 계획하고 추진하고 있다. 지속가능광물자원기술기반의 기능은 크게 5가지로 요약할 수 있는데, 첫 번째는 미래 원자재의 원활한 수급을 확보하는 것이다. 즉, 해외광산개발 등을 통해서 EU의 자원 수급 활로를 용이하게 하는 것이다. 두 번째는 유럽 내의 잠재적 광물자원의 가치를 발굴하는 것이다. 광물의 새로운 용도를 개발하거나, 저품위 광석의 경제적이고도 효과적인 가공방법 개발 등을 통해 잠재적 광물자원가치를 발굴할 수 있다. 세 번째는 혁신적인 재자원화 기술을 개발하는 것이고, 네 번째는 순환자원의 이용을 극대화 하는 것이다. 다섯 번째, 부가가치를 더욱 창출하고, 이를 위한 교육 및 훈련을 실시하는 것이다. 결국, 자원대책은 천연자원의 수급활로를 더욱 확보하고, 재자원화를 적극 추진함으로써 자원위기로부터 탈피하는 것이다.

한편, 금속의 재자원화 대책은 자원문제 완화를 위한 것이기도 하지만, 지구환경문제를 개선하기 위한 것이기도 하다. EU는 2000년대 이후부터 오염자부담원칙과 사전예방원칙에 의거하여 폐기물 발생량을 줄이고, 환경문제를 개선하기 위해 전기전자장비 폐기물 처리 지침(WEEE)와 폐차처리지침(ELV) 등을 제정 및 시행해 오고 있다. WEEE와 ELV지침은 EU의 도시광산자원 이용의 활성화를 위한 제도적 기반이 되고 있다.

[표 2-7] EU내 주요사용 금속광물들의 수입 비중(2003년)

금 속 광 물	사 용 비 중	금 속 광 물	사용비중
안 티 몬	100%	바 나 듐	100%
베 릴 륨	100%	인	92%
붕 소	100%	니 켈	86%
코 발 트	100%	철	83%
몰리브덴	100%	보크사이트	82%
니 오 븀	100%	아연	80%
백 금 족	100%	텅스텐	76%
희토류 금속	100%	납	76%
레 늄	100%	구리	74%
탄 탈 륨	100%	크롬	53%

2.5 중국

2.5.1 도시광산 산업현황

세계 매장량의 67.7%를 차지하는 텅스텐은 중국이 자랑하는 광물자원의 하나로 매장량뿐만 아니라 생산량 면에서도 세계 1위이다. 중국 텅스텐 광상은 19개의 자치구에 분포되어 있는데, 그 중에서도 강서성, 호남성, 광동성, 광서장족자치구, 복건성에 집중되어 있다. 텅스텐의 생산 허용량은 국토자원부에 의해 제한되어 있으며, 2006년도 기준으로 연간 약 59,000톤이다. 한국과 일본은 중국 자국 자원 유출 정책에 대비하여 텅스텐을 비축전략 광물로 지정하고 있으며, 일본에서는 자원정책의 일환으로 텅스텐 재자원화 정책과 사용량 저감정책을 동시에 추진하고 있다.

중국의 몰리브덴도 텅스텐과 마찬가지로 세계 매장량 1위를 차지하고 있다. 몰리브덴은 중국 전역에서 발견되지만 매장량 77%가 화북, 하남, 강서, 길림, 요녕, 섬서, 산동성 등 7개 성에 분포되어 있다. 몰리브덴의 매장량은 약 8,300톤으로 세계 매장량의 43.7%에 달한다. 몰리브덴의 수요가 가장 많은 중국 국내 산업은 철강업이다. 구리의 경우 중국내 광산이 700여개가 존재하지만 이 중 7개만이 대규모 광산이고, 소수 광산에서만 노천채광이 가능하다.

[표 2-8] 중국의 금속자원 매장량 및 생산량

광 종	중국 매장량 (천톤)	세계 매장량 (천톤)	중국 생산량 (천톤)
구 리	30,000	700,000	1,620
철광석	7,200,000	87,000,000	1,500,000
아 연	43,000	230,000	5,000
금	1.9	55	0.45
은	43	530	4.2
보크사이트	830,000	28,000,000	47,000
텅스텐	1,900	3,300	68
리 튬	3,500	13,500	5
몰리브덴	4.3	11	100
희 토 류	55.000	130,000	95
니 켈	3,000	81,000	100

* 자료 : Mineral Commodity Summaries, USGS, 2015

현재 중국 국내에는 약 30개의 동 제련소가 있는데, 연간 총생산량은 약 104만톤이며, 200여개의 정련소의 연간 총 생산량은 약 160만톤이다. 중국의 구리 총 매장량은 약 63,000천톤으로 세계 매장량 3위이다. 니켈의 중국 매장량은 세계 9위로 약 7,600천톤이다. 2005년 현재, 중국에서 가동 중인 니켈 채광 및 선광업체는 18개, 니켈 및 코발트 제련소는 49개 이다. 2007년 상반기 중국은 자국 내 니켈 광산과 생산업체를 압박하여 니켈 선철 및 스테인리스강 생산량을 급증시켜 국제 니켈시장에서 주요 생산국으로서의 입지를 굳혔으나, 세계 경제 불황의 영향으로 어려움을 겪어야 했다.

중국의 자원수출제한 대상으로 이슈가 되고 있는 희토류의 중국 매장량은 세계 1위이다. 중국 희토류는 내몽고자치구에 집중되어 있는데, 중국 희토류 산업은 매장량 1위로써 수년간 급성장하여 세계 최대 규모이다. 중국에서 생산되는 희토류는 자국내에서 15,000톤 소비되고 생산량의 약 70%를 수출하는데, 중국에서 수출되는 희토류는 세계 희토류 공급량의 70%를 차지하고 있다. 중국의 광물자원의 총 매장량은 구소련, 미국에 이어 세계 3위이다. 중국에서 발견된 광물은 총 163광종이고, 이중 매장량이 확인된 것이 149광종이다. 중국의 광산물 중 텅스텐, 안티몬, 아연, 바나듐, 몰리브덴, 주석, 희토류 등은 세계 제 1의 매장량을 가지고 있다. 그러나 세계 최고의 인구수를 자랑하는 중국은 1인당 평균 광물 매장량에 있어서는 세계 평균 수준에도 못 미친다. 더구나 최근 중국의 급속도의 경제성장이 향후 중국을 자원수출국에서 자원수입국으로 전화하게 할 수도 있다.

[표 2-9]와 [표 2-10]은 2004년에서 2007까지의 중국에서의 일부 금속자원의 소비/생산 현황을 나타내고 있다.

[표 2-9] 중국의 금속 소비현황 (단위 : 천톤)

광 종	2004년	2005년	2006년	2007년
알루미늄 (정련)	6,042	7,118	8,648	12,347
구 리 (정련)	3,363	3,656	3,613	4,860
아 연 (슬랩)	2,732	2,989	3,132	3,579
납 (정련)	1,434	1,984	222	2,535
니 켈 (정련)	143	194	234	327
주 석 (정련)	92	115	114	132

* 자료 : World Metal Statistices Yearbook, Cobalt Institute, 2008

[표 2-10] 중국의 금속 생산현황 (단위 : 천톤)

광 종	2004년	2005년	2006년	2007년
알루미늄 (정련)	6,688	7,806	9,358	12,558
구 리 (정련)	2,198	2,600	3,003	3,496
아 연 (슬랩)	2,719	2,776	3,162	3,714
납 (정련)	1,934	2,391	2,714	2,757
니 켈 (정련)	75	95	131	219
주 석 (정련)	115	121	132	147

* 자료 : World Metal Statistices Yearbook, Cobalt Institute, 2008

알루미늄의 소비량은 2004년부터 점차적으로 증가하여, 2007년에는 전년도 대비 42.7%의 증가율을 보이고 있다. 주요 희유금속인 니켈 소비량은 2007년도에 전년도 대비 39%의 증가율을 보이고 있다. 금속 소비량과 생산량을 비교해 볼 때, 구리와 니켈의 소비량은 생산량을 능가하고 있다. 이러한 현상을 미루어 볼 때, 중국도 자원수출국으로써가 아니라 자원수입국의 입장에서 자국의 자원 확보 정책을 더욱 강화해야 할 필요가 있다.

2.5.2 금속자원 정책

중국 희유금속 수출 규제 정책은 수출허가 대상품목 확대, 수출세 도입, 수출증 치세 환부 철폐 등이 있다. 수출허가 대상품목 확대 정책은 수출허가증 제도를 도입하여 수출 허가를 얻은 기업 및 개인에 한하여 거래를 허용하며, 수출수량 또한 제한하고 있다. 2007년 1월 수출허가 대상 품목을 페로텅스텐, 몰리브덴, 인듐, 코발트, 백금족, 바나듐 등 40품목을 추가하였다.

수출세 도입은 자원제품 수출을 더욱 규제하기 위해 수출품목별로 수출세를 증세 및 신설하는 제도이며, 2006년 11월 이후 4번에 걸쳐서 수출세를 인상하였다. 니켈, 몰리브덴, 크롬 인듐의 수출관세는 15%, 텅스텐은 5%, 몰리브덴, 희토류 원소 산화물 등의 수출관세는 10%로 증세되었다. 증치세 환부 철폐는 2004년 1월 이후부터 환부율을 인하하기 시작해서 품목에 따라서는 완전 철폐를 강행하여 수출 규제 정책을 강화하고 있다.

중국은 희유금속자원 가운데서도 자국의 희토류 자원보호를 위해 과다한 채굴과 수출을 제한하는 정책을 지속적으로 추진해 왔다. 중국희토류 수출제한 정책강화의 배경을 살펴보면, 자원낭비 심화, 제련분리설비의 중복 투자, 환경오염의 심화 및 미약한 관리체계 등이 있다. 2009년 8월 중국 공업정보화부에서 2009년~2015년 희토류 산업발전정책 개정안을 마련하여 관련 부처 의견 수렴하였으며, 공업정보화부는 2008 제 11기 인민대표대회의 결의에 의해 설립된 정부기관이다. 2009년 3월 11일, 중국국무원이 공표한 '국무원기구개혁방안' 에 따르면, 정보통신분야의 주관청인 '정보산업부'가 폐지되고, '공업정보화부'가 신설되었다. 공업정보화부는 국가발전개혁위원회의 공업부문, 중국국방 과학기술공업국의 핵전력 이외의 업무와 정보산업부 우정사업 등의 일부를 제외한 직무, 국무원정보화공작변공실의 직무 등을 승계한다. 하위조직으로는 국가국방과학기술공업국이 대표적이다.

2009년~2015년 희토류 산업발전정책 개정안의 내용은 크게 네 가지로 요약된다. 첫째, 개발 및 채굴관리를 강화한다. 생산 집약형 체제로 정비, 생산량의 계획관리, 전문가 심사제도 도입 등을 통해 관리감독 체제를 강화할 전망이다. 둘째, 수출규제를 강화한다. 희토류 원소 가운데 디스프로슘, 터븀, 툴륨, 루테튬, 이트륨의 수출 엄금을 표명하고 있다. 또한 희토류 원소의 수출량을 연간 3.5만 톤으로 통제한다. 셋째, 구조조정 추진이다. 구조조정의 내용은 제련·분리업체의 심사·인가 업무를 정부운영체제와 지방운영체제로 이원화되어 있었던 것을, 계획 배치 등의 어려움으로 중앙정부가 집중관리 하고 부실기업을 강제도태 시키는 것이다. 부실기업 도태 정리 사업은 희토류 관련 100개 기업 중 경희토류 생산량 기준으로 연간 8,000톤 이하 생산기업과 환경기준 미준수 기업을 강제 도태시켜서 20개 기업으로 집약화 할 계획이다. 넷째, 기술력강화이다. 중국 자국의 기업들의 기술력 제고를 통해 특허 취득 건수율 50% 증가를 목표로 하고 있다.

이와 같은 중국 '희토류 산업발전정책' 개정안이 통과 될 경우 한국 희토류 원료 관련 산업체에 미칠 영향은 지대할 것이다. 특히 희토류 산업적 응용성이 높은 형광체 및 자석류 등 첨단산업 소재·부품 분야에 타격이 가해질 것이며, 희토류 원소의 수요가 증가하고 있는 그린카, 이차전지 등 신성장동력 산업에도 적잖은 영향을 미칠 예정이다.

금속광물자원

3

3.1 금속사용의 역사

인류가 금속을 사용하기 시작한 것은 매우 오래 전이며, 문명이 발달할수록 인류는 새로운 금속을 발견하여 다양한 용도로 사용할 수 있게 되었다. 그 결과 오늘날 우리 주변에는 금이나 백금 등 귀금속에서부터 전선의 구리, 주방기기의 스테인리스, 음료수 캔의 알루미늄 등 금속들이 산재해 있는 것이다. 이들 금속이 처음 사용된 시기를 살펴보면 수천 년 이상부터 최근 100년 사이로 매우 다양하다.

우리는 인류의 역사를 금속을 중심으로, 석기시대까지의 비금속기와 청동기시대부터의 금속기로 나누어 구분 짓는 것을 당연하게 여기고 있다. 그러나 정작 인류가 석기시대를 벗어나게 해 준 최초의 금속이 무엇이었는지, 우리가 무심코 청동기시대라고 구분 짓는 그 시대 속에서 금속이 어떻게 인류의 삶을 변화시켰는지, 현재 진행 중인 철기 시대를 이끌어 온 것은 누구이며 앞으로 이 시대가 얼마나 더 지속될 것인지를 생각해 봐야 할 것이다.

금속은 인간의 역사에 큰 영향을 미쳤고 또 매우 중요한 구실을 하고 있다. 인류의 역사를 청동기시대나 철기시대 등 그 시대에 주로 쓰인 금속의 이름으로 분류하고 있는 것부터가 그 사실을 증명하는 것이다. 금속은 예로부터 인류의 생활을 지탱하고 문화의 발전에 주역을 담당하여 왔다. 그러나 오늘날에도 아프리카나 남태평양의 도서 지방에서 생활을 하고 있는 종족 중에는 전혀 금속을 사용하지 않는 경우도 있다. 사용하더라도 아주 한정된 범위에만 이용하는 경우도 있다.

지각을 구성하는 바위나 돌은 금속이나 비금속 원소 등이 화학적(산화, 황화, 탄산염, 규산염, 황산염 등)으로 결합한 광물들의 집합체이다. 주위에 지천으로 널린 것이 돌, 바위이지만 원하는 금속 원소를 뽑아내기 위해서는 그 함량이 특별히 높은 돌(광석)을 찾아내는 것이 필요하다. 이런 광석이 집중된 곳을 광상이라 하고 채굴하는 곳이 광산(Mine)다. 이 광산에서 채굴한 광석에서 금속을 뽑아내기 위해서는 최소 약 1,000℃ 이상으로 온도를 올려서 돌을 용융시키는 기술이 필요하다. 다른 동물과 달리 인간은 일찍이 불을 발견하고 이용할 줄 아는 원천기술이 있었기 때문에 이것이 가능했다. 오늘날 제련기술도 광석에서 금속을 추출해내는 기술인데 용광로를 이용하여 광석을 녹이고 고온 환경에서 환원, 산화 원리를 이용하는 것이다. 그러나 광물의 종류에 따라 화학 결합의 정도가 달라 제련 자체가 상당히 어려울 수 있다.

자연계에 원소 상태로 존재하는 금·은·구리는 옛날부터 인류에 의해 이용되었다. 금을 입수한 시기는 신석기시대로 알려져 있으며, 자연구리·자연은(自然銀) 및 운철(隕鐵)도 입수하였고, 나아가서는 납·주석 및 수은의 존재도 알게 되었다. 옛날부터 사용된 금속이 이들에만 한정된 것은 지구상에 많이 존재하기 때문이기보다는 이들 금속을 홑원소물질로 쉽게 입수할 수 있었기 때문이며, 그중에서도 널리 사용되는 대표적인 금속은 철과 구리라 할 수 있다.

인류가 최초로 사용한 금속은 청동기시대의 구리(Cu)로 추정된다. 기원전 약 7,000년, 천연 구리로 가공한 구슬이 터키 유적에서 발견되었으며, 메소포타미아에서는 기원전 약 3,500년경부터 구리와 주석을 합금한 청동 도구가 생산되고 이용된 것으로 추정된다. 구리는 고대 자신의 영역을 널리 알리기 위한 수단으로 동전 속 자신의 모습을 새겨 넣기도 했으며, 때론 구리를 가지고 장식품인 송곳을 만들기도 하였다. 성경을 기록하는 재료로도 이용해 왔고, 닥터 코퍼라는 이름으로 세계 경제의 지표를 예측하는 원소로도 자리매김을 했다.

금, 은과 같은 귀금속은 이집트 고대 기록에 의하면 기원전 약 2,600년경에 장신구용으로 사용되었으며, 중세 시대에는 화폐로 사용되었다. 철은 기원전 18세기경, 인도·유럽어족 왕국인 히타이트의 제철기술에 의해 생산되고 사용되었다는 기록이 있다. 철 사용량은 산업혁명 이후 대폭적으로 증가했으며, 오늘날에는 자동차, 가전제품, 토목, 건축, 건설, 산업기계, 선박 등 다양한 산업분야에서 이용되고 있다. 이제 철이 없는 문명생활은 상상조차도 할 수 없을 정도로 우리들 생활 속 깊숙이 자리 잡고 있다.

위와 같이 잘 알려진 몇몇 금속 이외 대부분의 금속은 산업혁명 이후 18세기 중반부터 20세기 전반에 걸쳐서 유럽에서 발견되었다. 과학의 발전과 함께 약 200년 동안 주기율표에 있는 대부분의 금속원소들이 발견되었고, 그 사용 용도가 확대되기 시작했다. 현재에도 원소주기율표(118원소)의 금속들은 신기술의 개발에 따라 새로운 용도로 활용되기 시작하는 경우가 많은데, 특히 IT 산업에 의한 금속 사용량이 점차 증가하고 있다.

희소금속(稀少金屬)은 천연의 존재량 자체가 적은 금속, 수량은 많지만 농축된 고품위의 광석이 적은 금속, 수량은 많지만 순수한 금속으로서 추출하기 힘든 금속 등 세 가지 중에서 어느 한 가지에 해당되는 금속을 일컫는데, 이들 희소금속은 첨단 기술 산업은 물론 여러 가지 산업에 이용되고 있으며, 다양한 용도로 그 사용량도 점차적으로 늘어나고 있다. LCD나 PDP 제조를 위해서는 인듐이 필요하며, LED에는 갈륨의 이용이 필수적이다. 네오디뮴과 디스프로슘과 같은 희토류 원소는 자석 원료로 이용되고 있다. 또한, 니켈수소전지의 희토류금속, 리튬전지의 리튬, 자동차 배기가스 촉매에는 플라티늄이나 로듐과 같은 백금족 원소가 이용되고 있고, 사용량도 점점 늘어나고 있다.

최근 지구온난화 대책을 위해서 신재생에너지 기술 개발이 활발히 이루어지고 있는데, 태양전지나 연료전지 등과 같은 신재생에너지 기술에 희소금속의 사용은 불가피하다.

원소주기율표는 [그림 3-1]과 같으며, 주기율표 상에서 도시광산과 관련된 대표적인 금속들은 알칼리금속, 알칼리토금속, 전이금속 등이고 이들의 구분은 다음과 같다.

- 알칼리금속(Alkali metal) : 주기율표 1족에 속하는 원소 중 성질이 비슷한 리튬(Li), 나트륨(Na), 칼륨(K), 루비듐(Rb), 세슘(Cs), 프랑슘(Fr) 등 6원소의 총칭이다.
- 알칼리토금속(Alkaline earth metal) : 주기율표 2족에 속하는 원소 중 칼슘(Ca), 스트론튬(Sr), 바륨(Ba), 라듐(Ra) 등 4원소의 총칭으로 이밖에 베릴륨(Be), 마그네슘(Mg)을 포함하기도 한다. 1족에 속하는 알칼리금속과 3족에 속하는 토금속의 중간성질을 나타내기 때문에 이렇게 부른다.
- 전이원소(Transition elements) : 원자의 전자배치에서 가장 바깥부분의 d껍질이 불완전한 양이온을 만드는 원소이다. 전형원소(典型元素)에 대응하는 것으로 천이원소(遷移元素)라고도 한다. 또한 전이원소를 이루는 모든 원소가 금속원소인데서 전이금속이라고도 한다.
- 할로겐(Halogen) : 주기율표 17족에 속하는 원소들로 플루오르(F), 염소(Cl), 브롬(Br), 요오드(I)가 있다.
- 비활성기체(Inert gas) : 화학적으로 활발하지 못하여 화합물을 잘 만들지 못하는 기체이다. 헬륨(He), 네온(Ne), 아르곤(Ar), 크립톤(Kr), 제논(Xe), 라돈(Rn) 등이 있으며 공기 속에 미량 함유되어 있다.
- 란탄족 : 원자번호 57번인 란타넘(La)부터 71번인 루테튬(Lu)까지의 15원소를 총칭하는 말이다. 가장 바깥 전자껍질에 있는 원자가전자의 배열과 이온반지름이 거의 같다. 란타넘(La)을 제외한 14원소를 지칭할 수도 있다.
- 악티늄족 : 천연방사성원소의 붕괴계열로 89번 악티늄(Ac)부터 103번 로렌슘(Lr)까지의 원소의 총칭이며, 불안정하고 무거운 핵을 가진 집단이다.

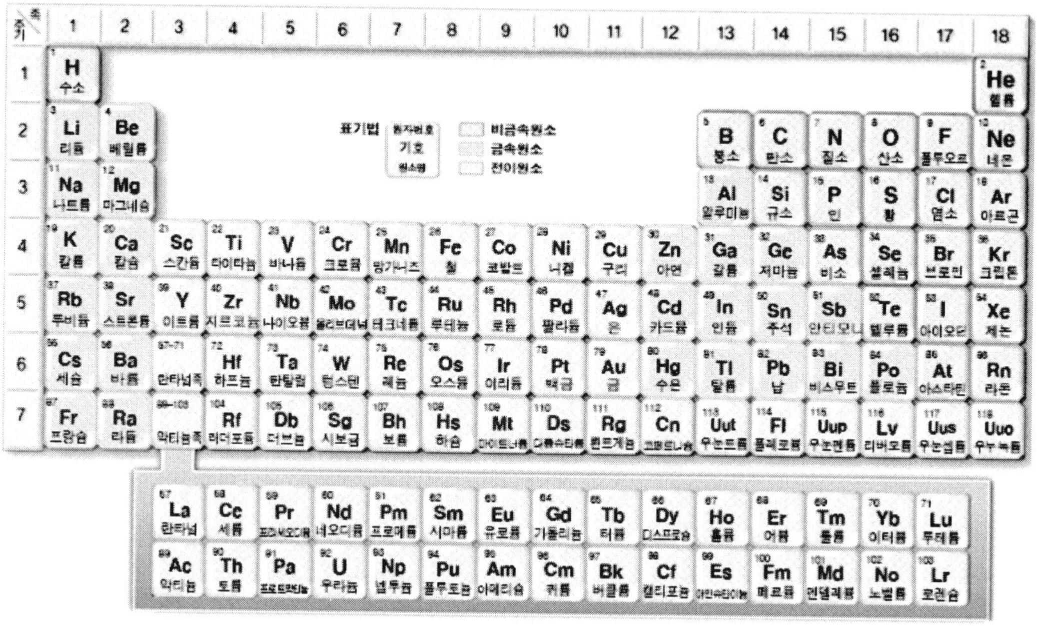

[그림 3-1] 원소주기율표

3.2 금속의 종류와 용도

3.2.1 금속의 종류

'금속'이란 주기율표에 나타난 118개의 원소 중에서 도체이면서 금속광택을 발하며 상온에서 고체이고, 그 고체는 결정구조를 가지며 불투명한 물질로 경도가 높은 성질의 물질을 총칭한다. 통상적으로 금속이란 무거운 물질이라는 느낌을 주지만, 실제로 원소번호 3번 리튬과 같이 비중이 0.53으로 물보다도 가벼운 금속도 있다.

금속은 크게 철과 비철금속으로 분류하기도 하는데, 이는 철의 생산량이 전체 금속 생산량의 90% 이상을 차지하는 것에서 비롯되었다. 그 외 금속은 중금속과 경금속, 비금속과 귀금속 등으로 분류되기도 한다. 최근에는 사용량이 증가하고 비교적 고가품인 희소금속(또는 희유금속)도 주목을 받고 있다.

다음은 금속의 분류별 명칭과 그 종류이다.

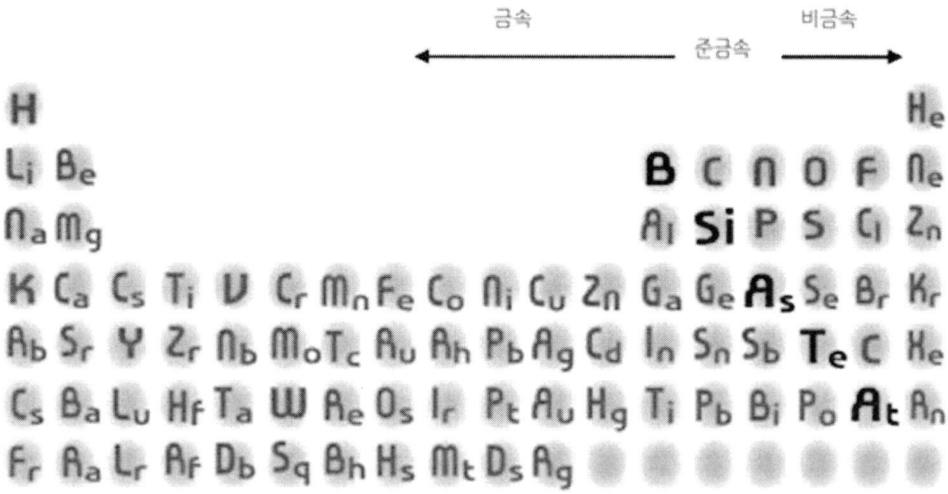

[그림 3-2] 주기율표상 금속, 준금속, 비금속

1) 성질에 따른 분류

성질에 따라 순서대로 나눈 주기율표에서 붕소(B)와 아스타틴(At)을 연결하는 사선을 기준으로 대체로 왼쪽 원소는 금속, 오른쪽 원소는 비금속에 속한다. 사선 위의 모든 원소와 그에 인접한 일부 원소들은 준금 속에 속한다. 준금속은 금속이기도 하고 금속이 아니기도 한 그리고 금속도 아니고 비금속도 아닌 금속과 비금속의 중간적 성질에 속하는 금속의 총칭이다. 붕소, 규소, 비소, 안티몬, 텔루루가 대표적이다.

비금속(Base Metal)이란 이온화에너지가 수소보다 작고 물 또는 산에 쉽게 침식되는 금속으로 귀금속에 대응되는 말이다. 칼륨, 바륨, 칼슘, 나트륨, 마그네슘, 알루미늄, 티타늄, 망간, 아연, 크롬, 철, 카드뮴, 코발트, 니켈, 주석, 납 등이 있다.

2) 비중에 따른 분류

중금속이란 비중이 4~5 이상인 금속을 의미한다. 예를 들면 크롬(7.1), 철(7.9), 니켈(8.8), 구리(8.9), 아연(6.9), 카드뮴(8.7), 주석(7.3), 몰리브덴(9.0), 수은(13.5), 납(11.3) 등이 있다.

경금속이란 비중4~5를 경계로 하여 이보다 비중이 작은 금속을 의미한다. 대표적으로, 마그네슘(비중 1.7), 베릴륨(1.8), 알루미늄(2.7), 티타늄(4.5) 등이 있다.

비중 면에서는 나트륨·칼륨 등의 알칼리금속 및 칼슘 등의 알칼리토금속도 경금속에 포함되나 일반적으로 경금속이라 하면 경금속공업에서 주로 이용되는 앞의 4가지 금속을 가리킨다.

3) 성분과 재료에 따른 분류

철금속은 순철과 주철로서 탄소 함유량이 가장 중요한 요인이며, 철재에 함유된 탄소량에 따라 성질이 달라지기도 한다. (연강, 경강, 반경강, 특수강)

비철금속은 철재 이외의 금속으로 많은 종류가 있으나 유요한 것은 금, 은, 구리, 주석, 알루미늄, 니켈, 크롬, 텅스텐, 마그네슘, 납, 아연, 망간 등이 있다.

4) 희귀성에 따른 분류

귀금속이란 화학적으로 이온화에너지가 수소의 이온화에너지보다 훨씬 크고, 산 및 산화제에 의해 산화되지 않는 금속으로 금, 백금, 루테늄, 로듐, 오스뮴, 이리듐 등이 있다.

일반 금속은 지구상에 존재하는 100여 종의 원소 중에서 고체가 되었을 때 금속광택이 나고, 전기 및 열을 잘 전달하며, 판처럼 얇게 펴거나 실로 뽑을 수 있는 성질, 즉 전성 및 연성을 가진 홑원소 물질을 말한다.

5) 희소금속

희소금속은 희유금속이라고도 하며 현재 그 매장량이 특정 국가에 집중 편재되어 있고, 국내 주력산업에서 중요하게 사용된다는 점을 감안하여 별도로 자세히 다루기로 한다. 희소금속은 비철금속 가운데 산업계에서의 유통량 및 사용량이 적은 광물을 뜻한다. 좁은 의미로는 철, 구리, 아연, 알루미늄 등의 베이스 메탈이나 금, 은 등의 귀금속 이외의 산업에 이용되고 있는 비철금속을 희소금속으로 간주하기도 한다. 국제적으로 희소금속의 정의를 규정하고 있지 않고, 각 국가별, 기관별로 희소금속을 정의하고 있으며, 분류 방법도 다소 차이가 있다.

1954년 미국 라인 홀드사는 ① 지구상에서 천연 부존량이 지극히 적은 금속, ② 지구상에서의 부존량은 많으나, 추출이 어렵거나 경제적으로 농축할 수 있는 양이 적은 금속, ③ 지구상의 부존량은 많으나, 화학적·물리적으로 추출하기가 어려운 금속, ④ 추출된 물질의 용도가 불명확하고, 그 특성이 밝혀지지 않은 미개발 금속 중 1가지 이상에 해당하는 금속 광종을 희소금속이라 정의하였다.

1984년 일본 통상 산업성 광업 심의회 희소금속 종합 대책특별 소위원회에서 정의한 희소금속은 현재 공업용 수요가 있고, 미래에도 수요가 예측되며, 향후 기술혁신에 따른 새로운 공업 수요가 예측되는 광종을 뜻한다. 따라서 위와 같은 희소금속의 정의를 종합해 볼 때, 희소금속이란 안정적인 공급이 타금속에 비해서 곤란해질 가능성이 상대적으로 높은 금속으로 해석된다. 그러나 금, 은과 같은 귀금속은 희소금속이라 부르지 않는다.

한국의 경우 지각 내에 존재량이 적거나 추출이 어려운 금속자원 중 현재 산업적 수요가 있고 향후 수요 신장이 예상되는 금속원소 또는 극소수의 국가에 매장과 생산이 편재되어 있거나 특정국에서 전량을 수입해, 공급에 위험성이 있는 금속원소로 정의하며, 현재 수요가 있는 것과 향후 기술혁신에 수반해 새로운 공업용 수조가 예측되는 것으로 총 35광종으로 분류한다.

리튬, 마그네슘, 세슘, 베릴륨, 스트론튬, 바륨 등 알칼리·알칼리 토금속 6광종, 게르마늄, 인, 비소, 안티몬, 비스무스, 셀레늄, 텔루늄, 주석, 실리콘 등 반 금속 원소 9광종, 코발트, 니켈 등 철족원소 2광종, 붕소, 갈륨, 인듐, 탈륨, 카드뮴 등 보론 그룹 원소 5광종, 티타늄, 지르코늄, 하프늄, 바나듐, 니오븀, 탄탈륨, 크롬, 몰리브덴, 텅스텐, 망간, 레늄 등 고융점 금속 11광 종, 백금족 1광종, 희토류 원소 1광종으로 분류한다. 여기에서, 백금족은 루테늄, 로듐, 오스뮴, 팔라듐, 이리듐, 플라티늄 6 종류의 원소를 1광종으로 분류하고, 희토류원소는 란타넘, 세륨, 프라세오디뮴, 네오디뮴, 프로메튬, 사마륨, 유로퓸, 가돌리늄, 터븀, 디스프로슘, 홀뮴, 어븀, 툴륨, 이터븀, 루테튬, 스칸듐, 이트륨 등 17 종류를 1광종으로 분류한다. 즉 희소금속 35광종은 총 56개의 원소로 구성되어 있다.

최근 산업과 문명의 발달로 에너지 수요가 증가하고 있으며, 이에 따라 새로운 에너지 자원의 확보가 매우 중요한 관심사로 떠오르고 있다. 한국 정부는 신성장동력 산업의 주요 원료로 사용되고 있는 희소금속의 자원 확보를 위하여 망간, 몰리브덴, 코발트, 텅스텐, 티타늄, 리튬, 마그네슘, 인듐, 희토류 크롬 등 10대 국가 전략 희소금속을 지정하여 자원확보에 총력을 기울이고 있다.

한국과 달리 일본은 희소금속을 31광종으로 분류하고, 미국은 총 33광종으로 분류한다. 일본의 경우에는 한국에서 희소금속으로 분류하고 있는 마그네슘, 카드뮴, 인, 실리콘 등 4광종을 제외한다. 미국은 마그네슘, 니켈, 인, 비소, 안티몬, 주석 등 6광종을 희소금속에서 제외하고, 한국 희소금속 광종에서는 제외되어 있는 칼슘, 루비듐, 우라늄, 플루토늄 등 4광종을 희소금속으로 분류하고 있다.

[표 3-1] 한국의 희소금속 원소의 분류

종 류	원 소	수
알칼리/알칼리토금속	Li(리튬), Mg(마그네슘), Cs(세슘), Be(베릴륨), Sr(스트론튬), Ba(바륨)	6
반금속 원소	Ge(게르마늄), P(인), As(비소). Sb(안티몬), Bi(비스무스), Se(셀레늄), Te(텔루늄), Sn(주석), Si(실리콘)	9
철족원소	Co(코발트), Ni(니켈)	2
보론그룹 원소	B(붕소), Ga(갈륨), In(인듐), Tl(탈륨), Cd(카드뮴)	5
고융점금속	Ti(티타늄), Zr(지르코늄). Hf(하프늄), V(바나듐), Nb(니오븀), Ta(탄탈륨), Cr(크롬), Mo(몰리브덴), W(텅스텐), Mn(망간), Re(레늄)	11
희토류금속	RE(희토류원소) : 17종	1
백금족 원소	Ru(루테늄), Rh(로듐), Os(오스뮴), Pd(팔라듐), Ir(이리듐), Pt(플라티늄)	1
합 계		35

희소금속 원소들은 20년 전만 하더라도 거의 수요가 없었다. 그러나 최근 기술혁신, 재료 개발, 친환경 제품 생산 등이 증가하면서 희소금속의 수요가 급증하여 단시간에 거대한 시장을 형성하는 현상을 나타내고 있다. 희소금속의 대부분은 제품 속에 소량이지만 기능 구현을 위해 필수적인 소재로 사용되고 있으며 이들이 구현하는 기능은 첨단 제품의 핵심 기능으로 알려져 있다. 특히 특수강·합금, 전기 전자, 자동차, 항공 우주, 정밀 기계 고기능재, 청정에너지 관련 소재, 촉매 등 하이테크 산업에 필수적으로 사용되는 희소금속은 최근 일본과 같은 자원 부존량이 부족한 공업 선진국가에서는 산업의 비타민 또는 산업의 생명선이라고 불리고 있다.

한국에서도 희소금속의 전량을 수입에 의존하고 있으면서도 국가 주요 산업인 IT·자동차 산업에서의 그 수요가 더욱 증가하고 있다. 즉, 산업 국가들에게는 희소금속자원을 확보하는 것이 산업 안정화 대책의 핵심 요건이 되고 있는 것이다. 하지만 비철금속의 대부분이 그러하듯 희소금속의 매장지가 일부 국가에만 편재해 있다는 문제점이 있다. 특히, 희토류 원소의 주요 생산지인 중국은 자국 내에서의 희소금속 등의 수요 증가에 대비하여 수출제한 정책을 추진하는 등 해외로 자원의 유출을 제한하고 있어 자원이 부족한 한국의 경우 이에 대한 대응책 마련이 시급한 실정이다.

3.2.2 주요 유가금속의 정의

1) 철(Fe)

철은 지구에서 알루미늄 다음으로 흔한 금속이며 지구를 구성하는 원소 중 가장 비중이 높다. 우주에서도 열 번째로 흔한 원소라고 알려져 있다. 철은 지구를 이루는 가장 주요한 원소로 지구 중량의 32.07%를 차지한다.

철은 금속자원 중 가장 많이 사용되는 것으로, 전성, 연성, 자성이 풍부하지만 산소와 수분에 의해 쉽게 부식된다.

철에 습기 있는 공기가 닿으면 부슬부슬 한 녹으로 변한다. 녹은 철과는 그 성질이 아주 다르다. 그러나 이 녹은 철이 자연의 모습으로 돌아간 것에 지나지 않는다. 본래 철은 자연 상태로는 산화물의 형태로 존재하고 있다. 철의 원료는 적철광(Fe_2O_3)이나 자철광(Fe_3O_4)으로, 철이 산소와 결합된 것이다. 이것은 철의 경우에만 한하는 현상은 아니다. 다른 금속도 대부분은 산화물 또는 다른 원소와의 화합물로서 자연에 존재하고 있다. 그것이 지구를 둘러싸고 있는 지각 중의 암석이다.

철은 강도, 경도가 높고 전기전도도 또한 훌륭하며 가공하기 쉽기에 많이 사용된다. 또, 제련시 탄소를 얼마나 첨가하느냐에 따라 그 성질을 정할 수 있다.

철은 철광석의 형태로 산출되며, 순수한 금속 상태로는 거의 발견되지 않는다. 순철을 얻기 위해서는 환원 반응을 통해 불순물을 제거해야 한다. 철은 다른 금속과 비금속, 특히 탄소와의 합금인 강철을 만드는 데 사용된다.

철은 경도는 높지만 인성이 낮아서 충격이 약한 선철은 주조용으로 사용된다. 순철은 전성과 연성이 뛰어나며, 합금 재료, 촉매, 전자기 재료, 철강 실험용으로 이용된다. 주철은 기계의 몸체와 각종 주물제품의 원료로 사용된다.

철은 순수한 형태로는 강도가 낮아 쓰임새가 거의 없고, 대부분이 강(鋼)이라는 철 합금 형태로 이용된다. 철 합금으로는 탄소강과 합금강이 있다. 탄소강은 철판, 볼트, 기계부품, 공구강, 레일, 스프링 등의 원료로 사용되며, 합금강은 각종 희소금속을 첨가함으로써 내마모성·내열성·내식성을 강화한 재료로써, 자동차 부품, 건축자재, 전기 전자부품, 각종 공구 등에 사용된다.

[표 3-2] 철강의 용도

<table>
<tr><th colspan="4">구분</th><th>특성</th><th>용도</th></tr>
<tr><td colspan="4" rowspan="3">선철(pig iron)</td><td>탄소 1.7~4.5%, 경도는 높으나 인성이 낮아 충격에 약함</td><td>주조용(무쇠 솥, 화로 등)</td></tr>
<tr><td>철 99%, 전성과 연성이 우수</td><td>합금재료, 촉매, 전자기 재료, 철강 실험용</td></tr>
<tr><td>탄소 2% 이상 함유, 전성과 연성이 낮음, 충격에 약함</td><td>기계의 몸체, 각종 주물제품 (맨홀 뚜껑, 난로 등)</td></tr>
<tr><td rowspan="15">강철</td><td rowspan="3">탄소강</td><td colspan="2">저탄소강 (0.12~0.3%)</td><td>인성 (높음), 경도 (낮음)</td><td>철판, 철근, 강판 등</td></tr>
<tr><td colspan="2">중탄소강 (0.3~0.6%)</td><td>인성 (중간), 경도 (중간)</td><td>볼트, 너트, 기계부품, 구조용 재료</td></tr>
<tr><td colspan="2">고탄소강 (0.6~0.8%)</td><td>인성 (낮음), 경도 (높음)</td><td>공구강, 레일, 스프링 등</td></tr>
<tr><td rowspan="12">합금강</td><td rowspan="3">스테인레스강</td><td>크롬강</td><td>내마모성, 내열성, 내식성이 뛰어남</td><td>자동차부품, 건축자재, 전기전자부품</td></tr>
<tr><td>니켈강</td><td>강인성 우수</td><td>기어, 차축, 크랭크축, 교량, 와이어, 볼트</td></tr>
<tr><td>니켈-크롬강</td><td>강인성, 내마모성, 내열성, 전열성이 뛰어남</td><td>크랭크축, 기어, 커넥팅로드</td></tr>
<tr><td colspan="2">크롬-몰리브덴강</td><td>높은 내열성과 용접성</td><td>각종 기어, 연결로드, 고장력 부품, 보일러 강판용</td></tr>
<tr><td colspan="2">망간강</td><td>내마모성, 절삭성 우수</td><td>캐터필러, 광산기계, 토목기계</td></tr>
<tr><td colspan="2">텅스텐강</td><td>경도가 약함</td><td>절삭공구, 치과용 드릴, 끝부분</td></tr>
<tr><td colspan="2">실리콘-망간강</td><td>내마모성</td><td>스프링, 전기전자부품소재</td></tr>
<tr><td colspan="2">바나듐강</td><td>뛰어난 내마모성</td><td>고급 구조용 강, 실린더, 주방용 칼</td></tr>
<tr><td colspan="2">니오븀강</td><td>높은 내열성 및 강인성</td><td>초합금 재료, 탄소 고정제</td></tr>
<tr><td colspan="2">몰리브덴강</td><td>내열성, 강인선 및 내식성이 뛰어남</td><td>무기, 영구자석, 기계부품</td></tr>
<tr><td colspan="2">텅스텐강</td><td>내마모성, 내열성이 우수함</td><td>신선(wire drawing)용 공구, 단조용 공구</td></tr>
</table>

2) 구리(Cu)

구리는 운석의 형태로 순수한 금속으로 발견되기도 하지만, 자연 상태에서는 대부분 황과 결합된 화합물 형태로 존재한다. 구리는 전성과 연성이 뛰어나 가공이 쉽고, 전기전도율이 높아 전선과 열선의 주재료로 사용된다.

구리는 약 200여 가지 광석에서 산출되나, 경제성이 있는 광석으로는 황동광, 휘동광, 적동광, 반동광 등이 대표적이다. 광산에서 채굴되는 구리 원광은 1~3%의 구리를 함유하고 있다. 구리 원광을 제련 원료로 사용하기 위해서는 부유선광 과정을 거쳐 구리 함량이 25~35% 정도의 정광을 만들어야 한다. 구리정광은 제련소에서 용련로와 슬래그 세정로를 거쳐, 순도 약 70%의 매트로 만들어진다. 구리매트는 다시 전로를 이용한 건식제련 과정을 통해 순도 98% 이상의 제련동이 된다. 제련동은 전해정련 과정을 통해 순도 99.99%의 전기동으로 산출된다. 구리는 원자재로서 제품 생산 형태가 다양하고, 전기, 전자, 운송, 건설, 기계 등 전 산업 분야에 걸쳐서 광범위하게 활용된다.

[그림 3-3] 구리 광석

[표 3-3] 구리합금의 종류 및 용도

구 분	특 성	용 도
황동	구리, 아연 합금 전성과 연성이 우수하고, 색깔이 아름다움	전기부품, 가정용품, 기계부품, 장식품 등
청동	구리, 주석 합금 내식성, 주조성, 내마멸성 우수	베어링, 밸브, 배의 스크류, 식기, 범종, 동상 등
백동	구리, 니켈의 합금 연성, 내식성 우수	화폐, 장신구, 탄약 등
베릴륨 구리	구리, 베릴륨 2~3% 합금, 소량의 코발트, 은, 니켈 첨가, 강도가 크고 탄성 좋음, 열처리로 단단해지는 성질	정밀기기 부속품, 금형

3) 알루미늄(Al)

알루미늄은 은백색의 가볍고 부드러운 금속원소로 지구상에 다량으로 존재하고 있으며, 각종 암석 및 토양의 주성분 금속원소이다. 알루미늄을 함유하는 광석은 여러 가지가 있으나, 현재의 기술로 분리가 가능하고 경제성이 있는 광석은 보크사이트뿐이다. 알루미늄은 보크사이트를 파쇄, 세척 및 건조 후 용융제로 수산화나트륨으로 만든 후, 소성·제련·전기분해 과정을 통해 생산된다. 알루미늄은 연성과 전성이 우수하고, 열전도성, 전기전도성 및 합금성이 뛰어나 합금 형태로 각종 산업분야에 걸쳐 다양하게 사용된다.

알루미늄은 주조가 쉽고 구리, 아연, 실리콘, 마그네슘, 니켈, 망간 등 다른 금속과의 합금성이 우수하며, 상온 및 고온 가공이 용이하다. 열전도성은 철의 5배, 전기전도성은 구리

[그림 3-4] 보크사이트

[표 3-4] 알루미늄 합금 종류 및 용도

	종 류	특 성	용 도
주조용	알루미늄청동	Al+Cu (주석미첨가), 내식성, 내마모성이 강함	판, 관, 봉 등 전신재
	Y합금	Al+Cu 4%+Ni 2%+Mg 1.5% 우수한 내식성 및 내열성	항공기엔진의 실린더헤드
	라우탈	Al+Cu 3~8% + Si 3~8%	피스톤, 기계부속품
	실루민	Al+Si 10~14%	다이캐스팅용
	로우엑스	Al+Si 11~14% Mg 1% Ni,Cu,Fe	피스톤
	로칼로이	Al+Be	항공기 재료, 정밀전자기기부품
가공용	두랄루민	Al+Cu 4%, Mg 0.5%, Mn 0.5%, Si 0.5%	항공기 몸체, 자동차 등
	초두랄루민	두랄루민에 Mg 1~1.5% 더첨가, 초경량, 고강도	항공기의 구조용 재료 등
	극초두랄루민	Cu 1.2~2%+Zn 5.1~6.1%+Mg 2~2.1%+Si 0.5%+Fe 7%+Mn 0.3%+Cr 0.18~0.4%, 내식성강화	항공기 외판 및 구조재
	하이드로날륨	Al=Mg계, 내식성, 용접성 우수(전신재용:5%까지, 주조용:4~7% 또는 10%의 마그네슘함유)	지붕재, 객선의 갑판구조물, 소형카메라 몸체
	알드리	Al-Mg-Si계	송전선
	알민	Al+Mn 1~1.5%	저장탱크, 기름탱크 등

의 약 60%에 달할 정도로 우수하고, 연성이 우수하고 비중이 작으며, 대기 중에서의 내식성이 강하여 판, 박, 봉, 선, 관, 분 등 여러 가지 형태로 가공되어 이용된다. 판은 자동차, 항공기, 가정용 기구, 화학 공업용 용기 등에 사용되고, 박은 식료품, 약품, 과자류의 포장재로 이용된다. 봉과 관은 전기재료나 콘덴서 등에 사용되며, 분말은 녹 방지, 도료, 폭약 제조 등의 원료로 사용된다.

4) 아연(Zn)

청백색의 아연은 지각 속에 널리 분포되어 있지만, 금속 자체로 산출되지는 않는다. 분포도 측면에서 본다면, 지각에서 차지하는 아연의 비중은 0.0076%(또는 76 ppm)로 원소 중 24번째이며, 지구상의 존재량이 구리나 납보다 풍부하다. 아연은 다양한 광석에 함유되어 있지만, 그중 경제적인 가치가 높은 것으로는 섬아연석(ZnS), 능아연석($ZnCO_3$), 홍아연석(ZnO) 등이 있다.

아연은 불순물과 황화물이 다량 함유된 아연광석을 부유선광(flotation)을 통해 아연 함유량을 60% 정도로 높인 다음, 이것을 건식법 또는 습식법으로 제련함으로써 생산된다. 제련을 통해 생산된 순도 99.99%의 아연은 대부분 합금 제조용으로 사용되는데, 대표적인 것으로는 구리와 아연이 결합된 황동(brass)을 들 수 있다. 황동은 공예품, 동전, 전기부품 제조뿐만 아니라, 관이나 판의 형태로 가공되어 산업용으로도 널리 사용된다. 합금 생산에 있어 아연이 합금의 주재료로 사용되는 경우는 거의 없고, 대부분 다른 금속에 첨가되는 부재료로 사용된다.

아연의 주요 용도는 도금이며, 아연도강판, 아연도철선과 같이 철강재의 보호피막으로 사용되는 경우가 가장 많고, 자동차나 가전제품의 다이캐스팅 부품생산에도 많이 사용된다. 이 밖에 아연은 건전지 케이스나 인쇄원판으로도 사용되는데, 이는 아연이 산에 약한 성질을 이용한 것이며, 산화물 또는 분말 형태로 가공되어 다양한 용도로 사용된다.

능아연석

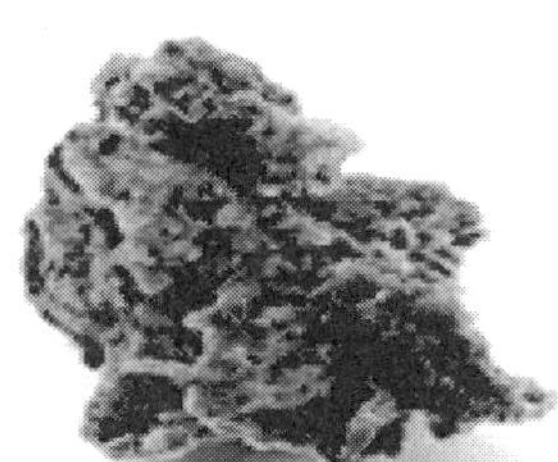
섬아연석

홍아연석

[그림 3-5] 아연 광석의 종류

[표 3-5] 아연의 주요 용도

종 류		용 도
금속 아연	도금재료	아연도강판, 자동차 도금, 아연봉, 철말
	피복재료	수중 건조물, 철탑, 가드레일, 각종 캔
합금	동합금	황동전신재 및 기계부품, 자동차 부품, 조선 공업용
	아연합금	다이케스팅 재료 및 일반 구조물 합금, 전기부품, 장신구
	Rolled Zinc	건축자재, 함석, 건전지
화합물	산화아연	고무제품, 착색제 원료, 도료, 염료, 세라믹 및 농약제조
	황산아연	락카, 에나멜 제조, 사료, 토질개선제, 비스코스 제조
	염화아연	섬유공업용, 제약용, 방부제, 화장품 제조

5) 납(Pb)

납은 구리, 금, 은, 주석과 더불어 인류가 오래전부터 사용했던 금속자원의 하나이다. 납은 20세기 초반까지만 해도 건설, 인쇄, 무기 및 식기 제조 분야에서 널리 사용되었지만, 오늘날에는 주로 축전지 제조용으로 사용되고 있다. 납은 가끔 운석의 형태로 발견되기도 하지만, 주로 방연석(PbS), 백연석($PbCO_3$), 홍연석($PbCrO_4$)과 같은 광석에서 산출되거나, 아연, 구리, 안티몬(Sb)과 같은 금속과 결합되어 있는 상태에서 추출된다. 납을 생산하기에 가장 경제성이 높은 광석은 방연석이다. 방연석의 납 함 유율은 3% 이상이다. 납이 지각에서 차지하는 비중은 약 0.0018%로 아연에 비해 훨씬 적다.

방연석

백연석

홍연석

[그림 3-6] 납 광석의 종류

[표 3-6] 납의 주요 용도 및 사용 분야

형태	용 도	산 업
금속	축전지	자동차, 항공, 조선, 운송, 전기
	연화합물	화학, 유리, 요업
	연관, 연판	건설
	방사능 차단제	의료, 원자력 발전
	피복제	전기통신
합금	땜납	자동차, 식품, 전기전자
	활자주조	인쇄
	연강판	화학, 정유, 가스, 비철금속
	탄환	군수
	기타	모형물, 버클, 트로피, 낚시추, 저울추

납의 제조 과정은 다른 금속에 비해 복잡하며, 제련법 또한 다양하다. 일반적으로, 납 광석을 포말 부상하여 얻은 정광을 배소, 환원하는 방식을 통해 순도 97% 이상의 조연을 만든 후, 조연을 양극으로 하고, 순수한 납을 음극으로 하여 전기분해 함으로써 납을 생산한다. 이때 생성되는 납을 전해연이라 하며, 순도는 99.99%이다.

납은 대개 금속 또는 합금의 형태로 사용된다. 납은 화학적 에너지를 저장하는 축전지 제조에 가장 많이 사용된다. 이것은 납의 높은 밀도를 이용한 것이다. 국가별로 다소 차이는 있으나, 납의 총 소비 중 축전지 제조가 차지하는 비율은 평균 70%를 상회한다. 납은 축전지뿐만 아니라, 다양한 산업 분야에서 사용되고 있다.

6) 금(Au)

금은 화학적으로 모든 금속 중 가장 안정된 금속으로 공기 중이나 물속에서도 영구히 변하지 않는다. 산과 알칼리, 기타 약품 등에 잘 견디나, 왕수에 녹는 성질이 있어서 금을 다시 회수하고자 할 때 왕수법을 사용한다. 전연성이 우수하여 극히 얇은 판이나 선으로 가공할 수 있다. 금의 순도는 백분율로 표시할 경우 99.99%가 순금을 의미하며, 캐럿(karat)으로 표기하기도 하는데, 순금 24 K로 표기한다. 금은 수 천 년간 화폐로 사용되었으며, 장신구와 치과, 전자제품 등에도 사용되었다. 그뿐만 아니라 전자공학 특히 인쇄기판(PCB)이나 실리콘(규소)를 겉에 입힌 반도체에 쓰인다. 순금일 경우 유연하므로 보통 구리, 은 및 백금족 원소 등의 합금으로 사용된다.

[표 3-7] 색상에 따른 금 합금의 종류

종류	특성
백색금(White Gold; WG)	금, 니켈, 구리, 아연의 합금 백금과 구별하여 쓰거나 백금대용으로 사용 단단하고 잘 부서지기 쉬워 가공이 어려우나, 다이아몬드나 진주 등 백색 보석을 장식하는데 좋다 - 니켈계 화이트 골드 ; 금, 니켈 13~27%, 구리 1.6~4.5%, 아연 1.3~1.7% 합금 하드 화이트 골드(Hard white gold) - 팔라듐계 화이트 골드 ; 금 75%, 팔라듐 16~20%, 은 나머지% 합금 색이 아름답고 가공성이 풍부, 소프트 화이트 골드(soft white gold)
황색금(yellow gold)	금, 은, 구리, 아연 합금 내약품성 및 풍부한 가공성
핑크 골드(pink gold)	금 58.3%, 은 3.3%, 구리 31%, 니켈 3.5%,아연 3.9% 합금 장신구용
적색금(Red gold)	금, 은, 구리의 3원 합금에서 구리가 은보다 많을 경우 적색금
청색금(Green gold)	금, 은의 2원 합금을 하거나 또는 금, 은, 구리 3원 합금시 구리보다 은의 함량이 많을 경우 녹색을 띠게 된다.
오금(오동)	금, 구리계의 금 합금 중 5~10%의 금을 함유한 것으로 황화칼륨과 암모니아수에 담그면 짙은 흑색으로 변하여 오금이라 부름.

7) 은(Ag)

은(Ag)은 전이금속의 하나로 흰 광택이 있는 귀금속이다. 전성과 연성이 금 다음으로 강하며, 전기 열전도율은 금속 가운데 가장 뛰어나다. 공기 중에서 산화하지 않으며, 유황 화합물에 닿으면 검게 변한다. 가공성, 기계적 성질이 좋은 점을 이용해서 금속재료로서의 용도가 넓다. 현재 세계 총생산량의 70% 이상이 공업용으로 사용되며 나머지는 화폐용으로 사용하고 있다. 또한 장식품, 공예품, 은그릇 등에도 사용되고 사진 공업용으로도 많이 사용된다.

순은 그대로는 너무 연하므로 합금으로 사용하는 경우가 많고 주로 구리와의 합금이 화폐에 사용된다. 은합금의 품위는 퍼밀(‰)로 나타낸다.

[표 3-8] 은합금의 종류

종 류	성 질
95% 은합금(Ag 950)	순은과 정은의 중간정도의 경도와 좋은 은색을 띔. 무른 성질을 이용해 단조성형(망치질)을 하고 용융점이 높아 칠보바탕금속으로 쓰임.
92.5% 은합금(정은, Sterling silver, Ag925)	전 세계적으로 가장 많이 쓰이는 은합금. 92.5%은과 7.5%구리를 섞은 합금. 가공성이 좋고 단단하면서 색상과 광택이 순은에 비해 아름다움.
90% 은합금(Ag 900)	은의 색상을 유지하면서도 정은보다 무른성질이 있어 가공성이 우수함
80% 은합금(Ag 800)	은 색상은 다른 합금에 비해 떨어지지만, 단단한 성질로 인해 수저 제작에 많이 쓰임.

8) 팔라듐(Pd)

팔라듐의 가장 큰 용도는 자동차 배기가스 정화장치에 이용되는 삼원촉매이다. 배기가스 중에는 환원성 일산화탄소, 탄화수소와 산화성 질화물, 산소의 잔량이 포함되어 있다. 이 배기가스 등을 적절한 온도 조건에서 삼원촉매로 유도하여 통과시키기만 하면 이산화탄소나 물, 산소 등 무해한 조성의 가스로 바꿀 수 있다. 팔라듐은 그 밖에도 석유화학공업의 수소화 촉매로 이용된다.

팔라듐은 금이나 은과 조합하여 인체에 무해한 합금을 만든다. 이 성질을 이용하여 치과의료 합금으로서 치아의 임플란트 치료에 이용한다. 나아가 녹이 잘 슬지 않는 성질을 이용하여 보석 장식에 사용하거나 도전성을 이용하여 전기접점이나 납땜 용접용 재료에 이용한다.

9) 백금(Pt)

백금은 팔라듐과 마찬가지로 자동차 배기가스 정화용 삼원촉매에 이용한다. 그 밖에 황산이나 실리콘 제조용 촉매에 이용한다.

백금은 팔라듐이나 로듐과 합금을 만들어 녹이 잘 슬지 않고 가공이 잘 되는 성질을 이용하여, 반지나 목걸이 등 액세서리에 사용한다. 도전성을 이용하여 전기접점에 이용하거나 고온용 열전대 소재에 이용한다. 백금은 다른 재료와 반응하기 어려워 고성능 유리도 자기에도 사용된다.

3.2.3 희소금속(Rare Metal)

희소금속은 지각 내 존재량이 적은 금속, 광석에 적게 농축되어 있는 금속, 정련이 곤란한 금속의 총칭이다. 희소금속 자원이 편중되어 있어서 공급처 상황에 따라 영향을 크게 받아 공급 불안정이 발생하고, 자원 민족주의가 강해지면서 자국 자원의 보호, 부가가치가 높은 정제 희소금속으로의 수출품 변경, 그리고 지금까지 자원 수출국이었던 중국이 자국의 국내 산업이 진흥함에 따라 소비국으로 변모하면서 최첨단 기술을 지탱하는 구성 원소로서 희소금속의 중요성이 갈수록 커지고 있다. 희소금속의 성질을 명확히 하기 위해 용도나 종류로 분류하면 [그림 3-7]과 같다.

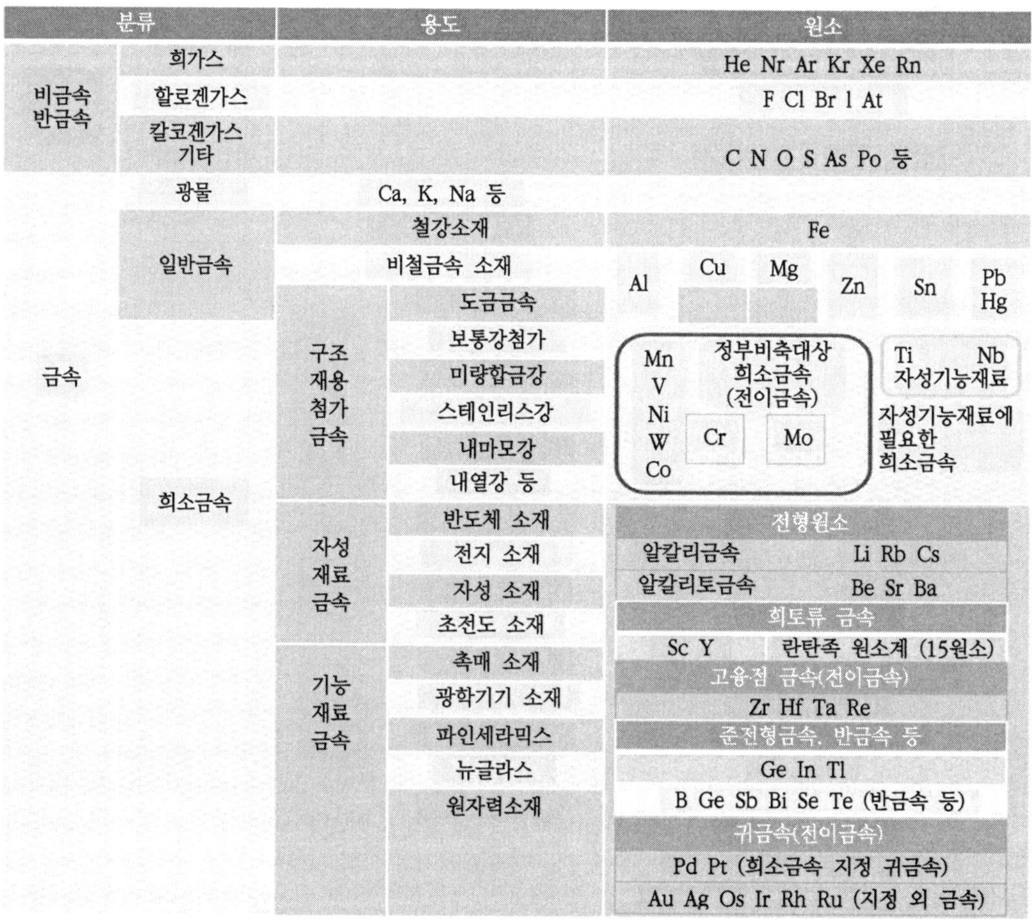

[그림 3-7] 희소금속 원소의 분류

[표 3-9] 희소금속의 정의

분류	희소금속	일반금속
금속자원에서 유래한 정의	- 지각 내 존재량이 적은 금속 - 광물자원이 편재한 금속 - 고품위의 광석이 없는 일반금속	- 지각 내 존재량이 많은 금속 - 광물자원이 분산되어 있는 금속 - 고품위의 광석이 있는 금속
금속성질에서 유래한 정의	- 합금이 최첨단 기술을 낳는 금속 - 금속 단독으로 정련이 어려운 금속 - 기존 기술에서 합금 첨가를 빼놓을 수 없는 금속	- 기존산업을 지탱하는 금속 - 금속 단독으로 정련하기 쉬운 금속 - 기존 기술에서 합금 첨가를 빼놓을 수 없는 금속

1) 니켈(Ni)

특수강, 도금, 전기통신기기, 비철합금 등의 재료로 사용된다. 특수강에 첨가되는 니켈은 페로니켈이나 지금 형태로 사용된다. 니켈이 도금에 첨가될 경우, 광택과 내식성 등의 주요 기능을 나타내며, 전기통신 기기의 재료로 사용될 경우, 판 및 선의 형태로 진공관 재료로 쓰이는 등 산업체에 다양한 형태로 활용되고 있는 희소금속이다. 또한 내식·내열·강도 등의 특징을 지니고 있어서, 비철합금 형태로 기계장치의 구조재료로도 사용된다. 이 밖에 각 나라에서는 니켈 합금을 재료로 화폐를 주조하고 있으며, 수소첨가 반응용 촉매로도 활용하고 있다.

2) 몰리브덴(Mo)

몰리브덴(Mo)은 고융점 금속이라 불리는 고온 특성을 가지고 있는 비철금속 중 하나로써 내부식성이 강한 이유로 고온 고압용 산업분야에서 많이 사용되고 있다. 특히 스테인리스강에 많이 사용되는데, 스테인리스 총 생산량의 90%가 몰리브덴 함유 제품이다. 이 밖에도 고온로 내부 부분품 또는 지지물, 전자관의 양극, 전기회로의 접점, 내열지료 고온 부분품, 특수합금, 전구의 전극 자재, 전열선, 코팅, 안료, 수소첨가 반응용 촉매, 유리 전기 용광로의 전극봉 등의 재료로 사용되고 있다.

3) 텅스텐(W)

몰리브덴보다 녹는점이 더 높은 고융점 금속으로 최상의 열원 및 광원 재료로 활용되고 있다. 여러 굵기의 선으로 가공되어 각종 백열전구의 필라멘트선이나 각종 전자기기의 전선 등으로 사용되고 있으며, 판상의 형태로 만들어져서는 특수 고온 용기나 열원, 발생기의 음극 및 양 극판, 로켓의 고온부품 등으로 이용된다. 텅스텐에 10% 미만의 니켈, 철, 구리 등의 일부 금속을 합금하여 만든 중합금은 그 비중이 17에서 19가 되는 무거운 물질로 큰 관성력이 요구되거나 충돌 시 큰 충돌에너지가 필요한 부품 재료, 철갑탄의 탄심재 등으로 이용된다. 텅스텐의 보다 중요한 용도는 초경합금용 재료 생산에 있다. 탄화물 분말상태로 만들어진 텅스텐에 코발트를 접합하여 초경합금을 생산하게 되는데, 이렇게 생산된 초경합금은 절삭공구, 금형 공구, 광산 공구 재료 등으로 활용된다.

4) 크롬(Cr)

스테인리스강의 주원료로 사용되며, 텅스텐과 함께 고가 금속 제품의 표면 도금용 재료로도 이용된다. 전기저항이 크고 녹는점이 비교적 높아 니켈과 합금하여 고품질 소재나 발연선으로도 이용된다.

티타늄은 강도가 높고 내식성이 크면서도 가벼운 특성을 가지고 있어서, 항공기, 선박 생산을 위한 구조용 재료로 이용된다. 티타늄은 생체적 합성이 우수하고, 가볍고 견고한 특성을 지니고 있어 인공관절 등 의학용 소재, 의료용 부품, 안경테, 손목시계, 골프크럽 등의 소재로 이용되고 있으며, 수요량이 증가하고 있는 추세를 보이고 있다.

5) 니오븀(Nb)

탄화물의 형태로 특수강 재료로 이용되고 있으며, 내열합금 형태로는 제트엔진이나 가스터빈 등의 가스 흡수 기 재료로 이용되고 있다. 또한 니오븀은 바나듐과의 합금 형태로 원자력 핵과열 방지용 연료 피복재로 사용된다.

6) 리튬(Li)

모바일 기기의 전원으로서 사용량이 급증하고 있다. 휴대용 게임기나 손목시계 등에 사용하는 단추형 리튬전지는 방전되면 폐기하는 일회용 일차전지이며, 그 밖에 전기동차에 사용되는 알칼리 축전지에도 리튬이 사용된다. 리튬을 사용한 전지는 기전력이 높고 대용량이므로 수요량이 꾸준히 늘어나고 있다.

7) 베릴륨(Be)

대부분 용도는 구리에 베릴륨을 2% 정도까지 첨가한 베릴륨 동합금이다. 동합금 중 최대의 강도를 자랑하며 탄성이 매우 뛰어나고 도전성도 있어서 판스프링이나 용접 와이어의 도관, 고음역의 스피커 콘, 스위치의 접점 등에 이용된다. 또한 부딪혀도 불꽃이 생기지 않는 특성을 활용하여 화기가 있으면 안 되는 장소에서 쓰는 안전 공구 등에 이용한다. 베릴륨을 단독으로 사용하는 방법으로는 중성자를 투과하지 않는 성질을 이용한 원자로 구조재 등에도 사용되는데 양적으로는 미미하다.

8) 루비듐(Rb)과 세슘(Ce)

루비듐과 세슘 모두 알칼리금속으로 성질이 비슷하다. 사람 체온 정도에서 융해하는 금속은 이 두 가지 원소 외에는 갈륨과 수은이 있는 정도이다. 국내에서는 루비듐은 거의 사용되지 않는다. 세슘은 초산물이나 수산화화합물의 형태로 수입되어 합성수지의 촉매로 이용된다. 루비듐과 세슘의 성질을 이용한 용도는 원자시계이다. 어떤 원소건 공진 주파수 근방의 마이크로파를 조사하면 특정 주파수의 전자파를 발진한다. 이것이 높은 정밀도를 자랑하는 시계가 된다. 원자시계는 텔레비전 방송국의 시보나 GPS 위성에 시각을 제공할 때 이용된다.

9) 스트론튬(Sr)

텔레비전 브라운관 유리에 첨가된다. 스트론튬은 X선의 유리 투과를 차단한다. 스트론튬은 불꽃반응에서 진한 적색으로 발광한다. 불꽃놀이 때 쓰는 화약뿐 아니라 자동차가 고장나 정지해 있을 때 알리기 위한 발연통 화약에도 이용된다. 스트론튬은 자기이방성이 큰 경자성 페라이트 자석을 만드는데 필수 원소이다. 그밖에 세라믹 콘덴서에도 사용한다. 또한 아연 정련 시에 아연을 제거하는 용도로도 이용한다.

10) 바륨(Ba)

위 검진시에 마시는 황산바륨이 X선 조형제로 유명한데, X선 조형제로서 위산에도 전혀 녹지 않는 황산바륨 외에 다른 물질은 독성이 강하여 위험하다. 주된 용도로는 탄산바륨을 브라운관 등의 관구유리에 첨가하거나 페라이트 자석의 원재료로 사용한다. 그 밖에는 황산바륨을 자동차 도료의 증량제나 브레이크 마모제로 사용한다. 특수 용도로는 티탄산바륨

($BaTiO_3$)이 페로브스카이트(Perovsite)형 구조라 불리는 매우 분극하기 쉬운 구조가 되기 때문에, 유전제로서 대용량 콘덴서나 압전재의 원재료로 사용된다.

한편 희소금속이 주요 제품에 제공하는 핵심적인 기능은 다음과 같다.

① 철강의 고기능화 첨가제

철강의 고기능화에 니켈, 크롬, 텅스텐, 코발트, 몰리브덴, 망간, 바나듐과 같은 희소금속이 사용된다. 철강의 종류로는 스텐레스강, 고장력강, 내열강, 고속도강 등이 있다. 내식성을 향상하여 부식되지 않는 철강인 스텐레스강을 제조하기 위해서는 여러 종류의 희소금속이 사용되는데, 가장 대표적인 물질이 크롬이다. 강도특성이나 내식성에 따라서, 니켈, 몰리브덴, 망간 등이 첨가되기도 한다. 자동차 차체에 이용되는 고장력 강판에는 망간, 니켈, 크롬, 몰리브덴, 바나듐 등의 희소금속이 소량 첨가된다. 고온에서의 내산화성을 개선한 내열강에는 크롬, 니켈이 첨가되고, 고온상태에서의 강도와 경도를 높이기 위해서는 텅스텐, 몰리브덴, 니오븀, 바나듐 등이 첨가 된다. 금속의 절삭가공용 공구에 사용되는 고속도강에는 고경도화 및 내열성 향상을 위해 크롬, 바나듐, 텅스텐, 코발트, 몰리브덴 등이 첨가된다.

② 초경합금공구 재료

초경합금은 텅스텐, 몰리브덴, 크롬, 탄탈륨, 니오븀, 바나듐, 하프늄, 지르코늄, 티타늄 등 9종류의 희소금속 탄화물 분말을 철, 코발트, 니켈 등의 철족금속에 첨가하여 소결 결합한 합금의 총칭으로 고융점, 고경도에서 산화저항이 큰 특성을 가지고 있다. 일반적으로 초경합금이란 텅스텐-코발트(WCCo)계 합금을 의미하며, 티타늄-니켈(TiCNi)계 합금은 서멧(cermet)이라 부른다. 절삭용 초경합금은 칼끝의 고온 경도와 강도를 한층 더 올리기 위해 탄화티타늄이나 탄화탄탈륨 등의 고융점 금속을 첨가하여 생산한다. 초경공구는 초경합금을 이용한 절삭용, 내마모용 및 광산 토목용 공구의 총칭으로 자동차, 정보통신, 전기기계, 정밀기계, 일반기계, 철강, 건설 등의 여러 산업에 사용되고 있으며, 최근에는 휴대폰, 디지털카메라, 컴퓨터 등의 소형화, 박형화 용도로 활용되고 있다.

③ 촉매 재료

촉매는 화학반응용 촉매와 자동차배기가스 정화촉매와 같은 공해방지용 촉매로 구분된다. 촉매 재료로 이용되는 희소금속은 백금, 텅스텐, 코발트, 니켈, 팔라듐, 로듐, 세슘, 비스무스, 바나듐 등이 있다. 특히, 가솔린 연료 자동차의 배기가스에는 탄화수소화합물, 일산

[표 3-10] 용도별 촉매분류와 사용되는 희소금속 원소

촉 매 분 류		사용되는 희소금속
석유정제 촉매	접촉분해촉매	란타넘, 세륨, 셀레늄
	수소화분해촉매	니켈, 몰리브덴, 텅스텐, 플라티늄
	접촉개질촉매	레늄
중유 탈황 촉매		코발트, 니켈, 몰리브덴
석유화학품 제조촉매	수소첨가촉매	니켈, 코발트, 몰리브덴 크롬, 플라티늄, 팔라듐
	산화촉매	바나듐, 몰리브덴
	탈수소촉매	크롬
	이성화촉매	플라티늄
	알킬화촉매	붕소, 인
	선택수첨촉매	니켈, 코발트, 몰리브덴, 팔라듐
	아크릴로니트릴 합성촉매	몰리브덴, 비스무스, 바나듐
	메탄올 합성촉매	크롬
	포르말린 합성촉매	몰리브덴
	중합촉매	인
고분자중합촉매		티타늄, 마그네슘, 코발트
무기질화학품제조촉매	초산제조촉매	플라티늄, 로듐
	황산제조촉매	바나듐
가스제조촉매	도시가스제조용 분해촉매	니켈
	개질촉매	니켈
	일산화탄소 전화촉매	크롬
	메탄올화촉매	니켈
유지가공촉매		니켈, 플라티늄, 로듐, 팔라듐
의약식품제조촉매		니켈, 코발트, 플라티늄, 로듐, 팔라듐
공해방지촉매		플라티늄, 팔라듐, 로듐, 니켈, 바나듐, 텅스텐, 티타늄, 세륨, 란타넘

화탄소, 질소산화물과 같은 유해물질이 함유되어 있어 대기오염의 주범이 되고 있다. 사회의 대기환경 개선 요구와 함께 대기오염 방지법이 강화되면서, 친환경자동차 생산과 함께 자동차 배기가스 촉매의 수요가 증가하고 있다. 자동차 배기가스 촉매 재료로는 플라티늄,

팔라듐, 로듐 등의 백금족이 주로 사용된다. 로듐은 질소산화물의 환원을 촉진하며, 플라티늄과 팔라듐은 탄화수소와 일산화탄소의 산화를 촉진하는 기능을 나타낸다.

④ 전기 · 전자 제품

컴퓨터, 반도체, 초박형 TV, DVD 레코더, 자동차 네비게이션, 디지털 카메라, 휴대전화 등의 전자기기 속의 IC칩, 반도체, 커넥터, 리드 프레임, 접점 등에 갈륨, 탄탈륨, 니켈, 티타늄, 안티몬, 니오븀, 백금 등의 여러 가지 희소금속이 이용되고 있다.

이 밖에도 액정의 투명 적극에는 인듐과 주석 화합물이 사용되고 있으며, 디스크용 자석에는 네오디뮴, 디스프로슘 등의 희토류 원소가 사용되고 있다. 희소금속은 최근 소형 정밀 모터와 휴대전화, 에어컨, 의료용 기기, 리니어 모터 등의 소형화 및 경량화에 필수 소재로 써 그 수요량이 증가 추세에 있다.

IT산업에서 다양하게 사용되고 있는 희소금속에는 니켈, 니오븀, 탄탈륨, 안티몬 등이 있다. 니켈은 CRT에 사용되는 쉐도우 마스크나 리드프레임의 재료로 사용되고 있으며, 니오븀은 세라믹 콘덴서에 사용되고 있다. 세라믹 콘덴서의 재료는 니오븀뿐만 아니라, 탄탈륨을 사용할 수도 있다. 탄탈륨의 가격이 니오븀 가격보다 상대적으로 저렴할 경우, 탄탈륨 콘덴서로 대체할 수 있을 것이다. 백금족은 최근 HDD 메모리 등의 재료로 그 수요가 증가 하고 있으며, 안티몬도 IT 관련 제품 외장품 재료로 활용되고 있어 사용량이 늘어나고 있다. 갈륨의 경우, 그 생산량의 대부분이 IT 산업에서 소비되는데, CD-ROM이나 CD플레이어, 휴대전화 등의 고주파용 증폭·수신 장치로 이용되고 있다. 또한 근거리 무선데이터 통신, 무선 LAN 등의 제품 생산의 주요 소재로 활용되고 있다.

⑤ 자동차 산업에서의 희소금속 사용

자동차의 구성부품은 1대 당 수만 개에 이른다. 자동차 부품은 크게 엔진계통, 구동·섀시계통, 차체계통, 전기장치계통, 장비계통으로 구분할 수 있다. 각각의 자동차 구성부품에는 각종 희소금속이 다양한 용도로 사용되고 있다. 엔진계통의 시동모터에는 희토류원소가, 차체계통에는 특수강 및 합금 재료용 텅스텐, 코발트 등이 자동차용 배가가스 정화 촉매제로는 백금족이 사용되었으며, 2차 전지용으로는 니켈, 코발트, 리튬 등이 사용된다.

[표 3-11] 디스플레이 PDP 패널 속의 희소금속

부품 및 소재	함유 희소금속
전극	비소
투명유전체	비소, 붕소, 주석, 인, 실리콘
보호막	마그네슘
분리벽	비소, 주석, 인
전면유리	스트론듐, 마그네슘, 바륨, 지르코늄
버스 전극	비소, 크롬
투명전도막	인듐, 주석
백색유전체	비소, 붕소, 주석
형광체	비소, 마그네슘, 이리듐

[표 3-12] 자동차 구성 부품

부품 분류	세 부 부 품
엔진계통	엔진, 실린더, 엔진밸브, 연료펌프, 분사장치, 연료탱크, 에어클리너, 머플러, 촉매, 라디에이터, 물펌프, 시동모터 등
구동·섀시계통	프랜스미션, 크랭크샤프트, 프로펠러샤프트, 섀시, 디퍼런셜 기어, 충격감지기, 호일, 디스크패드, 서스펜션, 파워 스티어링 등
전기장치계통	헤드라이트, 미등, 윙커, 인스트루먼트 패널, 와이어 띠, 축전지, 알루미늄 전해 콘덴서 등
장비계통	팬, 카 에어컨 등

⑥ 이차전지 재료

2차전지란 방전 후, 충전해서 다시 사용할 수 있는 전지다. 2차전지의 종류는 납축전지, 니켈-카드뮴 전지, 니켈-수소 전지, 리튬 이온 전지 등이 있다. 대부분의 2차전지에는 희소금속이 함유되어 있는데, 이 가운데 리튬 전지는 다른 2차전지에 비해 단위체적당 축적 가능한 에너지양이 많다. 또한 무게가 비교적 가벼워서 노트북, 휴대폰과 같은 휴대용 정보기기용 배터리로 사용되고 있으며, 최근에는 하이브리드 자동차나 전기자동차용 배터리 재료로서의 사용량이 증가하고 있다.

[표 3-13] 전지의 종류와 함유 희소금속

전지의 분류	종 류	함유 희소금속
1차전지	망간전지	망간
	알칼리망간전지	망간
	수은전지	
	산화은전지	
	리튬1차전지	리튬, 망간
	공기아연전지	
2차전지	납축전지	비스무스, 안티몬
	연료전지	플라티늄
	니켈-수소전지	니켈
	리튬이온전지	코발트, 리튬
	리튬고분자전지	리튬
	나트륨/황전지	
	니켈/아연전지	니켈
	금속공기전지	
연료전지	인산형	
	용융 탄산염형	리튬
	고체 전해질형	
	고체 고분자 전해질형	플라티늄
	직접메탄올연료전지	플라티늄

⑦ 영구자석 재료 희토류원소

영구자석은 크게 페라이트자석, 알니코자석, 희토류자석으로 분류된다. 1952년, 바륨-페라이트 자석 및 스트론튬-페라이트 자석이 실용화되었고, 그 후 희토류자석이 개발되었다. 희토류자석은 하드 디스크 드라이브용 VCM, 광픽크압, FA모터, 휴대 전화용 스피커·진동 모터, 리니어 모터, 회전 센서, MRI 등 여러가지 제품 생산에 이용되고 있다. 희토류자석의 약 50%가 컴퓨터 하드디스크 장치 VCM 자기회로에 사용되고 있으며, 제품 생

[표 3-14] 희토류 원소의 다양한 용도

희토류 원소		주 요 용 도
원소명	원소기호	
란탄	La	광학렌즈, 레사믹 콘덴서, 페라이트자석, 고체산화물형 연료전지, 스테인리스 강철
세륨	Ce	유리의 연마재, UV유리, CRT의 첨가재, 자동차 배기가스 정화용 촉매
프라세오디뮴	Pr	유리의 착색제, 자석
네오디뮴	Nd	수소흡장합금용의 밋슈메탈, 영구자석의 자성재료, 유리착색, 레이저 유리, 세라믹 콘덴서
프로메튬	Pm	야광도료, 형광등의 글로우 방전관
사마륨	Sm	사마륨 코발트 자석, 자동차배기가스정화용 촉매, 세라믹 콘덴서
유로퓸	Eu	자성반도체용도, 컬러 TV나 형광등의 형광체
가돌리늄	Gd	자성재료, MRI검사용 조영제, 원자로 제어용 재료
터븀	Tb	브라운관,수은 등의 형과체 재료
디스프로슘	Dy	원자로 제어용 재료, 자석, 축광제의 첨가제, 네오디뮴 자석의 자성 보호력용 첨가제
홀뮴	Ho	YAG레이저 첨가물, 자기냉동
어븀	Er	유리 착색제, 광섬유, YAG레이저 첨가물, 자기냉동
툴륨	Tm	광섬유 첨가제
이터븀	Yb	유리 착색제, YAG레이저 첨가물
루테튬	Lu	방사선 치료 용도
이트륨	Y	컬러TV 및 형광등의 형광체, 산화지르코늄 안정화제, 연료전지, 광학유리, 세라믹 안정제, 전지극판, 콘덴서
스칸듐	Sc	유기물화학분야의 촉매, 스칸듐 램프로의 이용

산량의 증가에 따라 희토류자석 수요량도 증가할 전망이다. 희토류자석의 주원료는 네오디뮴인데, 기존의 네오디뮴 희토류자석은 상당히 강력한 구자석이나, 내열성이 낮은 문제점을 가지고 있다. 디스프로슘이나 텔루늄은 기존의 네오디뮴 희토류자석에 내열성을 향상 시키는 용도로 사용되고 있다. 특히 디스프로슘은 주요 생산국인 중국의 수출제한 대상 논란이 있는 희토류 원소로 한국과 일본 같은 주요 수요국의 긴급 수급대책 자원이기도 하다. 또한 희토류 원소는 희소금속 광종으로써 산업에 필요불가결한 원소이며, 중국이 세계 원료 공급의 약 90% 이상을 차지하고 있을 정도로 편재성이 높은 금속자원이다. 희토류 원소 없이는 OA제품, 자동차, 카메라, 휴대폰 등의 여러 제품이 제 기능을 발휘할 수가 없다.

[표 3-15] 10대 희소금속의 종류와 주요 관련 산업용도

금속 종	주요 관련 산업용도	주요생산국
망간	의료기기, 디스플레이, 비철금속 합금분야에서 알루미늄 합금의 강도 및 경도 보강용	우크라이나, 남아공, 호주, 중국
몰리브덴	LCD, LED, 합금원료로 강철, 주철, 초합금에 경도, 강도, 인장도 및 마모와 부식에 대한 저항성을 높이는 역할	중국, 칠레, 미국
코발트	2차 전지	핀란드, 캐나다, 러시아
텅스텐	텅스텐강, 고속도강 등의 합금제조에 사용, 조명기구, 전자부품, 촉매제 등	미국, 캐나다
티타늄	자동차, 디지털 카메라 등	미국, 중국, 독일
리튬	2차 전지(리튬이온전지)	중국, 칠레, 브라질, 호주
마그네슘	항공, 자동차, 컴퓨터 등	중국, 터키
인듐	LCD, 반도체, 하이브리드카, 합금용과 태양전지 등 전자산업용	중국, 페루, 미국, 일본, 캐나다
희토류	반도체, 2차 전지, 영구자석, 광학유리, 금속첨가제, 촉매제 등	중국, 미국, 인도
크롬	의료기기, 디스플레이, 컴퓨터, 스테인리스강 및 내화벽돌	남아공, 인도, 카자흐스탄

도시광산 자원

4

4.1 자원의 정의 및 분포

4.1.1 자원의 정의

자원의 사전적 정의는 '자연에 의해 공급되는 모든 것' 또는 '기술발전에 따라 생산에 이용되는 모든 것'으로 자원을 비자원과 구분하고 있다. 그러나 자원은 가변성이 있는 개념으로 시대의 변천에 따라 정보, 기술, 상대적 희소성 등이 변화함에 따라 지금까지 가치가 없던 것이 유용한 자원이 될 수 있다. 자원은 좁은 의미로 천연자원(물질적 자원)을 의미하고 넓은 의미로는 천연자원, 문화적 자원, 인적자원을 의미한다.

[표 4-1] 자원의 분류

<table>
<tr><td rowspan="5">천연자원</td><td rowspan="5">재생
여부
가능</td><td rowspan="2">재생
가능</td><td rowspan="2">순환
자원</td><td colspan="2">자연적 순환자원 (태양열 등)</td></tr>
<tr><td colspan="2">인공적 순환자원 (조력, 수력, 풍력, 지열, 파력 등)</td></tr>
<tr><td rowspan="3">재생
불가능</td><td rowspan="3">고갈
자원</td><td rowspan="3">광물자원
(지하자원),
화석연료</td><td>에너지자원(석유, 석탄, 천연가스 등)</td></tr>
<tr><td>금속광물(철, 구리, 납, 아연 등)</td></tr>
<tr><td>비금속 광물
(석회석, 고령토, 장석 등)</td></tr>
<tr><td>인적자원</td><td colspan="5">창의성이나 기술을 갖춘 사람의 생산력</td></tr>
<tr><td>문화적자원</td><td colspan="5">어느 국가나 지역의 유물, 유적, 전통, 종교, 정치 사회조직 등 해당 지역의
잠재력과 역량</td></tr>
</table>

4.1.2 광물자원의 분포

지하에 매장된 천연금속자원은 유한하기 때문에 문명의 발달에 따른 금속자원의 수요량이 증가하고 있으나, 지하의 천연금속자원은 점점 줄어들고 있다. 미국 지질조사소가 매년 보고하고 있는 자료에 의하면 지구상에서의 금속매장량이 가장 많은 것은 철이다. 철의 매장량은 790억 톤이고, 그 다음으로 많은 것이 알루미늄으로 250억 톤이다. 그 외, 티타늄은 6억6000만 톤, 구리는 4억8000만톤, 아연 2억2000만톤, 니켈 6400만톤 정도 매장되어 있다. 여기에서 매장량이란 현재의 기술과 경제성을 고려하여 채굴할 수 있다고 판정되는 양을 의미한다.

[표 4-2] 주요 광물자원의 가채연수

비금속, 귀금속		희 소 금 속			
철	94.6년	인듐	5.8년	니켈	41.3년
구리	31.3년	안티몬	13.0년	몰리브덴	48.0년
주석	22.3년	카드뮴	25.8년	셀렌	59.0년
납	19.9년	탄탈륨	33.3년	코발트	121.7년
금	16.8년	텅스텐	39.0년	테루륨	164.0년
은	13.8년	망간	40.0년	리튬	194.3년

가채연수란 매장량을 자원소비속도로 나눈 것이며, 철의 경우 가채연수가 약 95년으로, 향후 1세기 이내에 철의 매장량이 고갈될 수도 있음을 의미한다. (구리 32년, 주석 23년 등) 그러나 가채연수는 광맥, 광상의 탐사·개발에 의해 변화하고 있으며 소비속도에 따라서도 변화한다. 광산이 개발되고 생산이 시작되면 광산주변에서 탐사가 더욱 활발하게 진행될 것이고, 매장량도 증가하는 것이 금속광상의 특성이다. 즉, [표 4-2]에 나타낸 가채연수가 다한 후에도 자원이 완전히 사라지는 것은 아니다. 다만, 그리 멀지 않은 미래에 지하자원은 고갈되어 갈 것이며, 가격 또한 상승할 수 있음을 경고하는 지표로 활용할 수 있다. 실제로 직접 제철이 가능한 55% Fe 이상의 고품위 철광석은 이미 고갈 상태에 있어 저품위의 광석을 선광하여 55% Fe 이상의 정광을 만들어서 사용하고 있다. 희소금속 가운데 최근 LCD 및 PDP의 원료로 사용되고 있는 인듐은 그 사용량이 증가하고 있는 금속의 하나로 6년 이내에 고갈될 위기에 처해 있다. 그래서 일본과 같은 전기·전자제품 수출국에선 인듐 대체재료 개발에 전념하고 있다.

가채연수 이외 희소금속에서 고려해야 할 점은 희소금속의 매장량이 특정국가에 편중되어 있다는 점이다. [그림 4-1]에서 보이듯이 니오븀의 천연광석은 브라질에 편재되어 있고, 탄탈륨은 호주에 93%가 매장되어 있다. 이러한 희소금속의 편재성에 더하여 천연 희소금속자원을 보유하고 있는 국가들이 자원민족주의를 표방하고 있어, 자원을 확보하기 위한 국가 간 쟁탈전이 예상된다. 현재 인듐, 희토류원소, 텅스텐 등의 희소금속을 다량 보유하고 있는 중국은 내수확보를 위해 수출제한 정책을 강화하고 있으며, 자원빈국이면서 자원 소비국인 일본, 독일 등 국가는 자원을 확보하기 위한 자원외교를 정부차원에서 적극적으로 추진하고 있다.

한편 대부분의 자원을 해외에 의존하는 한국에도 일부 광종이 매장되어 있다. 국내 부존광종 40광종 중 주 개발광종은 무연탄과 석회석을 중심으로 13개 광종이 개발되고 있으나, 금속광산은 개발여건이 열악하여 수입의존율이 99%에 이를 정도로 대부분 수입에 의존하고 있다.

한국 법정 광물 66광종 중 국내부존광종은 40종이며, 주 개발광종은 12종에 한정되어 있다. 주 개발광종 가운데 금속광종은 철과 티타늄철 2종에 불과하다. 한국의 금속광은 부존량이 빈약할 뿐만 아니라, 저품위, 소규모이며, 미확인 구역이 많아 개발여건이 취약하다.

따라서 광물자원의 97%이상 수입에 의존하고 있으며, 국내 1인당 금속원자재 소비량은 미국의 2.5배, 일본의 1.8배 수준으로 전형적인 자원다소비 산업구조를 가지고 있다.

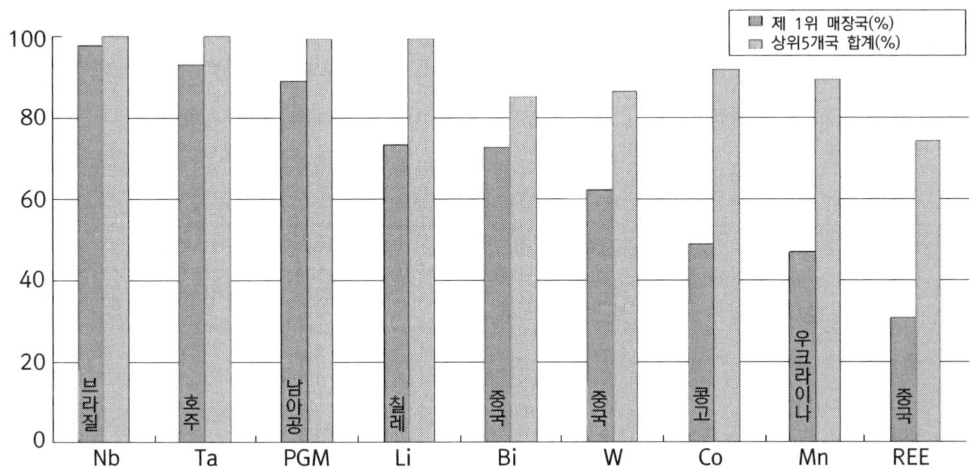

[그림 4-1] 희소금속의 매장량 (국별, 광종별)

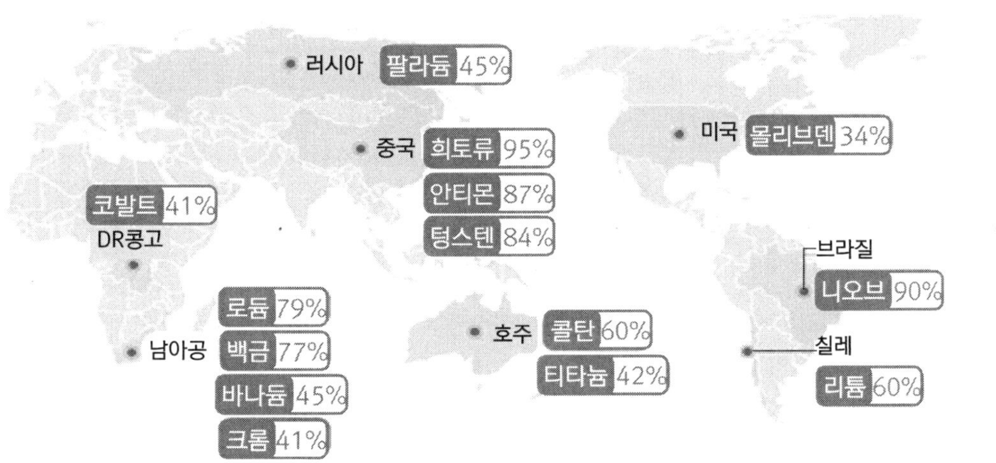

* 참조 : 미국지질조사국(USGS), 세계광산데이터, 2008

[그림 4-2] 희귀광물 주요산지 및 생산점유율

4.2 도시광산의 주요자원

도시광산자원은 생활계와 사업장계로 구성되어 있으며, 생활계는 일상의 생활 활동에 수반하여 발생하는 폐전기·전자제품, 폐자동차, 폐전지, 폐캔 등의 폐기물이 해당된다. 사업장계는 폐촉매, 폐액, 공정오니, 분진, 스크랩, 슬래그 등 제조 공정에서 발생되는 공정부산물과 폐기된 선박, 기차, 항공기, 공구, 기계설비 등 사용완료 또는 폐기된 설비에서 발생하는 폐기물이 있다. 또한 압수물, 폐무기류 등과 같이 특수한 상황에서 발생하여 별도로 관리되는 폐기물도 포함된다.

한국생산기술연구원 자원순환기술지원센터에서 도시광산의 재자원화에 대한 규모를 산정한 물질흐름분석통계 결과, 국내 도시광산 산업분야에서 회수하는 금속의 경제적 가치는 2014년 기준 약 19.6조원으로 조사되었으며, 금속별 재자원화 규모를 살펴보면 철 9.5조원(48%), 범용비철 5.4조원(28%), 귀금속 2.7조원(14%), 희소금속 2조원(10%)으로 구성되었다. 재자원화 규모 중 철은 전체규모의 약 절반을 차지하며, 구리, 금, 알루미늄이 경제적 가치가 2조원 이상으로 조사되었다.

기존의 재자원화 보고서들은 폐기물의 경제적 규모를 생활계 폐기물(폐자동차, 폐휴대폰 등) 및 사업장계 폐기물(고철 스크랩, 폐기계설비 등)의 잠재가치를 간접적으로 추정하는 방법이었다면, 자원순환기술지원센터의 물질흐름분석통계는 도시광산 업체가 직접 회수한 금속의 경제적 가치로부터 직접적인 방법으로 재자원화의 규모를 산정할 수 있었다.

2011년에 보고된 삼성경제연구소의 국내 도시광산의 잠재가치는 최소 50조원이고, 희소금속의 잠재가치는 약 2.8조원 수준이라고 조사된 결과로부터 2010년 보급된 전기·전자 제품(EPR 10종 185백만 대), 자동차(18백만 대) 등 생활계 폐기물의 가치를 약 20조원, 사업장계 폐기물의 가치를 약 30조원으로 추정하여 산정한 결과이다. 여기서 다루는 도시광산 잠재가치 50조원은 현재 국내 존재하는 전기·전자제품, 자동차, LCD 패널 등에 잔존하는 금속자원의 경제적 가치를 의미하는 것일 뿐 도시광산 산업의 경제적 규모와 직접적인 상관성은 약하다. 이러한 접근 방법이 상관성이 낮은 이유는 2010년에 보급된 자동차 18백만 대가 언제 도시광산 산업으로 투입되는지에 대한 시기의 불확실성이 존재할 뿐 아니라 국내에서 재자원화가 이루어진다는 장소의 불확실성도 존재하기 때문이다. 따라서 물질흐름분석통계 자료에 근거하여 도시광산 산업의 재자원화 규모를 직접적으로 산정하는 것이 도시광산 산업에서는 객관적이면서 산업분야에 직접적인 영향을 줄 수 있는 산정방법일 것이다.

물론, 물질흐름분석통계는 여전히 미흡한 부분이 존재하고 있지만, 통계분석자료의 업로드와 다운로드에 대한 시스템의 안정성이 확보된다면 금속별 재자원화에 대한 추이분석이 실시간에 가까워질 수 있기 때문에 더 많은 정보를 얻을 것으로 판단된다. 이럴 경우 중요한 전략금속에 대한 물질흐름분석통계의 신뢰성이 확보되어 훨씬 높은 값의 도시광산 재자원화 산업이 형성될 것으로 사료된다.

물질흐름분석통계로부터 국내 재자원화 금속은 총 27개 금속으로 2012년에 조사된 19개 금속보다 8개 금속(크롬, 망간, 안티모니, 리튬, 게르마늄, 규소, 비소, 인)이 추가적으로 국내에서 재자원화가 이루어지고 있음을 확인하였다. 재활용/상용화 기술을 국내에서 보유하고 있으나 실제 재활용되는 양을 산정하지 못하고 있는 루테늄, 갈륨, 텅스텐의 경우까지 고려한다면 2014년 기준으로 국내 도시광산 재자원화 보유기술을 통하여 국내에서 재자원화가 가능한 금속은 30개로 판단된다.

[표 4-3] 도시광산 폐금속 자원의 종류

생활계 폐금속 자원	사업장계 폐금속 자원	기타
폐전기 · 전자제품 폐자동차, 폐전지, 폐금속캔 등	폐촉매, 폐액, 공정오니, 슬래그, 폐선박, 폐항공기, 폐공구 등	압수물, 무기류 등

4.2.1 폐가전 및 폐휴대폰의 도시광산

폐휴대전화, 폐컴퓨터 등의 폐가전제품에서 부가가치가 높은 금속들이 들어있기에 도시광산이란 명칭이 본격적으로 사용되기 시작했다.

도시광산이라는 용어는 1980년 일본 물질재료연구소의 발표에 의하여 대두되었으며, 당시에 일본 도시광산의 금 매장량은 약 6800톤으로 세계 금 매장량의 16%에 해당하는 규모로 나타났다. 그에 따라 관련 기업들도 활발한 움직임으로 도시광산 산업에서 괄목할만한 성장을 거듭해오고 있다.

도심의 폐가전제품에서 고가(高價)의 귀금속, 희소금속(稀少金屬)을 생산하는 산업으로 "도시광산(Urban Mining) 산업은 고물상이라고 하는 개인사업에서부터 다국적 기업으로까지 점진적인 확산현상을 나타내고 있다.

폐가전제품은 우리의 일상생활에서 자의든 타의든 수명을 다해서 교체되어 폐기되는데, 이를 수집하여 분리, 파쇄, 분쇄 등의 전처리 과정을 거치게 되면 최종적으로 고철과 구리, 알루미늄,

플라스틱, 우레탄, 인쇄회로기판(PCB, Printed Circuit Board) 등으로 분해돼 회수된다.

한국폐기물학회 2009년 연구에 따르면 매년 국내에서 배출되는 4대 가전제품(냉장고 세탁기 에어컨 TV) 280만 대를 재활용하면 철 7만2000톤, 플라스틱 3만9000톤, 알루미늄 2000톤, 구리 1300톤, PCB 0.5톤의 유가 자원을 추출할 수 있는 것으로 나타났다. 한국전자산업환경협회의 수도권 리사이클링센터에서 처리하는 가전제품 가운데 가장 경제적 수익을 가져오는 것은 에어컨이다. 에어컨 1대를 재활용하면 구리(Cu)와 알루미늄(Al)에 의하여 약 9만원의 수익을 가져올 수 있다. 세탁기는 대당 약 3만원, TV(구형)은 약 5천원의 경제성을 가지고 있다.

도시광산이라는 용어가 널리 알려지면서 정보기술(IT, Information Technology) 분야의 모든 제품들이 주요 관심대상이며, 귀금속과 희소금속이 집적되어 있는 휴대전화, 컴퓨터(PC)는 폐가전제품의 대표상품이 되고 있다.

휴대전화 1대에서 금 0.04 g, 은 0.2 g, 팔라듐 0.03 g, 로듐 0.002 g, 구리 14 g, 코발트 27.4 g 등을 생산해 낼 수 있다. 금의 경우 휴대전화 1만 대(약 1톤)를 모으면 3.75 g짜리 아기용 돌반지를 100개도 넘게 만들어 낼 수 있다. PC도 메인보드판에 금, 은, 구리 등 귀금속이 다량 함유되어 있으며, PC 중앙처리장치(CPU)에는 금이 약 0.05~0.2 g이 들어있다. 금광석 1톤을 채굴하면 일반적으로 약 5 g의 금을 얻을 수 있는데 휴대전화 1톤에는 약 400 g, PC 1톤에는 약 52 g이 포함된 것과 비교하면 도시광산은 웬만한 금광을 훨씬 앞지른다.

환경적 관심사와 더불어 자원순환형 경제시스템의 대두와 함께 도시광산은 요소에서 매우 활발한 기술개발을 가져오고 있다.

2009년과 2010년 폐휴대전화와 폐컴퓨터 수거의 대대적인 홍보를 통해 이들의 수거들은 점진적으로 증가하고 있는 추세이지만, 대부분의 폐가전제품은 회수 가능한 제품 가운데 약 5% 미만에 불과하다. 그냥 버려지고 있는 자원인 폐가전제품을 얼마나 잘 수집하느냐에 따라, 땅속에서 금, 은 등의 금속을 캐기 위해 광산을 만들지 않아도 되고, 온실가스 또한 연간 150만톤에 달하는 양을 줄일 수 있게 된다.

2010년 일본 환경성의 보고에 따르면 소형가전으로서 휴대폰, 게임기, 디지털카메라, 자동차 네비게이션, DVD플레이어, 전자레인지, 전기청소기 등에 금, 구리 등 귀금속이나 베이스메탈(Base Metal), 그리고 크롬이나 니켈, 네오디뮴 등 레어메탈(Rare Metal)이 많이 사용되고 있으며, 이를 금액으로 환산하면 약 350억엔에 달하는 것으로 나타났다.

❖ 귀금속의 대표 **금(金)**

금(Au)은 기원전 6,000년쯤에 메소포타미아에서 처음으로 사용되었으며, 금속 가운데 가장 연하여 쉽게 변형시킬 수 있어서 장식품으로 많이 쓰였기 때문에 인류와 역사를 함께 해오고 있다. 순금 33.75 g으로 머리카락보다 가늘게 무려 1 ㎞가 넘게 늘이거나 종이보다도 더 얇게 펴는 등 원하는 형태의 장신구를 쉽게 만들 수 있으며, 금은 자체 반응성이 낮아 오랜 시간이 흘러도 빛깔이 변하지 않는다. 또한 강한 산화제를 비롯해 다른 약품에 의해서도 변하지 않는 아주 안정된 금속으로, 휴대전화와 컴퓨터 등의 가전제품은 물론 장식품, 치과 의료기구와 만년필의 펜촉 등 다양하게 사용되고 있다.

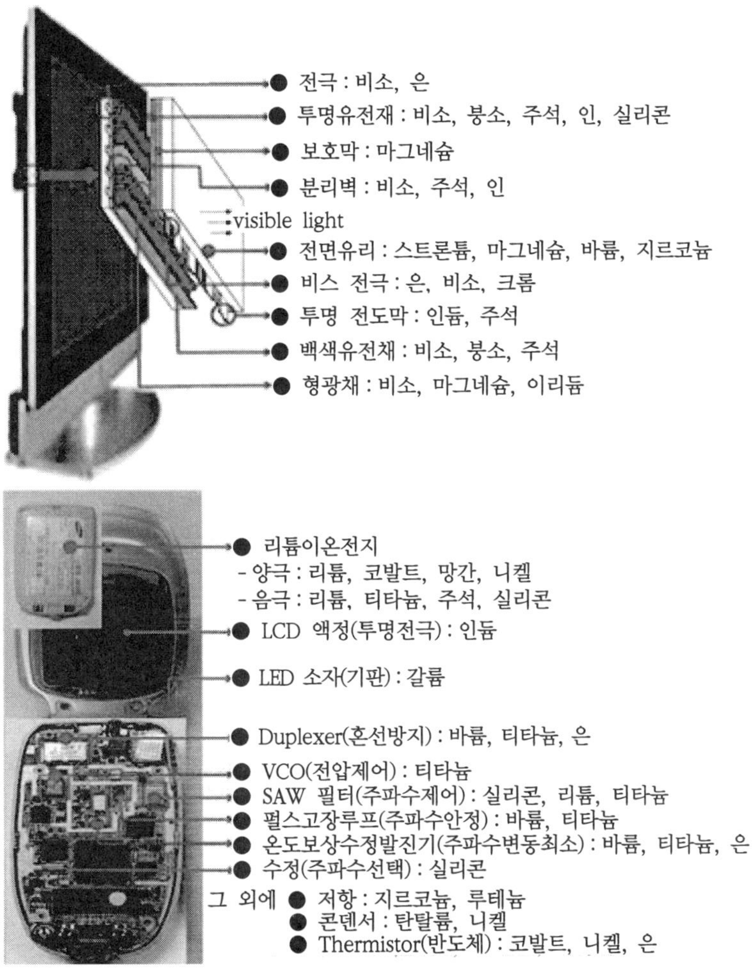

[그림 4-3] 폐전가전제품 및 폐휴대폰의 함유금속

[표 4-4] 잠재적 회수가능 유용 금속량(단위 : 톤/년)

	Au	Ag	Cu	Zn	Pb
휴대폰	2.1	12.2	485.8	9.6	18.9
게임기 (소형 이외)	0.4	11.3	265.2	15.1	20.0
게임기 (소형)	0.1	2.1	66.2	2.9	10.1
대용 CD	0.0	0.1	8.5	0.5	0.4
휴대용 디지털오디오	0.0	0.0	0.0	0.0	0.0
디지털카메라	0.3	2.4	87.0	3.3	5.7
자동차 네비게이션	0.1	1.4	109.4	9.4	5.5
비디오카메라	0.1	2.2	48.7	3.5	6.8
DVD 플레이어	0.4	5.4	506.6	55.0	39.2
오디오	2.5	17.1	967.5	53.3	12.1
자동차 오디오	0.0	0.2	201.8	37.5	21.1
헤어드라이기	0.0	0.0	30.4	5.7	0.4
전자레인지	0.1	7.4	843.8	109.0	63.3
전기청소기	0.0	0.0	219.9	9.3	38.7
총계	6.0	52	3841	314	242
금액환산(엔)	222억	28억	24억	8천만	6천만

* 자료 : 일본 환경성, 중앙환경심의회, 2010

1) 폐가전제품의 도시광산

원래 폐가전제품을 버리려면 동사무소에 신고를 해서 쓰레기 처리 수수료를 내야한다. 그렇지만, 폐가전제품 수거운동이 본격적으로 시작되면서 전기를 사용하는 제품 중 크기가 많이 크지 않는 가전제품들은 수수료 없이 수거를 하고 있다. 전자레인지, 전화기, 키보드, 가습기, 공기청정기, 카세트라디오, 다리미, 선풍기, 헤어드라이기, 에어컨실외기, 스캐너, 모뎀, 팩시밀리 등 32종의 가전제품들은 처리 수수료가 없다.

도시광산의 발전은 폐가전제품이 얼마나 회수가 되느냐에 달려 있다.

현재 국내 가전 제조사와 수입사는 리사이클링센터를 만들어 폐가전을 회수해 재활용하고 있다. 2003년 생산자재활용책임제(EPR) 도입으로 가전 업체들은 출고량의 일정 비율만큼 의무적으로 폐가전을 재활용해야 한다. 전국 5개 리사이클링센터에서 냉장고, 세탁기, TV 등 대형 가전제품의 경우 가전사 유통망을 통해 상당수가 회수돼 재활용되고 있다.

❖ 생산자재활용책임제(EPR, Extended Producer Responsibility)

제품 생산자나 포장재를 이용한 제품의 생산자에게 그 제품이나 포장재의 폐기물에 대하여 일정량의 재활용의무를 부여하여 재활용하게 하고, 이를 이행하지 않을 경우 재활용에 소요되는 비용 이상의 재활용 부과금을 생산자에게 부과하는 제도이다.

관련 근거법은 『자원의 절약과 재활용 촉진에 관한 법률』 제16조.

종전 제품의 재질구조개선 정도에 있던 환경개선에 대한 생산자들의 의무 범위를 소비자 사용 후 발생되는 폐기물의 재활용까지 확대한다는 의미이다.

폐기물 재활용에 대한 법적 의무는 생산자에게 있지만, 생산자가 수거부터 재활용 전 과정을 직접 책임진다는 의미는 아니고, 소비자 · 지자체 · 생산자 · 정부가 일정부분 역할을 분담하는 체계로서 제품의 설계, 포장재의 선택 등에서 결정권이 가장 큰 생산자가 재활용 체계의 중심적 역할을 수행하도록 하는 것이다.

품목은 4개 포장재군(종이팩, 금속캔, 유리병, 합성수지포장재), 7개 제품군(윤활유, 전지류, 타이어, 형광등, 양식용 부자, 곤포 사일리지용 필름, 김발장)

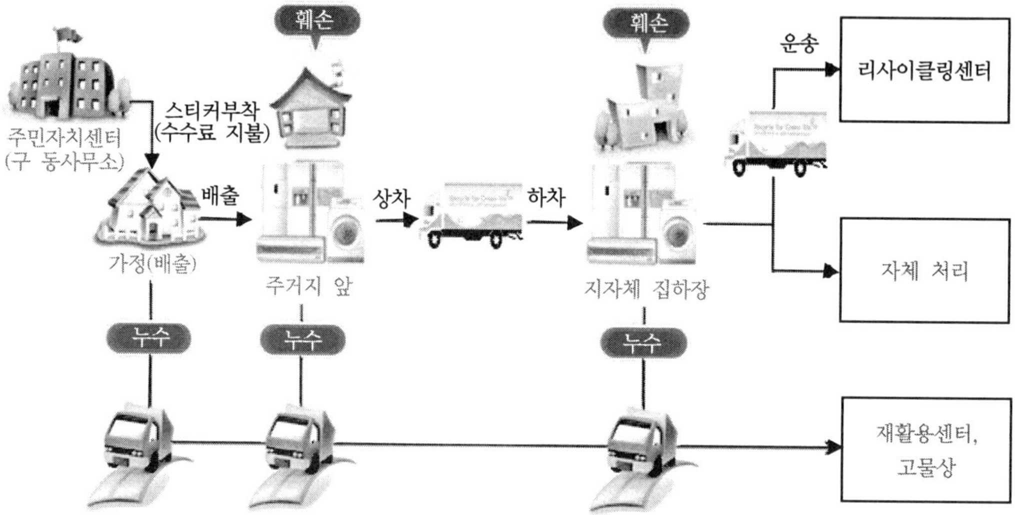

[그림 4-4] 기존 폐가전 수거운반 체계

환경부 산하에 순환자원거래소(www.re.or.kr)를 2012년부터 국가차원의 자원재활용을 하고 있지만, 기업에서 가정에서 제대로 하지 않으면 소용없는 일이며, 최적화기법을 기반으로 하는 철저한 분리수거 및 수집체계를 수립해야 한다.

냉장고·세탁기 등 생산자책임재활용제도(EPR)에 포함되는 대형 가전제품은 어느 정도 회수가 잘 되지만, 선풍기, 가습기, 녹즙기, 제탕기 등 소형 가전제품들을 그대로 쓰레기통으로 버려지는 것이 대부분이다.

한국전자산업환경협회 보고서(2007)에 따르면, 2006년에 주요 4대 품목인 냉장고가 약 100만대, 세탁기 64만대, 에어컨 16만대, TV 99만대 등이 배출되었으며, 이 중에서 소비자가 가전제품을 신규 구입할 경우 대리점에서 회수해 가는 물량은 약 99%가 적정처리시설을 갖춘 재활용센터로 반입되었지만, 지방자치단체로 배출되는 폐가전제품 중 냉장고 56%, TV 32%, 세탁기 6%, 에어컨 0.1%만이 적정처리시설을 갖춘 재활용센터로 반입되고 있어 평균 61%가 누락되고 있는 실정이다.

제품의 설계, 제조과정에서 재활용이 용이한 재질의 선택, 디자인 및 구조개선을 통한 폐기물 발생의 원천적인 저감, 재활용 가능성은 어느 정도 정착이 됐지만 아직까지는 쉽게 녹색생활 실천을 할 수 있는 프로그램은 미흡한 실정이다.

[표 4-5] EPR 대상 소형 전자폐기물 재질별 구성량(kg)

구분	평균 중량 (kg)	고철 (kg)	알루미늄 (kg)	기타 비철 (kg)	합성 수지 (kg)	유리 (kg)	기타 (kg)	폐기물 (kg)
오디오	6.0	2.0	1.0	1.5	0.5	-	0.6	0.4
스피커	4.3	1.2	0.0	0.0	0.4	-	0.6	2.0
레이저프린터	8.3	2.0	0.0	0.8	4.0	-	0.8	0.7
잉크젯프린터	4.1	1.1	-	0.3	2.3	-	0.3	0
팩스	4.3	0.8	0.0	0.9	1.3	-	0.8	0.5
컴퓨터본체	10.7	7.0	0.0	0.4	1.8	-	1.	0.5
컴퓨터자판	0.8	0.0	0.0	0.1	0.6	0.0	0.1	0
복사기	61.7	33.0	4.0	8.0	11.0	0.8	4.0	1
노트북	2.8	0.2	0.2	0.1	0.9	0.0	1.4	0
오디오포터블	3.3	0.9	-	0.5	1.4	-	0.3	0
모니터(CRT)	15.37	1.6	0.5	0.4	2.3	-	1.5	9
전자레인지	19.0	13.0	2.5	0.9	1.0	0.9	0.3	0.4
비디오	5.0	2.8	0.1	0.1	0.1	0.0	1.6	0.3
믹서기	2.0	0.9	0.2	0.2	0.6	0.0	0.1	0.0
밥통	5.5	1.2	2.0	0.1	1.8	0.0	0.3	0.1
청소기	5.0	1.4	0.2	0.4	2.1	0.0	0.2	0.7
가스렌지	12.0	10.0	1.2	0.1	0.1	0.4	0.1	0.1
선풍기	4.0	1.6	0.8	0.1	1.1	0.0	0.1	0.2
가습기	3.5	0.8	0.2	0.2	2.0	0.0	0.3	0.0

* (사)재활용대안기업연합회, 2009

폐가전 재활용의 효과는 철 1만2514 ton, 구리 1456 ton, 알루미늄 466 ton, 2만1000 ton의 유가자원을 생산하고 연간 216억원의 자원 절약효과를 얻을 수 있는데, 금속의 추출기술이 아직은 초보적인 단계라 금, 은, 동의 귀금속의 재활용이 활발하고 액정표시장치(LCD) 소재인 인듐이 최근에야 재처리되기 시작한 정도이다. 몇몇 기업체를 제외하고는 관련 업체들이 비교적 영세해서 고난도 재처리 기술의 접근이 미흡하다.

폐가전제품의 적정량 회수는 환경규제에 대응하기 위한 필수요건이기도 하지만 자원 빈약국인 우리나라에서 최근 대두되고 있는 "도시광산(Urban Mining)" 산업의 활성화와도 긴밀한 관련성이 있다.

[그림 4-5] 폐가전제품 및 무분리 배출현장

폐가전제품 처리방법은 대부분 고물상에서 직접 분해·선별하고 있는데, 주로 고철과 비철을 분리하여 판매하는 부분에 집중되어 있으며, 선별·분해 작업 또한 단순한 1차 작업 이외 분해가 복잡하거나 고철비중이 적은 품목의 경우 취급을 꺼려하고 있다. 따라서 전자폐기물(E-waste) 전체를 담당하기보다는 주로 밥솥, 선풍기, 세탁기가 주요품목이며, 고철을 판매한 나머지 플라스틱은 취급하는 업체가 적어 대부분 무상 처리되는 것이 일반적이다. 우리나라는 도시광산 산업이 활발한 2008년 기준 OECD 국가 중 에너지 소비 9위이며, 1인당 금속 원자재 소비량이 미국의 2.5배, 일본의 1.8배에 이르는 자원 다소비 산업 구조를 갖춘 데다 전자제품의 교체주기도 세계에서 제일 빠른 편에 속하고 있다.

전 세계적으로 첨단기술 개발의 속도가 빨라지며 자원소비 사이클도 급속히 확대돼 희소금속을 포함한 대부분의 광물에 대한 누적수요량이 매장량을 초과하는 시기가 점점 앞당겨지고 있는 것으로 전문가들은 예측하고 있다. 이에 따라 해당 광물에 대한 확보가 치열하게 전개되며 부족한 자원분을 메우기 위한 도시광산사업의 진행속도도 탄력을 받고 있다.

급증하고 있는 정보기술(IT)관련 전자폐기물(E-waste)의 심각한 현안문제는 우리나라를 비롯한 각국정부, 국제기구, NGO, 산업계 등 다양한 이해 당사자들이 환경적으로 건전한 전자폐기물의 관리와 국제적 이동에 대한 규제 등 다양한 논의와 노력을 해왔다. 정보통신 부문 최고, 최대 국제기구인 국제전기통신연합(ITU, International Telecommunication Union)도 기후변화 활동의 일환으로 이 문제를 접근해 왔으며, 2012년을 기점으로 이에 대한 관심과 활동을 확대하는 모습을 보여주고 있다. 전자폐기물의 환경적으로 건전한 관리를 위해서는 전자폐기물 제품의 생애전주기에 걸쳐, 다양한 이해당사자의 참여하에 관리가 이루어져야 한다.

[표 4-6] 전자폐기물(E-waste)의 정의

참고문헌	정의
EU WEEE Directive (EU, 2002a)	폐기시점에 제품의 일부였던 모든 부품, 소모품을 포함하는 전기·전자 폐기물 제품
Basel Action Network (Puckett&Smith, 2002)	대형가전제품(냉장고, 에어콘), 이동전화, 개인음향기기, 가전, 컴퓨터 등을 포함하는 광범위한 전자장비
OECD(2001)	폐기단계에 이른 전력을 사용하는 모든 기기
SINHA(2004)	현 사용자가 고유목적을 위해 더 이상 만족하지 않는 전력을 사용하는 기기
StEP(2005)	기존의 소비자와 더 이상 원하지 않는 상품을 수집하고, 다른 소비자를 위해 개조하고, 재활용하는 등의 역 공급체인

전자폐기물 혹은 전자쓰레기라고 해석될 수 있는 E-waste는 WEEE(Waste Electronic and Electric Equipment), electronic waste, e-scrap, end-of-life electronic 등의 다양한 정의로 표현되고 있으며, 한국의 도시광산 산업에서는 스크랩(scrap)을 일반적으로 사용하고 있다.

급속한 경제성장을 하고 있는 개발도상국들에서는 생활수준의 상승이 가전제품의 고급화 등으로 이어져 다수의 기기 교체가 이루어지고 있다. 전자폐기물의 규모에 대한 추정은 제품의 생산과 판매에 근거하여 이루어지고 있는데, 정보통신기술(ICT, Information and Communications Technologies)를 포함한 전자·전기 제품의 생산과 소비가 지속적으로 급속히 확산되고 있는 상황에서 전자폐기물의 증가도 불가피하다고 할 것이다.

전자폐기물은 최근 가장 급속하게 증가하고 있는 폐기물이다. ICT를 포함한 전기·전자 제품의 생애주기는 계속 짧아지고 있는데다가 기본적으로 대량생산, 대량소비의 자본주의 사회에서 전기·전자제품도 내구재가 아닌 쉽게 쓰고 버릴 수 있는 상품으로 변화해간 것이다. 기술의 급속한 발전은 제품을 더 빨리 구식이 되게 만들어 작동이 가능함에도 불구하고, 신제품과 교체됨으로서 폐기단계에 더 빨리 들어가게 하는 결과를 초래하였다. 스마트폰의 출현에 따른 단말기 교체를 포함하여 새로운 단말기의 출시 시마다 교체되는 휴대전화기가 대표적인 사례라고 할 수 있다. 텔레비전의 경우, 새로운 서비스의 제공 때마다 대규모의 기기 교체가 발생하였는데, 칼라TV 방송의 실시에 따른 흑백TV의 교체와 전면적인 디지털 전환의 시행에 따른 아날로그 텔레비전의 교체 등의 사례가 있다.

전자폐기물의 증가 및 위험에 대한 심각성을 인식하여 제조공정단계부터, 최종폐기까지 상품의 생애 전반에 걸쳐서 이의 배출에 대한 관리체계를 수립하기 위한 노력이 필요하다. 전기·전자제품의 제조단계부터 유해물질의 사용을 금지, 제한, 대체재 사용 등의 대안을 마련하고, 분해, 재활용, 재사용이 용이한 디자인을 개발하여야 하며, 전자폐기물의 회수, 재활용 및 재생을 위한 법, 제도가 현실을 반영하여 마련되어야 한다. 전자폐기물을 줄이고, 재이용 및 재생할 수 있는 기술개발, 적극적인 투자 그리고 사회적·문화적 환경이 조성되어야 한다.

전자폐기물의 재사용은 원형재사용, 수선 후 재사용, 부품 재사용 등의 단계로 구분할 수 있으며, 가정에서 혹은 민간경로로 거래되는 소형전자폐기물의 경우 원형상태 혹은 해체된 상태로 재이용에 중점적 노력이 필요하다. 또한, 도시광산 산업의 핵심이 되고 있는 비철금속에 대한 관심에 집중하여 귀금속 및 희소금속에 대한 정확한 정보망을 공유해야 한다. 비철금속은 여러 경로를 통하여 대량으로 수집이 가능할 때에 그 경제성을 확보할 수 있기 때문이다.

국내 움직임도 활발해져 비철금속 자원재생 전문기업들은 자원 수거 및 재활용 전문 업체을 확보하여 폐가전 수거뿐만 아니라, 다양한 광물을 한꺼번에 제련하여 도시광산 수익을 창출하고자 복합 추출기술의 개발에 전력을 다하고 있다.

2) 폐휴대폰의 도시광산

휴대전화를 사고 나면 금세 새로운 휴대전화가 등장하여 사람들을 유혹하게 되고, 버튼으로 누르는 휴대전화를 대부분 사용했는데 터치폰으로 바뀌더니, 정말 안 되는 게 없는 스마트폰이 등장하게 되었다. 이제는 스마트폰 1대만 있으면 하루 종일 심심하지 않고 재미있게 보낼 수 있으며, 모든 정보를 쉽게 찾을 수 있게 되었다. 그러니 1~2년 전에 산 휴대전화가 고장이 나지 않고 멀쩡하다 하더라도 새 휴대전화를 구입하려는 욕구가 생기는 건 어쩔 수 없는 일이다. 그런데 휴대전화를 새로 구입할 때 예전 휴대전화를 수거해 가는 곳은 별로 없다. 휴대전화를 구입하는 사람들이 구닥다리가 되어버린 휴대전화에 별 관심을 보이지 않는 건 당연한 일이고, 집으로 온 폐휴대전화는 자연스레 쓰레기통에 들어가거나, 서랍 속에서 몇 년을 틀어박혀 지내게 된다.

도시광산을 키우는데 가장 중요한 것은 폐기물 회수체계 구축과 추출기술의 확보이다. 도시광산에서 '금맥'을 캐내기 위해서는 엄청난 양의 폐가전·전자제품을 모아 처리할 수 있어야 한다.

휴대전화의 인쇄회로기판에는 금, 은, 팔라듐, 로듐, 이리듐 등 귀금속이 사용되며, 휴대전화의 리튬이온기반 배터리에서는 고가금속인 코발트가 다량함유 되어있다.

최근에는 스마트폰 등 준PC급의 휴대전화가 빠르게 보급 확산되면서 귀금속 및 희소금속의 함유량이 더 높아지고 있으며, 이로 인한 도시광산 산업의 경제성이 더욱 증가추세에 있다.

스마트폰에 함유된 20가지 이상의 귀금속과 희소금속은 지하자원량이 적지만 산업적 수요가 크다. 클라우스 슈바프 세계경제포럼(WEF) 회장이 예견한 제4차 산업혁명의 핵심이 되는 인공지능, 로봇, 사물인터넷, 자율주행차, 3D프린팅 등의 원동력도 이들 금속자원들로부터 출발하게 된다.

스마트폰에 함유되어 있는 코발트(Co)와 탄탈륨(Ta)은 대표적인 도시광산 물질이다. 코발트는 리튬 2차전지의 재료이고, 탄탈룸은 전자회로에서 전하를 모으는 장치인 축전기에 쓰인다.

코발트는 회수해서 재활용할 시 다른 금속보다 경제성이 높으므로 도시광산 산업에서 코발트 추출 재활용 사업이 가장 빠르게 성장하고 있다.

[그림 4-6] 폐휴대폰 및 회로기판

[표 4-7] 휴대전화에 함유된 희소금속

부속명	희소금속
적외선 LED	갈륨, 알루미늄, 비소, 금
칩 탄탈 켄덴서	탄탈, 은, 망간
칩	철, 은, 니켈, 동, 납, 아연
칩코일	동
칩세라믹 컨덴서	은, 티탄, 바륨, 납, 니켈, 지르코늄
버튼전지	리튬
버튼	철, 니켈, 크롬, 금
IC	금, 은, 동, 규소, 갈륨, 비소
스피커	네오디DBA
이어폰, AC잭	금
모터	네오디윰, 철, 동
카메라	동, 니켈, 금
액정	인듐, 주석, 동, 규소
합금	납, 주석
플라스틱	안티몬
유리에폭시기반	동, 규소(브롬)

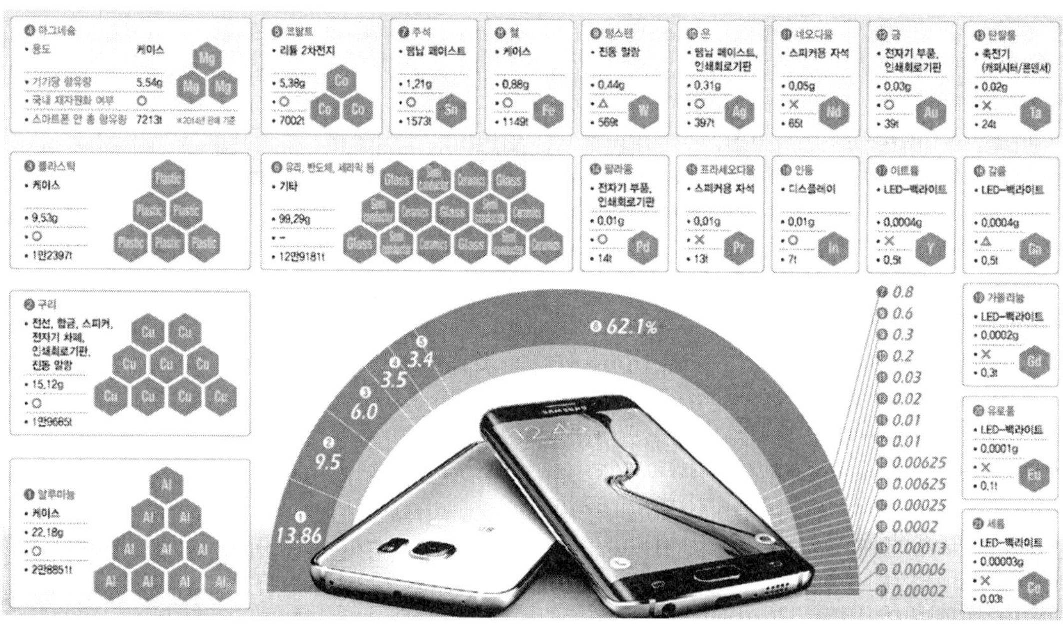

* 자료 : 한겨레, 2016

[그림 4-7] 스마트폰 재료 구성과 국내 재자원화 여부

❖ 원자번호 27번 **코발트(Co)** : 은회색 금속

이집트와 중국에서 도자기의 푸른빛을 내는 재료로 쓰이다 1735년 스웨덴 화학자 예오리 브란트에 의해 원소가 발견됐다. 이름은 도깨비·악귀를 뜻하는 독일어 코볼트(Kobold)에서 유래했다. 은(Ag) 광석과 비슷하게 생겨 은(Ag)을 채취하려던 광부들이 도깨비가 은(Ag)은 빼가고 독한 냄새만 남겼다 하여 '도깨비광석'이라 불렀다.

❖ 원자번호 73번 **탄탈룸(Ta)** : 강회색 금속

스웨덴 화학자 안데르스 구스타프 에케베리가 1802년 발견했다. 이름은 그리스신화에 나오는 제우스의 아들 탄탈로스(Tantalos)에서 따왔다. 잘 산화하지 않는, 곧 산을 잘 흡수하지 않는 탄탈룸의 성질을 탄탈로스가 지옥의 물속에서 물을 마시려면 수위가 내려가 갈증으로 고통 받는 모습에 빗댄 것이다.

금속 회수 기술이 있어도 뽑아낸 금속으로 필요한 재료를 만들어내는 소재기술이 없으면 원료를 수출하는 1차산업에 머물 수밖에 없다.

이차전지 부산물을 재활용해 코발트, 니켈, 망간, 리튬 등을 회수하고, 습식제련기술로 금·은·백금 등을 빼낸다. 배터리 회수 기술을 보유한 국가는 한국을 비롯해 벨기에, 중국 등 3개국밖에 없다.

스마트폰 배터리에서 코발트 등을 빼내는 방법은 복잡하다. 우선 폭발을 막기 위해 폐전지를 방전시켜야 하며, 다음엔 전기를 통하게 하는 전해액을 빼낸다. 재활용할 수 있는 금속은 배터리 안 극판에 들어 있는데, 케이스와 양극 극판 등을 물리적으로 파쇄·분쇄해 분말로 만든 뒤 자석을 이용한 자력선별 공정으로 필요없는 물질들을 일차 걸러낸다. 나머지 물질들을 용액에 녹여 금속이온 상태로 만든 뒤, 비중선별 작업으로 원하는 금속들을 분류해 정제한다. 이렇게 추출한 물질들을 국내 배터리 양극 활물질 제조업체에 전량 재활용 공급할 수 있는 것이다.

미국 지질조사국(USGS)이 해마다 발간하는 <2016 광물자원 개요>(Mineral Commodity Summaries)를 보면 상황이 쉽게 드러난다. 금의 가채연수(2015년 생산량을 세계 매장량으로 나눈 값)는 18.7년이다. 은 20.9년, 철 57.2년, 구리 38.5년 등 주요 금속이 바닥을 드러낼 날이 멀지 않았다. 코발트 가채연수도 57.3년에 불과하고, 83년여 뒤면 탄탈룸 천연채굴도 동이 난다. 반면 도시에는 쓰레기가 넘쳐난다. 2100년이면 인류가 버리는 폐자원의 양이 지금의 3배가 될 것으로 추정되고 있다. 일본 폐자원재활용업체 도와에코시스템(Dowa

Eco-system)의 바바 겐지 이사는 지구의 총자원량은 일정해 2100년이면 지하자원이 거의 사라지는 반면 나머지 부분을 도시 안에 산재하는 지상자원이 채울 것이라고 예견했다.

한국처럼 천연자원이 빈약했던 일본은 더 이상 자원빈국이 아니다. 1980년 도시광산에 대한 처음 조사보고를 진행했던 일본 물질재료연구소의 추정에 의하면 일본에는 40조엔(416조원) 규모의 도시광산 자원이 매장돼 있다. 금(Au)은 세계 매장량의 16.4%, 은(Ag)은 22.4%를 보유하고 있다. 2014년에만 금(Au) 143 ㎏, 은(Ag) 1566 ㎏, 구리(Cu) 700 ㎏을 도시광산에서 캤다. 영국은 2012년 런던올림픽 때 폐자원에서 추출한 금속으로 메달을 만들어 자원의 재활용을 강조했다. 일본도 2020년 도쿄올림픽 메달을 도시광산에서 캔 금속들로 만들 계획이다.

도시광산으로 성공한 세계적 기업으로는 일본의 도와홀딩스와 벨기에의 유미코어(Umicore)가 꼽힌다. 게르마늄(Ge), 루테늄(Ru), 갈륨(Ga), 셀레늄(Se)을 포함해 모두 22개 금속 회수 기술을 보유하고 있는 도와홀딩스의 자회사들인 도와에코시스템, 도와메탈마인, 도와일렉트로닉메탈 등은 원료 수집에서부터 금속 회수, 정련, 가공, 부품소재 생산에 이르는 일련의 과정을 연계해 종합적인 관리로부터 성공한 대표적인 기업이다.

금속 회수가 주력인 메탈마인의 경우 영업이익이 2011년 42억엔에서 2016년 133억엔으로 증가했다. 세계 최대의 재활용 플랜트를 보유하고 있는 유미코어는 매출(14.3조원)의 28%가 도시광산에서 나온다. 도시광산의 영업이익 비중은 더 높아 42%에 이른다. 수십 종류의 금속을 추출하고 이를 원료로 다양한 소재 생산까지 한다. 특히 독자적인 희소금속 회수기술을 보유해 휴대전화를 60% 정도만 분해해 용광로에 넣고 돌려 다른 기업들이 회수하지 못하는 희소금속까지 '채굴'해낸다.

한국은 세계적 금속소비국임에도 천연광석의 99.3%를 수입에 의존하고 있다. 2015년 희소금속의 무역역조 규모는 35억달러(4조1300억원)나 되며, 현재 수요가 있거나 앞으로 수요가 예측되는 35종, 56개 금속원소를 희소금속으로 다루고 있다.

한국의 재자원화 확보기술은 약 23종이며, 이 중에서 약 20종은 실제 폐자원에서 금속을 회수해서 사용하고 있다. 철이나 구리·납 등 비철금속, 금·은 등 귀금속을 포함하면 회수금속은 27종에 이른다. 2014년 국내에서 쓰인 금속자원은 89.5조원이며, 수입한 천연자원이 69.9조원이고 나머지 19.6조원은 도시광산에서 생산한 자원으로 파악된다. 즉, 도시광산에 의한 금속자원은 전체 금속자원 수요의 22%에 이른다. 그러나 철(48%), 비철금속(28%), 귀금속(14%)이 대부분을 차지하고 희귀금속은 10%에 지나지 않는다. 더욱이 도시광산 업체가 917개에 이르지만, 절반 이상이 매출액 100억원 이하의 소규모 기업이다. 10인 이하 소기업이 58%나 된다.

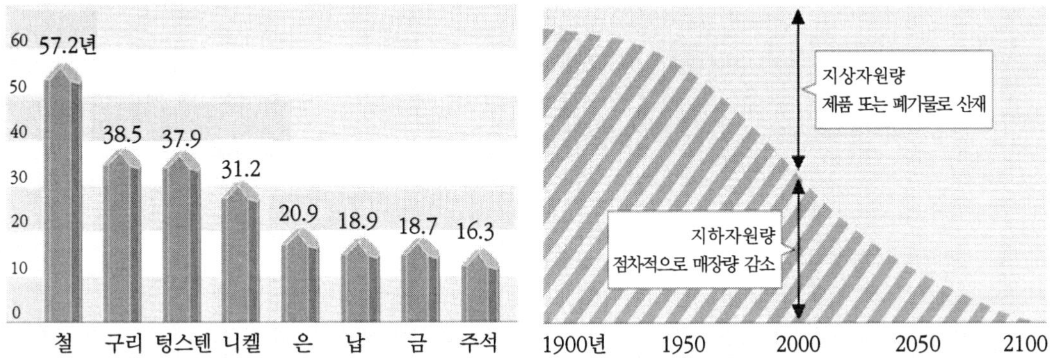

* 자료 : 미국 지질조사국(USGS), 2016 * 자료 : 도와에코시스템, 비바겐지

[그림 4-8] 주요광물 가채연수 및 지하/지상 자원량의 변화

또한, 한국에서 재활용에 필요한 폐휴대전화를 구하기는 쉽지 않다. 개인정보 유출 위험 등으로 사람들이 쓰지 않는 휴대전화를 잘 버리지 않는데다 중고시장 거래도 활발하지 않아 수거가 어렵기 때문이다.

국내의 도시광산 산업체는 동남아시아 등 해외의 현지에 공장을 설립하고, 전자폐기물을 파쇄·분쇄 등 전처리까지만 하고 금속 회수 작업은 국내에서 이뤄지는데, 금속 회수 기술력도 앞선 나라들에 비해 70~80% 수준에 불과하다.

도시광산 산업의 원료로 활용되고 있는 첨단소재 전자폐기물에 활용되는 소재원료는 99.9999%, 곧 6N급 이상의 순도가 필요한데 우리나라는 4N급의 99.99% 순도 수준의 기술력만 보유하고 있는 것도 걸림돌로 적용되고 있다. 전자폐기물의 효율적인 수거→수집→분류→파쇄→분쇄→회수 등 종합적으로 관리체계 및 기술체계가 정립되어야 한다.

4.2.2 폐자동차의 도시광산

자동차의 경우 현재 약 1,700만 대가 운행 중으로 2010년 기준 연간 약 70만 대의 자동차가 교체 또는 폐기되고 있다. 폐건전지의 경우 EPR 대상은 수은, 산화은, 리튬(1차), 망간, 알칼리 니켈수소전지 등 모두 7종으로 연간 6억개 이상의 전지가 사용 및 폐기되고 있으며, 이 중 90% 이상이 망간, 알칼리 전지다.

폐자동차는 전기·전자제품과 더불어 희소금속이 가장 많이 함유되어 있고 국내에서 가장 많은 매장량을 가진 대표적인 도시광산으로서 다양한 정부 정책에 부합되며 또한 희소금속 전략자원 대부분을 수입에 의존하는 우리나라로서는 희소금속의 효율적 회수기술개발은 국내 기간산업에서 사용되는 재료 생산을 위한 에너지 사용량을 50% 이상 저감시킬 수 있으므로 국내 에너지 수급 정책과 국가의 이산화탄소 저감목표에 긍정적인 도움을 줄 것으로 기대된다. 이러한 폐자원으로부터 희소금속의 재활용은 국민들에게 자원재활용의 중요성을 인식하게 함으로써 국내에서 발생되는 폐기물의 녹색자원화를 위한 국가 저탄소 녹색성장정책을 획기적으로 가속화시키는 원동력으로 활용될 것으로 예상된다.

환경부와 자동차 4사는 2011년에 폐자동차에서 금속자원을 확보하고 냉매를 회수하여 온실가스 감축을 위한 폐자동차 자원순환체계 선진화를 위한 자발적협약을 체결하였다. 이 협약은 자동차 제조업계에 대한 재활용과 온실가스 감축 책임이 법적으로 강화되기 전에 자동차 제조사가 자율적으로 앞장서서 폐자동차 자원순환을 위해 노력하겠다는 것을 약속하였다는 점에서 그 의미가 있다.

폐자동차에는 철·비철 등은 물론 희토류, 리튬, 코발트 등 다량의 희소금속을 함유하고 있어, 버리면 '폐기물'로써 심각한 환경오염과 처리비용을 유발하나 금속 등을 회수하여 재활용하면 '자원의 보고(寶庫)'로 활용할 수 있다.

매년 약 70만대의 자동차가 폐차되며 이 폐자동차의 경제적 가치는 약 11조 5,000억원에 달하며 희소금속(1대당 4.5 kg 함유)의 가치만 약 1조8,000억원이다. 일찍이 일본에서는 이를 '도시광산'이라 해 적극적으로 육성한 결과 폐자동차·전자제품에서 회수한 금속의 경제적 가치가 지난해에만 2,600억엔(약 4조원)에 달하는 것으로 알려졌다.

고철 등과 같은 유가성 중심으로만 단순 재활용되고 있으며, 파쇄잔재물, 냉매 등의 재활용·처리는 거의 이루어지지 않는데, 희소금속 등이 포함된 부품은 기술 부족 등으로 상당량 해외로 수출되기 때문이다. 이는 폐자동차 재활용책임이 다수의 재활용업체가 지고 있어 책임주체가 불분명해 재활용 확대를 위한 투자와 노력이 충분히 이루어지지 않기 때문이기도 하다.

유럽연합(EU)에서는 폐자동차처리지침(Directive on ELV)이 시행되어 2006년 1월부터 생산자가 자사의 폐자동차에 대하여 중량기준으로 연간 최소 80%의 재사용(Reuse) 및 재활용(Recycling)율을 포함하여 최소 85%의 재자원화(Recovery)율을 달성토록 하고 있으며, 생산자들에게는 2020년까지 50% 이상을 재활용할 수 있는 체계를 갖추도록 하고 있다. 또한 EU의 폐자동차처리지침에서는 폐기물의 재활용 촉진을 위하여 유해물질의 사용을 제한하여 수은, 납, 카드뮴, 6가크롬과 같은 4대 중금속의 경우 2003년 7월부터 출시되는 자동차에 사용을 금지하였다. 따라서 2010년도 기준으로 427만대의 자동차를 생산하고 그 중 277만대를 해외에 수출하여 수출비중이 65%를 차지하고 있는 우리나라 자동차산업의 경영환경을 고려할 때 선진국의 이러한 자동차관련 환경규제에 능동적으로 대처할 필요성이 대두되었고, 재제조 산업은 이러한 여러 제약에 좋은 해결책이 될 수 있다.

국제적인 환경규제가 인체 및 자연에 유해한 오염물질 배출 규제에서 점진적으로 제품, 생산공정 및 생산방식, 소비유통, 폐기 등 제품의 전 과정에 대한 규제로 확대 강화되고 있기 때문에 청정생산 공정기술의 개발과 확산이 한층 강화되어야 하는 시점이다.

국제 환경규제 강화에 능동적으로 대응하기 위해서는 그린카 산업분야의 국제경쟁력 확보가 필수적이나 미국, EU, 일본 등 선진국가를 중심으로 환경분야의 비관세 무역장벽이 확산되는 양상이며, 특히 자국기업의 대응능력에 맞추어 규제 및 국제 표준화를 강화하고 있어 우리나라 기업에는 매우 불리하게 작용할 수 있다. 또한 기후변화협약 등 국제환경협약도 강화되고 있어 산업환경 경쟁력을 확보하지 않고서는 지속적인 성장이 곤란한 상황이다.

현대자동차가 글로벌 자동차 시장에서 전기차·수소연료전지차 등 친환경차 기술에서 나아가 폐차 시스템에서도 친환경 기술에 힘을 쏟는다. 자동차 폐차 재활용을 통해 발생하는 수익은 물론 자원순환을 선도해 2014년 몽골 울란바토르에 에코재자원화센터를 설립을 추진하고 있으며, 에코재자원화센터는 폐자동차를 해체해 재활용하는 시스템을 기반으로 자원, 부품, 폐기물을 재활용하는 시설을 갖추고 있다. 환경규제를 선도하는 유럽연합(EU)의 경우 2015년부터 폐차 중량의 95% 이상 재활용을 의무화하고 있고 미국, 일본뿐 아니라 우리나라도 이 의무화법안을 시행하고 있다. 도요타나 BMW 등 글로벌 완성차 업체들은 이미 자동차 재사용화에 적극 나서고 있으며, 현대자동차는 KOICA와 함께 국내 "폐자동차 컨소시엄"이 보유 중인 해체기술, 재활용기술 및 비즈니스 노하우 등을 몽골 현지에 적용하는 해외무상원조 사업을 5년간 추진하고 있다.

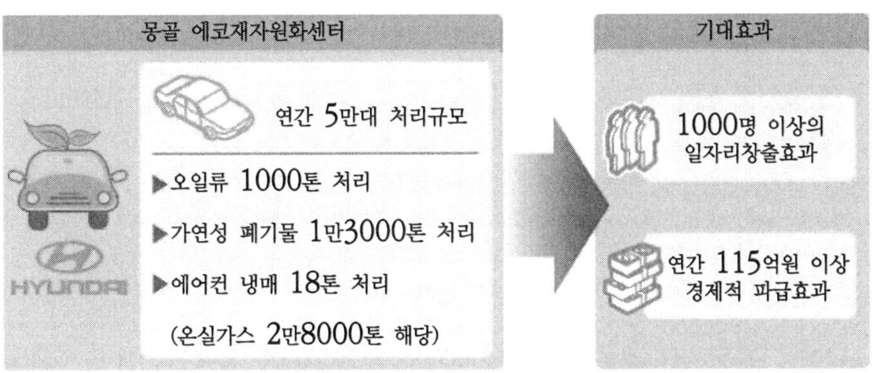

[그림 4-9] 에코재자원화센터 기대효과

몽골에서는 폐차량으로 인한 환경·미관·토지점유·자원낭비 등의 문제가 사회문제로 대두되고 있다. 특히 폐차에서 흘러나오는 오일류와 배터리, 냉매 등의 폐기물로 환경문제는 심각한 상황이다.

에코재자원화센터는 연간 5만대 규모의 폐차량을 처리할 수 있는 규모로, 연간 오일류 1,000톤, 가연성 폐기물 1만3,000톤, 에어컨 냉매 18톤(온실가스 2만 8,000톤에 해당)의 배출을 사전 차단하는 효과를 거둘 수 있을 것으로 보고 있다. 아울러 1,000명 이상의 현지 일자리 창출효과 및 115억(일부 사업 매출기준) 이상의 경제적 파급효과도 예상하고 있다.

사용되는 전자부품의 증가 및 첨단 자동차의 개발로 인하여 증가되는 추세로 이러한 비철금속은 회수하여 재이용할 경우 고가의 소재가 되나, 폐기될 경우 환경 위해요소로 작용할 가능성이 크다. 따라서 폐자동차의 재활용률 95% 이상의 목표 달성과 관련 업계의 경제성 제고를 위해서는 폐자동차에 함유되어 있는 유가금속의 금속종류별 고효율 회수 기술개발이 시급한 실정이다.

1) 폐자동차 해체

자동차의 재사용가능하거나 폐기시 도시광산으로 활용성이 높은 부품은 배터리, 타이어, 범퍼 및 외장, 도어류(앞뒷 문), 도어미러, 휀더, 본닛, 라디에이터 그릴, 트렁크리드, 리어 피니셔, 컨덴서, 램프류 등이다.

각 부품별 물질 함유량 및 가치분석의 결과는 [표 4-8]에 나타낸바와 같으며, 물질 재활용의 가격은 2,000~3,000원 수준인데, 재사용 중고부품 가격은 15,000원으로 재사용 중고부품으로 판매했을 때의 수익이 10,000원 이상임을 알 수 있다. 이는 물질로 판매하는 것에 비해 상품성이 있으면 중고부품으로 판매할 경우가 그만큼 이익이 창출된다고 볼 수 있다. 즉, 일차적으로 재사용 중고부품의 이용을 활성화하고, 다음으로 물질의 재활용을 고려해야 하는 것이다.

2009년 11월 현재, 폐자동차의 해체처리 과정에 있어서 자원순환 흐름별로 재활용 업체를 나타내면 [그림 4-10]과 같다. 소비자는 제조업체나 수입업체로부터 자동차를 구입하여 사용하다가 수명이 다하면 폐차업체에 폐차를 의뢰한다. 폐자동차는 폐차업체(436개소)로 집차되어 일부는 중고자동차로 해외로 수출하게 된다. 그 외의 차량들은 환경보전 등의 관점에 자원순환법에 정한 기본분리품을 해체한 후 재사용부품, 물질재활용성이 좋은 상고철 부품 등으로 해체하고, 나머지 차체는 압착하여 압축차피로 만들어 파쇄재활용업체(8개소)로 인계된다. 해체과정에서 발생한 액상폐기물, 고철, 비철금속, 플라스틱류 등은 수집상을 거쳐서 각각 재활용업체, 제철·제강업체 등에서 자원화 되거나 또는 폐기물처리업체에서 처리된다.

철·비철·플라스틱 등이 혼재된 압축차피는 파쇄재활용업체에서 인수하여 파쇄기로 파쇄한 후 철과 비철, 파쇄잔재물(ASR, Automobile Shredder Residue)로 선별·배출하며, 파쇄잔재물 재활용업체로 인계하여 물질재활용 및 열회수를 통해 재활용을 할 수 있다.

폐자동차로부터 효율적인 물질 재활용을 위해서는 전처리기술(도장막/함침불순물 제거 등), 전용 설비 제작기술, 재질 인식설비기술, 플라스틱 처리기술(분리/유화/탈염소화), 분자량 조절기술 그리고, Rubber Toughening 기술 등이 주요한 기술이 요구된다.

[표 4-8] 부품별 물질 함유량(단위 : g)

구분	총중량	철	비철	고무	유리	기타	재활용 가치(원)
배터리	14,940	0	10,458	0	0	4,482	9,263
타이어	68,750	36,740	0	32,010	0	0	16,856
촉매	6,180	0	0	0	0	6,180	3,832
연료탱크	12,240	0	0	0	0	12,240	7,588
범퍼:전	6,520	3,240	0	0	0	3,280	2,617
범퍼:후	9,100	8,840	0	0	0	3,260	3,072
전조등:우	2,000	0	0	0	2,000	0	0
전조등:좌	2,480	0	0	0	2,480	0	0
후미등	2,440	0	0	0	2,440	0	0
도어:전우	27,240	19,120	0	790	2,810	0	3,694
도어:전좌	27,860	19,870	0	810	2,860	0	3,836
도어:후우	20,460	14,480	0	640	2,020	0	2,811
도어:후좌	20,620	14,520	0	620	2,040	0	2,812
미러	850	0	0	0	0	0	0
휀더	4,640	4,640	0	0	0	0	835
본닛	13,460	13,460	0	0	0	0	2,423
계	239,780	134,910	10,458	34,870	16,650	29,442	59,639

※ 자료 : 한국환경자원공사

※ 소형승용 : 세피아 기준, 폐차장 관점

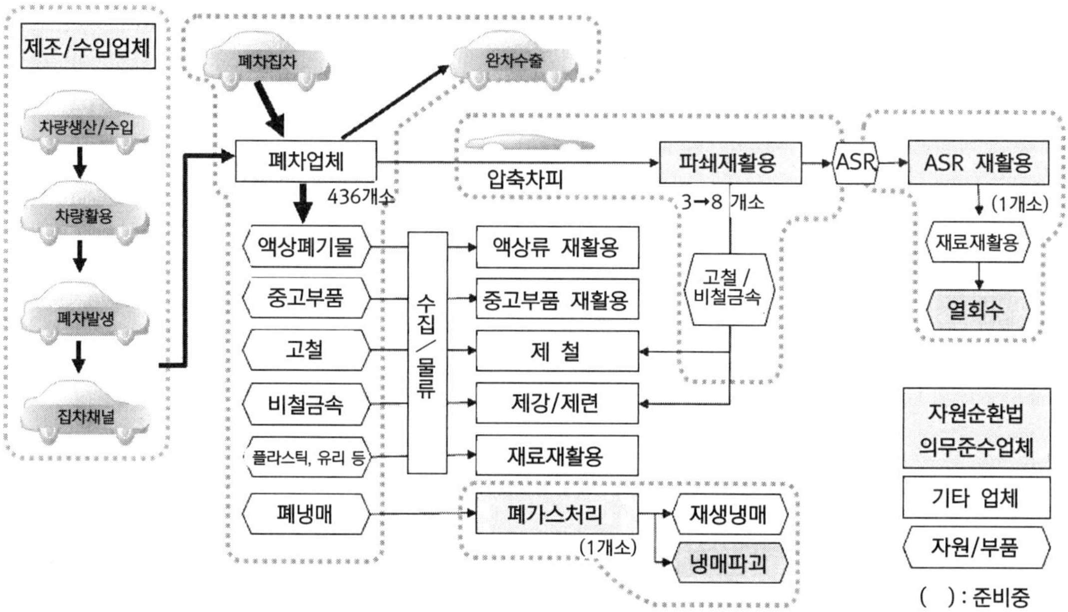

[그림 4-10] 자동차 자원순환 흐름 현황

2008년 1월 1일부터 시행된「전기·전자제품 및 자동차의 자원순환에 관한 법률 (이하 '자원순환법')」에 의해 자동차는 설계·제조단계에서 납, 수은, 카드뮴 등 유해물질의 사용을 제한하여야 하며, 폐기단계에서는 2015년부터 최종 재활용률 95%(열회수 최대 10% 포함)를 달성하여야 한다. 국가별로 폐자동차 재활용 제도를 비교해 보면 최종 재활용 책임 주체는 EU(제조/수입사), 일본(소비자/제조사), 한국(업계) 및 중국(제조사)에서 서로 상이하지만, 최종 재활용률 기준은 대부분의 국가가 유사한 기준(95% 재활용)을 적용하고 있다. 또한 폐자동차 재활용에 관한 법률이 재정되지 않은 캐나다, 미국 등에서도 최종 재활용률 95%를 목표로 해당 업계에서 친환경 해체 및 재활용을 촉진하고 있는 실정이다. 국내에서도 이미 시행되고 있는 자원순환법의 준수는 물론, 폐자동차를 원료로 한 업계의 부가가치 극대화를 위해서도 적절한 해체 및 재활용 기술이 국내외적으로 필수적이다.

국내외 폐차장의 선진 해체공정은 대동소이하게 에어백 폭파, 액상류 회수, 냉매회수, 외장품 해체, 내장품 해체, 하부·섀시 해체, 엔진, 소음기 해체, 차피압축의 공정을 거치고 있으며 업체 상황에 따라, 또는 작업자의 성향에 따라 변형된 형태의 해체작업이 수행되고 있다. 폐자동차 해체에 있어서 이 공정이 지니는 의미와 중요성을 단계별로 살펴보면 다음과 같이 분석될 수 있다.

① 에어백 폭파 단계

에어백은 화약을 포함하는 잠재적 위험부품이며, 스티어링 휠 컬럼 해체 시, 또는 압축 차체의 파쇄 시에 폭발을 일으켜 인명사고를 유발할 가능성이 있는 부품이므로, 자동차해체의 최초 단계에서 해체하는 것이 일반적이다. 그 방법으로는 ACU(Airbag Control Unit)의 단자에서 에어백과 직접 연결된 핀을 찾아서 전류를 흘려보내어 폭발시키는 전용장치를 활용하는 경우와, 에어백에 연결된 전선에 자동차용 배터리 전선을 연결한 후 전류를 흘려보내어 폭발시키는 재래적인 방법이 현장에서 공용되고 있다. 현재 에어백이 장착된 차량이 점차 증가하고 있으므로, 이 공정의 중요성은 점차 확대될 예정이다.

② 액상류 회수 단계

폐자동차에는 연료(휘발유, 경유, LPG)와, 윤활유(엔진오일, 트랜스미션오일), 유압유(브레이크오일, 파워스티어링오일), 부동액, 워셔액 등의 액상폐기물이 함유되어 있으며, 국내외에 개발·판매 중인 액상류 회수장치는 이들을 각각 종류별로 회수하여 분리보관이 가능한 것이 특징이다. 다만, 회수량 측정에 있어서 국외 설비의 경우 보관탱크에 로드셀을 달아서 회수 전후의 양을 측정하는 형식이며, 국내 개발 설비의 경우 회수 직후, 별도 탱크에서 회수량을 측정한 후 보관탱크로 이송하는 것이 특징이다. 과거, 차량해체과정에서 발생하는 액상폐기물이 토양과 수질을 오염시키는 사례가 있었으므로, 액상폐기물의 회수 및 분리보관은 해체공정의 환경친화성은 물론, 액상 폐기물의 재활용을 위해서도 필수적인 공정이다.

③ 냉매 회수단계

에어컨 냉매로 사용되는 R-12와 R-134a의 경우 각각 지구온난화 지수(GWP, Global Warming Potential)가 8,100과 1,300에 이르는 주요 온실가스이다. 이들에 대한 회수 및 적정처리는 자동차로 인한 온실가스 발생을 저감하는데 필수적이며 이들 적절히 관리할 때 폐차 대당 500 kg 가량의 온실가스 저감이 가능한 실정이다.

④ 외장부품 해체 단계

폐차 해체과정에서는 다양한 종류의 중고부품이 생산될 수 있으나, 그 중에서도 외장부품은 기능성의 별도 검증이 필요 없으며 외형이 온전할 경우 차량운행의 승차감이나 안전과 무관하고, 중고부품 활용에 있어서 많은 부분을 차지하므로, 외장부품 회수단계는 별도의 스테이션의 유무와 무관하게 폐자동차 부가가치 향상 차원에서 중요한 단계이다.

⑤ 내장부품 해체단계

자동차의 차내에서는 인판넬에 포함된 미터세트, 카오디오, 컨트롤 유니트 등의 전기장치가 중고부품 가치가 높은 편이므로 이를 회수하여야 한다. 특히 전기 · 전자부품으로부터의 귀금속 회수의 중요성이 높아지고 있으므로, 이 단계의 중요성도 제고되어야 할 것이다. 또한 차량 좌석에는 다량(전, 후 합계 약 11 kg)의 PU폼이 부착되어 있으며, 이를 재활용하기 위해 좌석을 해체하는 것도 향후 재활용률 95% 달성을 위해 필요한 공정이다. 차량의 전면 유리를 재활용하기 위해서는 그 해체를 용이하게 하기 위해 인판넬을 탈거하여 차 내부에서 전면유리 하부 접착부에 접근하기 쉽게 하는 것도 한 방안이 될 수 있다.

⑥ 하부·섀시해체 단계

이 단계에서는 휠 허브, 로어 · 어퍼 암, 차축 등의 중량이 많이 나가는 고철 계열의 부품이 많이 해체된다. 이 과정에서 육체적 노동강도가 높은 작업이 많이 수반되므로, 향후 이 과정의 효율화와 작업강도 완화가 가능한 지원설비의 개발, 적용이 필요한 실정이다. 현재 이 공정에서는 차량을 반전(차체를 70~110°로 뒤집어 바닥이 드러나게 함)하는 반전장치나, 정비용 리프트를 활용하여 작업효율을 높여주는 것이 보편적이다.

⑦ 엔진·소음기 해체 단계

이 단계에서도 반전기나 리프트를 많이 활용하는데, 작업자의 성향이나 업체현실에 맞게 적용되고 있다. 이 과정에서는 차량 부품 중 가장 부가가치가 높은 엔진 · 트랜스미션과 폐촉매를 회수할 수 있으므로, 부가가치 향상을 위하여 향후 효율화가 필요한 공정이다. 특히 상기 ⑥공정과 함께 이 공정에서는 무거운 차체의 자세를 조절 하고, 작업상의 안전을 기하여야 하며, 중량이 많이 나가는 부품의 신속한 탈거와 운반을 위하여 현재 장치의 차체 각도, 위치, 높이를 보다 효율적으로 제어하는 세부기술의 개발이 필요한 실정이다.

⑧ 차피 압축 단계

차피(부품과 금속자원을 모두 회수하고 남은 차체)는 해체과정의 최종 잔류물로서, 차체(모노코크 바디 또는 프레임 바디)와 승차공간(캐빈)과 함께 탈거되지 않은 잔류부품과 플라스틱 등의 부착물을 포함한다. 참고로 해체 단계에서의 적절한 부품 해체는 차피의 압축률과 직결되므로, 플라스틱 계열 부품(특히 시트)의 해체여부는 압축 차피의 운송비와 직접적으로 연계된다.

2) 폐자동차의 유가금속

자동차는 약 70%의 철/비철금속으로 구성되어 있고, 85% 재활용을 만족하기 위해서는 플라스틱, 고무 및 유리 재질 등에 추가적인 재활용기술 개발이 필요하다. 이를 위하여 자동차 생산자는 안정적인 폐기물 회수 및 관리를 위해 폐기물 회수/재활용 네트워크를 구축하고 있다. 소비자로부터 폐차를 회수하여 친환경 폐차장에서 부품, 재료, 냉매 등을 해체하고 파쇄업체에서 차피를 파쇄한 후 최종적으로 나온 ASR(Automobile Shredder Residue)를 재활용하는 네트워크를 구축하고 있다.

폐자동차의 재활용체계는 「폐차→파쇄재활용」의 단계만 진행하고 있지만, 환경부에서는 2012년부터 4단계 종합재활용체계 「폐차→파쇄재활용→파쇄잔재물재활용→폐가스처리」를 구축하고 있으며, 국내 자동차 회사들은 약 95%의 재활용률 달성을 목표로 협력 폐차장에 가이드라인을 보급하고 있다.

[그림 4-11] 자동차 내 주요 희소금속

도시광산 자원을 확보하기 위한 중요한 산업 중 자동차 폐촉매는 전 세계적으로 연간 수 만톤이 배출되고 있다. 자동차 촉매의 경우 엔진으로부터 발생되는 연소가스에서 NOx, SOx 등 유해가스를 무해화하기 위하여 엔진과 소음기사이에 촉매전환기가 부착되어 있고, 세라믹 재질의 담체에 촉매 역할을 하는 미립의 백금족 금속이 담지 되어 있다. 촉매에 함유되어 있는 백금족 금속의 종류 및 함유량은 자동차 회사에 따라 다르며, 평균적으로 백금(Platinum) 900 mg/kg, 팔라듐(Palladium) 450 mg/kg, 로듐(Rhodium) 200 mg/kg정도 함유되어 있다.

전기자동차용 리튬이온전지 및 리튬폴리머전지의 경우 기술수준이 선진국 대비 62~78% 수준이고 핵심부품과 소재의 국산화율 역시 19~34%로 매우 낮은 수준이어서 전기자동차 생산증가에 따른 리튬이차전지의 수요증가에 대응하기 위해서는 소재기술향상과 더불어 소재 국산화를 위한 재활용기술의 개발이 시급한 실정이다.

최근 세계적으로 관심이 집중되고 있는 환경문제를 해결하기 위한 방안으로 온실가스규제가 강화되고 있다. 태양전지 및 전기자동차를 이용하는 경우, CO_2 배출량을 50% 이상 저감시킬 수 있어 환경적 측면뿐만 아니라 에너지 측면에서도 신재생에너지의 사용량은 급격히 증가 할 것으로 예상되므로 이에 대한 재활용 공정기술 개발은 온실가스 저감측면 뿐만 아니라 유용자원의 효율적 이용 측면에서도 바람직한 기술이라 하겠다.

자동차 배기가스 정화용 폐촉매는 2009년도에 약 55만톤이 발생하였으며 백금, 팔라듐 및 로듐 등의 백금족 원소가 포함되어 있다. 이들 전체 폐촉매의 경제적 가치는 약 2,800억원으로 추정되며 국내에서도 일부 재활용이 되고 있으나 보다 경제성 있는 효율적 공정의 개발이 필요한 실정이다. 특히 석유화학 폐촉매의 경우 담체 구성성분인 알루미나 및 규사 등이 금속과 결합되어 있어 유가금속의 회수율을 높이기 위한 새로운 기술개발이 요구되고 있다. 특히 기존의 배소-수침출로 회수가 어려운 전략금속의 회수율을 높이고 알루미나와 실리카의 재활용을 함께 고려한 고효율, 친환경 공정이 개발된다면 국내 발생 폐촉매뿐 아니라 외국의 폐촉매 재활용에도 경쟁력을 갖게 된다.

자동차 폐촉매의 종류는 팔라듐, 백금-로듐, 팔라듐-로듐, 백금-팔라듐-로듐 등으로서 담체는 Mg-cordierite ($2MgO \cdot Al_2O_3 \cdot 5SiO_2$)로 구성된 허니콤(honeycomb) 구조를 갖고 있다. 촉매에 함유되어 있는 백금족 금속의 종류 및 함량은 자동차 회사에 따라 다르다. 국내에서 발생하는 자동차 폐촉매의 양은 폐자동차 발생량으로부터 추정할 수 있다. 2001~2007년도에 발생한 평균 폐차대수는 40만대/년이며, 자동차의 수리 시 발생하는 폐촉매를 고려하면 국내 자동차 폐촉매 발생량은 약 50만개/년로 추정된다.

폐촉매로부터 백금족 금속들을 회수하는 기술은 크게 고온추출법, 기상휘발추출법, 습식

추출법으로 대별되는데, 고온추출법은 100톤/월 이상의 대용량의 처리에 적합하고 습식추출법은 30톤/월 정도의 폐촉매를 처리하는 데 적합하다고 알려져 있다. 일본과 영국 등 선진국에서는 100톤/월 이상의 대용량의 처리에 적합한 용련로를 이용하는 고온추출법으로 폐촉매를 대량으로 처리하고 있다. 그러나 고온추출법의 경우 대형 용련로 건설 등 초기 투자비가 과다하고, 부피가 큰 슬래그의 발생 및 귀금속의 손실이 있으며, 대기오염을 무시할 수 없다는 단점이 있다. 반면에 습식추출법은 공정 설치비가 적고 슬래그 발생이 없으며, 담체의 주성분인 알루미나를 alum으로 회수할 수 있다는 장점이 있다.

백금족 금속을 고온추출법으로 분리, 회수하는 공정은 미세하게 분산된 백금족 금속을 함유하는 폐촉매를 용제와 함께 용융시켜 백금족 금속을 함유하는 슬래그를 얻은 후, 백금족 금속이 용해되어 집적될 수 있는 용융금속과 접촉시켜 농축시키는 것이다. 백금족 금속이 농축되는 금속상을 일반적으로 포집금속이라고 칭하며, 이는 액상에서 백금족 금속의 혼합도, 용융온도, 슬래그로의 금속의 손실을 고려하여 선택한다. 일반적으로 사용되는 포집금속은 철, 구리, 니켈, 납 및 구리와 니켈 매트이며, 자동차 촉매로부터 백금족 금속을 분리, 회수하는 데는 구리 또는 니켈 매트가 많은 장점을 가지고 있다고 알려져 있다.

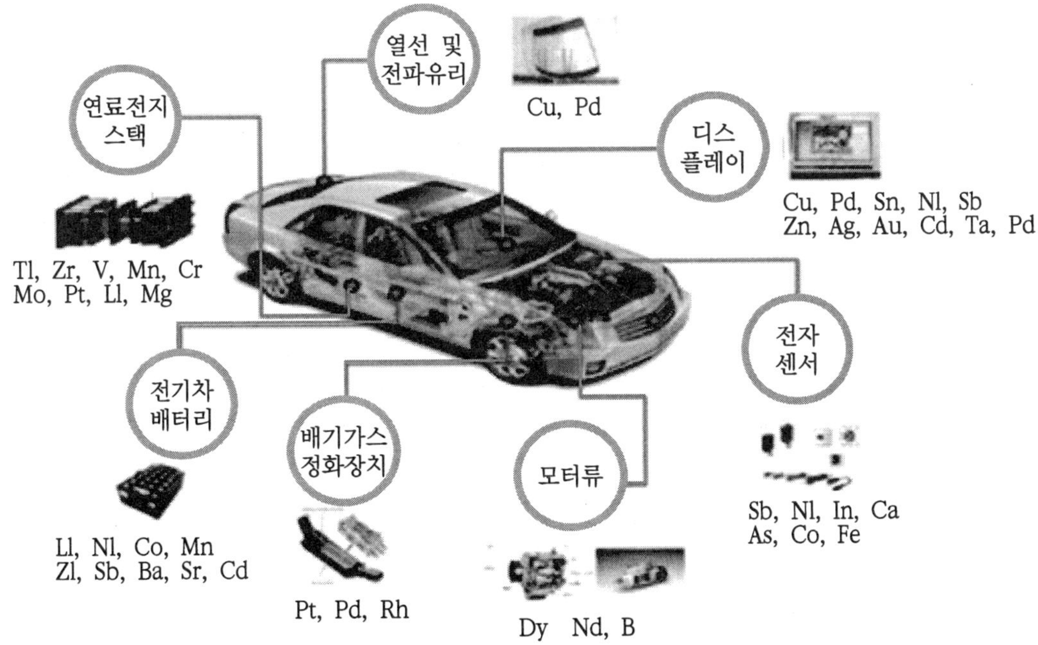

[그림 4-12] 폐자동차의 함유금속

4.2.3 폐수의 도시광산

산업 전 분야를 통하여 가장 광범위한 것이 표면처리산업이다. 폐수에서 유가금속을 회수가 가능한 산업폐수는 표면처리과정에서 배출되고 있다. 도장, 도금 등을 하여 금속표면의 산화방지나 표면기능을 변화시키는 등 여러 목적에 따라 표면처리 방법을 선택하고 있으며, 폐수는 철강, 자동차, 전자 등의 각종 산업계에서 소재표면의 산화방지 및 기능성을 부여하기 위한 도금공장에서 배출되는 산세폐수나 도금폐액이다. 도금공장에서 배출되는 폐수는 귀중한 금속자원과 유독성 시안, 6가크롬 등의 물질들이 포함되어 있으므로, 각 공장 마다 환경오염물질 배출을 위해서 수질관리규제에 따라 폐기물처리가 의무화 되어 있다. 각 공정마다 폐수처리의 대부분은 공장 내에서 부분적으로 정제 처리하여 재활용하기도 하지만, 대부분 폭기 및 라임으로 중화 처리하여 배출수 유출 규제범위로 정제하고, 발생되는 슬러지는 매립하거나 위탁 처리하는데 현실적으로 매립지 부족과 위탁처리비용도 큰 부담이 되고 있는 실정이다.

도금폐액에는 중금속이 고농도로 포함되어 있으므로 폐액을 처리하지 않고 매립이나 방류하게 되면 중금속의 용출에 의한 토양 및 지하수의 오염 등 심각한 환경문제를 야기할 수 있다. 최근 들어 전자·전기제품, 철강 및 기타 금속가공제품의 생산량이 증대함에 따라 폐액의 발생도 증대되고 있으며 이러한 폐액은 재활용이 비교적 잘 이루어지는 편이나 폐액 중 유가금속 회수는 경제적으로 타산이 맞지 않아 활발하게 이루어지고 있지는 않은 편이다. 그러나 폐액 중에는 고가의 금속이 고농도로 함유되어 있기 때문에 폐수처리로부터 폐기물 처리 비용부담을 줄이고, 유가금속자원 회수로부터 경제성을 확보할 수 있는 매우 유리한 상황으로 전환되고 있으므로 폐액의 재활용연구가 활발히 진행되고 있다. 배출하는 폐수는 공장 내에서 순환 재활용하는 폐회로방식(Closed System)을 채택하여 배출량을 가능한 한 줄이고, 도금공장의 폐수는 다종다양한 금속 이온과 유기 물질들이 있으므로 폐수 배출규제범위까지 금속 이온이나 유기 물질을 제거해야 한다. 배출수에는 부유 현탁물질양(Suspended Solid : SS), 화학적 산소요구량(Chemical Oxygen Demand : COD), 생물화학적 산소요구량(Bio-Chemical Oxygen Demand : BOD)등도 배출수에서 일괄 규제한다. 일반적으로 생물 서식이나 자연 정화를 위한 수중에는 용존산소(Dissolved Oxygen : DO)가 높지만, 화학물질이나 부패성 유기물 및 산화성 금속이 존재하면 DO가 감소한다.

금속 표면처리 공장의 폐수 중에는 Fe^{2+}, Cu^{2+}, Zn^{2+}, Ni^{2+}, Cr^{6+}, CN^-, Cl^-, SO_4^{2-}, NO_3 등의 금속이온과 크롬과 시안의 유독성 물질이 함유되어 있다. 폐수 중의 금속 이온들은 산화, 환원, 치환, 중화법 및 이온교환, 흡착, 탈 시안, 탈 질소 처리하여 정제한다.

도금폐액 중에 서로 다른 금속 이온이 혼합되어 발생하는 폐수는 그 양은 적지만, 중금속 및 산-알칼리 등의 부식성 물질을 포함하기 때문에 중화-응집-침전 공정을 통하여 도금폐수를 처리하고 있으며, 처리한 후 여과한 케이크는 매립처리 하고, 여액은 폐기하거나 순환수로 보충하기도 한다. 이는 중화제, 응집제와 같은 약품의 소비가 많고, 다량의 유가금속물질이 슬러지에 포함되어 폐기되고 있는 실정이다. 환경규제가 엄격해지고 있으며, 환경경영 인증제도의 도입 등으로 오염물질의 사전예방 및 재활용 청정기술의 개발이 다양해지고 있다.

폐액으로부터 유가금속을 회수하는 방법에는 도금폐액으로부터 유가금속을 회수하는 방법과 에칭폐액으로부터 유가금속을 회수하는 방법이 있다. 도금폐액 중의 유가금속을 회수하는 방법으로는 막 분리, 이온교환, 전기투석, 증발농축, 멤브레인(MF/UF/RO), 전기분해 등 다양한 물리화학적 단위 기술의 단독 또는 복합적 사용이 가능하다. 그 중에서도 전기분해법은 도금공정과 동일한 기술적 배경을 가지므로 도금 공정에 In-line으로 설치 운영하기에 적합하며 회수의 형태에 있어서도 순수한 형태의 금속을 얻는 것이 가능하다. 에칭폐액에는 질산계 에칭폐액과 철강 산세 폐액이 있다. 질산계 에칭폐액(인쇄회로기판에 사용) 중에는 구리(Cu), 납(Pb), 주석(Sn) 등의 중금속과 질산 성분이 다량 함유되어 있어 이에 대한 처리방안으로 황산치환법에 의하여 질산을 회수하고 나머지 금속을 회수하는 공정이 일부 상용화되어 있다.

이온교환은 이온교환수지를 이용하여 용매와 유가금속을 분리하는 기술로 이온교환수지에 유가금속을 교환시킨 후, 재생공정을 거쳐 유가금속을 회수하는 기술이다. 초기 이온교환수지의 용도는 단순히 물과 금속의 분리였으나 물의 연수화, 도시하수처리, 산업폐수처리 등에 이용되면서 그 적용범위가 넓혀지고 있다.

전기투석은 전위차를 구동력으로 이온을 이동시키고 이온교환막의 특성을 이용하여 전해질 용액에서 이온을 농축 및 희석시키는 공정이다. 초기 전기투석은 염수의 탈염화 공정에 이용되어 왔고, 오늘날까지도 중요한 적용분야 중 하나이다.

[표 4-9] 도금폐수의 유가금속 잠재능(사례)

업체	대상 유가금속	원수농도(mg/L)	처리수농도(mg/L)	회수율(%)
A	Zn	26,700	14	99.95
B	Zn	80,900	10	99.99
C	Cu	147	0.1	99.93
D	Ni	1,640	2	99.98
E	Pb	168	0	100

증발농축은 화학약품을 사용하지 않고, 순 물리적으로 농축하여 재사용하거나 폐수량을 최대한 줄일 수 있는 특징을 가진 무공해 처리법이다. 진공증발농축기는 시안계 아연도금 공정에서 발생되는 수세수, 즉 전처리 공정의 탈지, 산처리, 중화공정, 도금 등의 수세로 유실될 수 있는 주요성분을 농축 재사용 등으로 획기적인 절감과 농축을 할 수 있다.

분리막을 이용한 수처리기술은 원료분리, 농축, 순수 제조 등에 유기고분자나 세라믹 막을 이용해서 오염물질을 제거하는 기술이 사용되어 왔지만, 최근에는 산업현장의 재이용 수처리 기술로 대두되고 있다. 분리막 기술은 정밀여과(Microfiltration), 한외여과(Ultrafiltration), 나노여과(Nanofiltration) 및 역삼투여과(Reverse Osmosis filtration) 등으로 나뉜다. 그 외에 자연적인 삼투압을 이용하는 정삼투압(Forward Osmosis)과 막 사이에 온도차이를 이용하는 막증류법(Membrane Distillation) 등이 주목받고 있다.

전기분해에 의한 전해금속 회수기술(EMR, Electrolytic Metal Recovery)은 가장 오래된 회수기술로 용액 속에 있는 금속이온에 전기에너지를 인가하여 선택적으로 분리회수하여 고순도의 금속을 제조하는 기술이다. EMR은 양극과 음극이 교대로 정렬되는 전해조, 직류를 공급하는 정류기 및 펌프로 구성되어 있는 소위 전기도금과정이며, 금, 은, 구리 카드뮴 및 아연 등을 회수하기 위해 이용된다. 전위차가 매우 높은 금과 은을 회수할 때 가장 많이 사용되고 있다. 효율성을 높이기 위해서는 농축된 금속농도 용액, 높은 전류밀도, 양극 표면적 확대 등의 인자들을 고려해야 한다.

[표 4-10] 도금종류별 폐수발생량

도금종류	폐수발생량
용융아연	용수사용량의 1~18%
전기아연	용수사용량의 50~55%
ABS크롬	용수사용량의 60~65%
경질크롬	용수사용량의 5~8%
아연니켈합금	용수사용량의 50~55%
금, 은, 귀금속	용수사용량의 55~60%
기타 특수	용수사용량의 50%이상

자료 : 환경부, 2007

도금시설의 2014년 말 기준으로 폐수 배출시설은 약 2,242개 업소로 전체에 약 4%이며, 1일 폐수 발생량은 약 67,000 ㎥로 전체 폐수발생량의 약 1.3%를 차지하고 있다. 대부분의 폐수처리형태는 위탁처리형태이며, 폐수배출규모는 5종사업장으로 연마, 탈지, 산세, 중화, 도금, 탕세, 도금박리 등의 공정에서 폐수를 발생하고 있다.

도금업종은 금속을 사용하여 목적에 맞게 상품을 제작한 후 표면의 먼지, 녹 등을 깨끗이 제거한 다음 도금을 실시하게 된다. 도금과정에서 도금될 금속은 음극으로 작용하고 용액중의 도금을 위한 금속은 양극으로 작용하게 된다. 도금공장에서 배출되는 폐수의 양은 비교적 적은 편이나 독성물질을 함유하므로 대단히 위험스러운 폐수이다. 여러 가지 유독성 물질 중에서도 가장 중요한 것은 크롬, 아연, 동, 니켈, 주석, 시안화물이며 알칼리성 세정제, 그리스 등도 함유되어 있다. 도금과정에서는 양이나 특성에 있어서 현저한 차이를 가지는 두 종류의 폐수가 생긴다. 하나는 도금액이고 또 하나는 세척수이다. 도금공장 폐수의 특성과 강도는 도금정도와 세척방법에 따라 크게 변한다. 사용한 용액의 종류와 양에 따라서 산성 혹은 알칼리성이 된다. 예를 들어 시안 혹은 알칼리성 세척수를 사용하면 알칼리성이 되고 크롬산염을 사용하면 반대로 산성이 된다. 연마정도에 따라서도 폐수의 성상이 크게 변할 수도 있다. 왜냐하면 이 때 산성용액이 사용되기 때문이다. 대부분의 도금공장에서는 크롬산염을 과도하게 사용함으로써 폐수내의 크롬함유량에 비해서 몇 배나 되는 수가 많다. 도금공장에서는 폐수문제를 축소시키거나 없애기 위해서 공장의 설계나 운영을 변경시키든지 폐수내의 독성물질이나 기타물질을 제거하기 위하여 물리적 혹은 화학적 처리시설을 갖춤으로써 해결될 수 있다. 운영상의 저감방법으로는 유독성 물질이 임의로 흘러가지 않도록 비상용 용기를 준비하는 방법, 농축된 용액에도 파손되지 않는 용기를 사용하는 방법, 도금과정에서 도금용액이나 세척수가 작업장 마룻바닥에 떨어지지 않도록 혹은 떨어지더라도 모을 수 있는 시설을 하는 방법, 세척 시 많은 양의 물을 사용하는 것보다 고압으로 적은 양의 물을 사용하는 방법, 폐수를 증발농축시켜 도금과정에서 재이용하는 방법, 폐수를 증기세정용으로 재사용하는 방법 등이 있다. 도금폐수를 물리적, 화학적으로 처리하는 이유는 폐수내의 시안화합물, 크롬, 기타금속, 그리스 등을 제거하기 위함이다. 시안화합물을 통상 알칼리성염소주입법에 의하여 제거하지만 그 외에도 표백제, 산화염소, 오존 등을 사용하는 방법, 덜 유독한 시안 복합물로 바꾸는 방법, 전기적산화, 산성화, 석회유황법, 이온교환법, 건조법 등에 의해서도 처리할 수 있다. 크롬을 함유하는 도금공장폐수는 시안폐수로부터 분리된 다음 산성으로 만들어서 6가크롬을 3가로 환원시켜 침전시켜야 한다. 물론 염화바륨을 사용하여 6가 상태의 크롬을 바로 침전시킬 수도 있지만 이 방법은 잘 사용되지 않는다. 구리, 아연, 니켈, 철 그리고 그리스는 중화시킨 다음 침전지에서 제거한다.

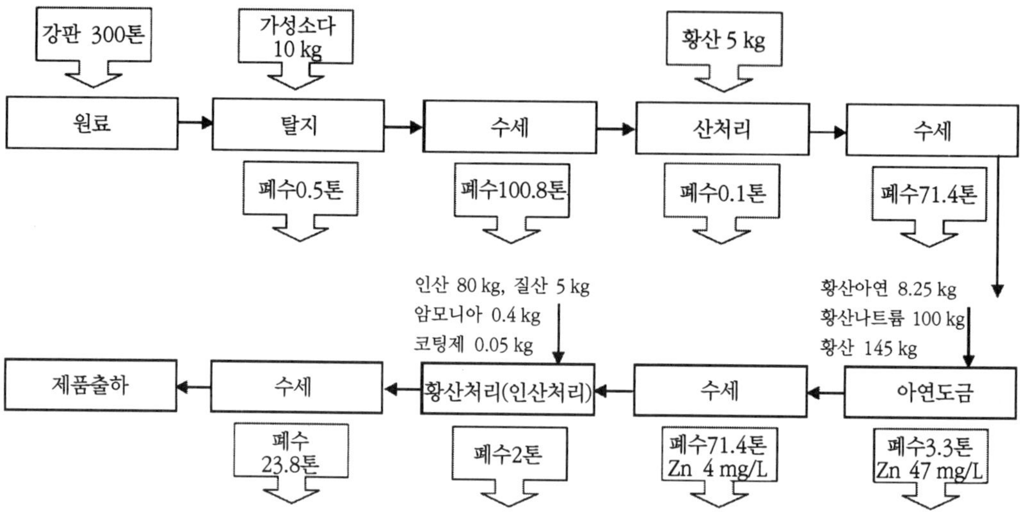

[그림 4-13] 도금시설의 폐수공정 흐름도

【공정 1】	원자재 → 산처리 → 세척 → 아연도금 → 세척 → 아연착색 → 세척 → 건조 → 제품
【공정 2】	원자재 → 초음파탈지 → 산세 → 전해탈지 → 세척 → 동도금 → 세척 → 동도금 → 세척 → 니켈도금 → 세척 → 변색방지 → 세척 → 건조 → 제품
【공정 3】	원자재 → 크롬도금, 동도금 → 세척시설 → 검수 → 제품
【공정 4】	원자재 → 청화동 → 세척 → 니켈, 주석, 신주도금 → 세척 → 건조 → 제품
【공정 5】	원자재 → 탈지 → 세척 → 청화동도금 → 세척 → 황산동도금 → 세척 → 니켈도금 → 세척 → 크롬도금 → 금, 은도금 → 세척 → 건조 → 제품

[그림 4-14] 도금업종 공정별 폐수배출 공정

4.2.4 기타 도시광산 자원

한국은 2003년 니켈-카드뮴전지, 리튬1차전지 등을 생산자책임재활용제도(EPR) 대상 품목으로 포함시켜서 재활용을 의무화 하였으며, 2005년도부터는 리튬이온전지를 휴대폰과 함께 재활용 대상 품목에 추가하였다. 환경부는 2008년 1월1일부터 망간전지, 알칼리망간전지, 니켈수소전지 등 폐건전지 분리수거를 의무화 하였다. 가정에서 사용되는 일반 건전지는 비교적 유해물질 함유량이 적어 분리수거 대상에서 제외되었다. 환경부는 폐건전지 수거함을 제작해서 전국 지자체에 보급했으며, 폐건전지 분리수거 의무를 위반한 배출자에게는 100만원 이하의 과태료를 부과하도록 법제화 하였다. 폐전지 발생량의 현황을 살펴보면, 2000년 폐납축전지가 약 930만개, 산화은전지 2,000만개, 니켈카드뮴전지 2,200만개 정도로 추정된다. 폐망간전지 및 폐알칼리망간전지는 연간 15,000톤, 10억개 정도가 배출되고 있다. 폐리튬이차전지 발생량은 2002년 기준으로 5,800만 개로 추정된다. 최근 휴대폰이나 노트북 등의 수요급증으로 전지 수요량이 급증하고 있으며, 따라서 배출량 또한 증가 추세를 보이고 있다. 폐전지로부터 유가금속을 회수하기 위해서는 선별기술, 농축기술 및 KNCPC 75 제련기술 등이 요구되는데 회수하는 금속에 따라서 그 처리 방법이 다르다. 폐전지의 80% 이상을 차지하는 망간전지 및 알칼리망간전지의 경우 함유금속의 단가가 비교적 낮은 편이어서, 재자원화시 경제성 문제가 따른다. 현재 망간전지 및 알칼리망간전지에 대한 상용화된 재자원화 공정은 없으며, 일부 연구기관에서 물리적 화학적 처리를 통한 폐망간전지 및 알칼리망간전지 재자원화 연구가 추진되고 있다. 리튬이온전지나 니켈수소 전지 등의 재자원화 기술도 상용화 되지 않은 상태로 연구 추진 중이다.

일상생활에서 발생할 수 있는 다른 폐금속 자원으로는 의료기기, 현금인출기, 자판기 등이 있는데 그중에서도 사행성 오락기는 폐가전 및 폐통신기기와 같이 재활용할 수 있는 제품이다. 환경관리공단에서는 검·경과 협약하여 2006년부터 압수물품 자원화에 대한 사업을 진행하고 있다. 2006년 10월 서울 동작경찰서와 압수물 운송·보관·폐기 및 자원화 시범 사업을 시작으로 2009년까지 '유통이 금지된 압수물'인 사행성게임기 및 PC 등 1,178천여 대를 인수, 이중 검찰의 폐기처분지휘를 받은 847천여 대를 자원화 하였다. 주요부품인 모니터(LCD, CRT), CPU, 그래픽카드, 메모리 등은 일반 경쟁입찰로 매각하였고, 전자스크랩인 하드디스크, 메인보드, PCB(인쇄회로기판)는 분쇄 용융과정을 거쳐 유가금속(금, 은, 동 등)을 회수하였다. 부대물품으로 지폐인식기, 상품권배출기, 고철, 플라스틱, 비철금속 등은 재질별 지정업체에 매각하여 재활용하였다.

사행성 게임기와 폐PC의 발생량이 지속적으로 증가함에 따라 압수물 전체에 대한 인프라 구축과 기능개선 그리고 자원화 방법의 개선이 필요하다.

[표 4-11] 주요 공정의 부산물 및 함유금속

종	류	주요 발생 공정	연간 예측 발생량(천톤)	함유금속
폐촉매	석유화학	석유화학제품 원료 생산공정	0.4	Pt, Pd 등
	정유공정	석유정제공정 (탈황)	46	Ni, Mo, Co, W 등
폐액	혼산폐액	전기 전자제품 제조공정	89	Au, Pd, Cu, Ni, Sn, Ce, In 등
공정 오니	실리콘절단 슬러지	반도체 생산공정	2.5	Si, Zn, Al, Cr 등
분진	제강분진	전기로 제강공정	400	Zn, Fe 등
	티타늄 스크랩	완성품 가공공정	0.36	Ti
	폐ITO타겟	타겟 제조공정	0.23	In
스크랩	폐초경합금	초경합금제조공정	0.06	W, Co 등
	동	전선, 신동품 제조	120	Cu
슬래그	철강슬래그	제강 생산공정	8,000	Fe
	비철슬래그	비철 생산공정	1,400	Cu, Zn, Pb 등

[표 4-12] 연도별 압수물품 발생량 및 폐기·자원화량

(단위 : 천대, [illegible]

구분	발생량					폐기 및 자원화량				
	'06년	'07년	'08년	'09년	계	'06년	'07년	'08년	'09년	계
계	9.0	2,228	5,585	413	8,235	6	53	333	495	88[illegible]
사행성 게임기	3.0	110	349	279	741	0	25	180	329	53[illegible]
사행성 PC	0	97	206	134	438	0	23	129	163	31[illegible]
게임부 속품	0	13	79	0	92	0	5.0	25	3	33

* 자료 : 한국환경공단, 폐금속 자원 재활용 기술, 2[illegible]

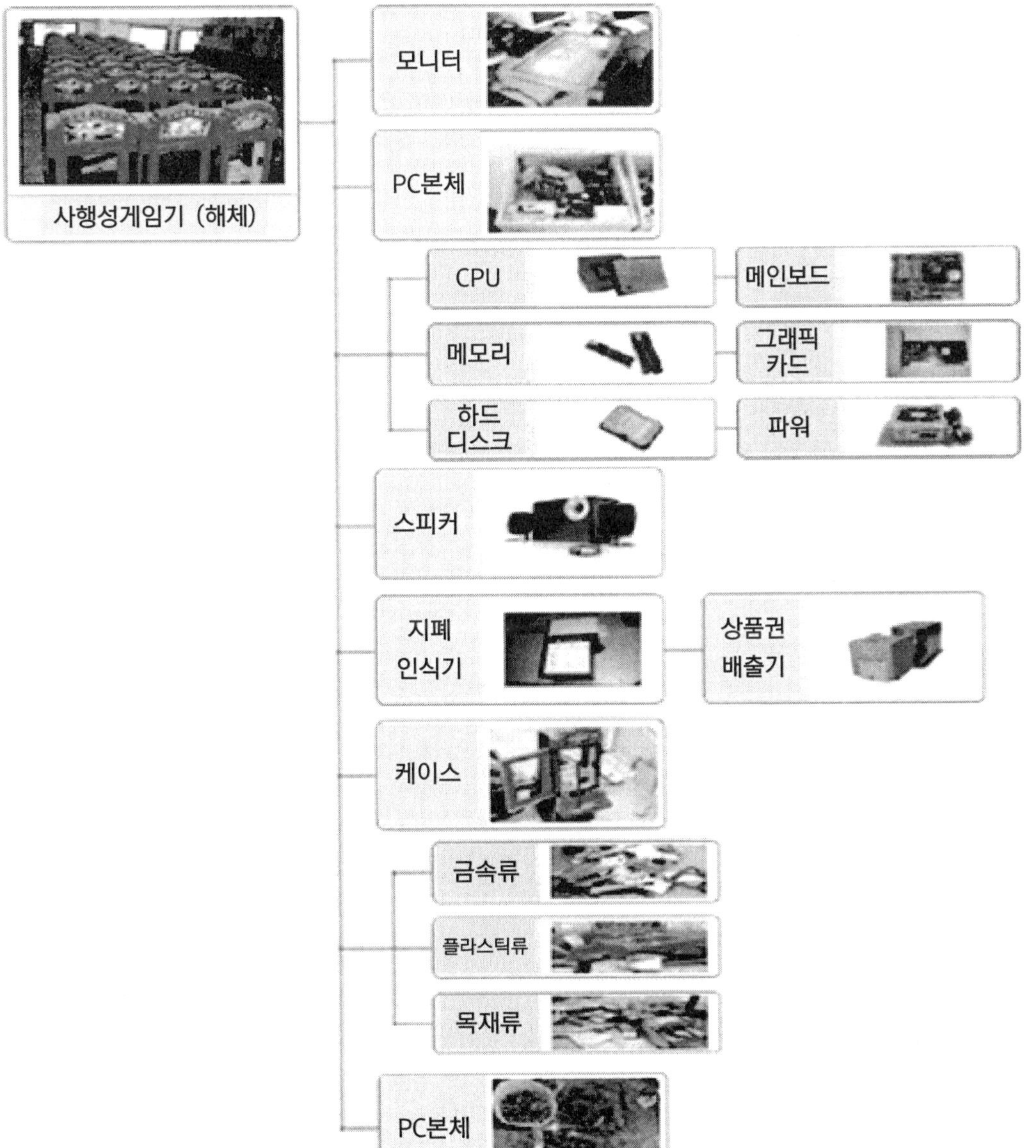

[그림 4-15] 사행성게임기 및 PC 자원화 구성요소

도시광산 재자원화

5

5.1 재자원화 부산물

2010년 약 830여개의 도시광산 업체 수는 2014년 약 910개로 약 9.4% 증가하는 것으로 나타났지만, 금속가격의 지속적인 하락에 따라 영업이익 적자기업의 비율이 지속적으로 증가하는 추세이다.

2000년대 후반 금속자원 가격급등에 대응하기 위하여 도시광산 산업분야가 급속도로 증대되었으나 금속가격의 하락으로 인하여 약 10여년의 활황을 뒤로하고 매출하락의 경영문제에 직면하게 되었다. 이를 극복하기 위하여 한국생산기술연구원 자원순환기술지원센터를 중심으로 각 분야에서 도출될 수 있는 폐금속 자원의 재자원화를 위한 기술개발을 추진하여 분야별 유가금속의 종류 및 회수를 위한 기술의 정립을 지속적으로 수행해 왔다.

5.1.1 전자부산물(E-waste)

도시광산의 주요 대상 중 하나인 전자부산물(E-waste)이다. 전자부산물은 전기 · 전자제품에 사용되는 구성품으로서 수명을 다한 제품이나 생산 중 불량으로 인해 발생된다. 자원의 측면에서 보면, 폐전자기기, 특히 구성 부품 중에서 인쇄회로기판(PCB)에는 은(Ag) 등의 귀금속과 구리(Cu), 철(Fe), 알루미늄(Al) 등의 일반금속 뿐만 아니라 백금족과 주석, 니켈 등의 희유금속을 포함하고 있기에 경제 산업적으로 중요한 재활용 대상이다. 이에 전자부산물의 처리를 통하여 자원 확보를 위한 기술개발이 지속적으로 시도되고 있다.

일본의 물질재료연구기구에서는 일본 내 회수할 수 있는 금속의 양으로 금 6,800 ton, 은 60,000 ton, 인듐 1,700 ton으로 추산하고 있으며, 이 양은 전 세계 매장량의 16~61% 해당하는 양이라고 보고하고 있다.

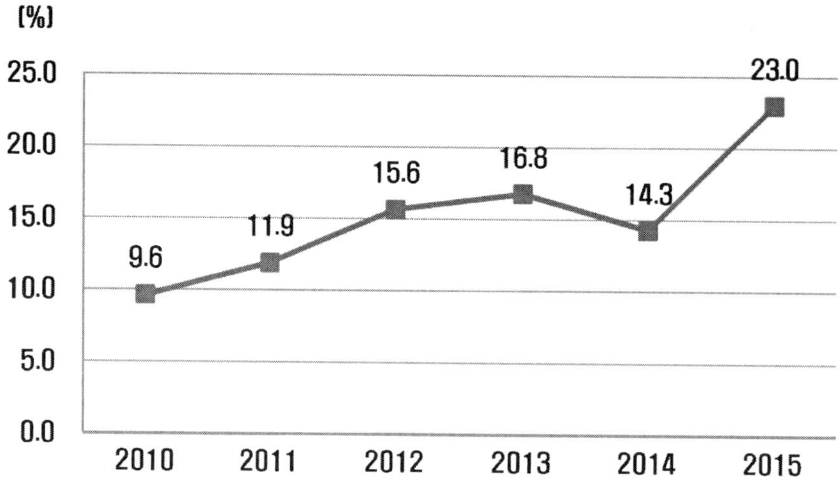

[그림 5-1] 도시광산 업계의 영업이익 적자기업 비율

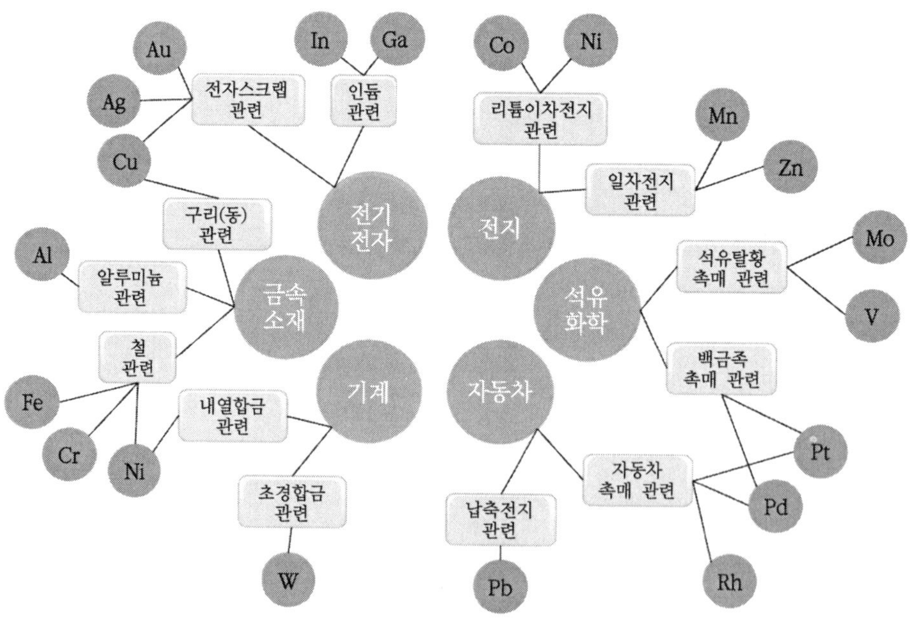

* 신호정 외3인, 2017춘계학술대회대한금속재료학회

[그림 5-2] 산업분야별 회수가능한 유가금속 분류

일본의 물질재료연구기구에서는 일본 내 회수할 수 있는 금속의 양으로 금 6,800 ton, 은 60,000 ton, 인듐 1,700 ton으로 추산하고 있으며, 이 양은 전 세계 매장량의 16~61% 해당하는 양이라고 보고하고 있다.

전자산업에 많이 사용되는 금속자원은 에너지와 함께 미래의 산업성장을 좌우하는 핵심요소로 떠오르고 있으나, 천연광물자원이 빈약한 한국은 금속자원 수요의 95% 이상을 수입에 의존하고 있는 실정이다. 특히 최근 들어 심화되고 있는 천연광물자원의 고갈, 자원보유국의 산업화에 따른 공급제한, 광물자원의 유출을 억제하기 위한 수출관세 부가, 고가 판매 등과 같은 자원무기화, 중국·인도 등 BRICs 국가들의 경제성장에 따른 자원수요의 급증으로 야기된 자원 공급능력의 한계 등은 한국의 금속자원의 안정적 확보를 위협하고 있다. 따라서 사용 후 버려진 각종 제품 및 폐기물 속에 묻혀있는 도시 광산으로부터 유용금속을 회수하여 다시 산업원료 소재로 공급하는 '도시광석의 순환활용'이 시급히 추진되고 있다.

1) 전자부산물의 종류

전자부산물의 종류로는 가전제품, 컴퓨터 산업제품, 전자소자·응용 제품, 전자 전담 재료 제품, 통신 장비 및 제품, 레이더 장비 및 제품 등으로 나뉘며 세부내역으로는 일반 가정에서 널리 사용되는 텔레비전, 컴퓨터, 휴대폰 등이 포함되고 있다. 그 외 의료 전자 장비 및 기구, 광섬유·광섬유 케이블, 배터리, 마이크로 및 특별 모터 등과 같은 의료 및 산업분야에서 전 방위적으로 널리 사용된 전자부산물이 발생되고 있다.

[표 5-1] 전자부산물의 종류

제 품	세부내역
레이더 장비 제품 및 제품	- 레이더 장비
통신 장비 및 제품	- 통신 송신 장비 - 통신 스위치 장비 - 통신 단말 장치 - 이동통신기기 - 이동통신 단말기 - 통신 장비 수리 기타 통신장비
방송 및 텔레비전 장비 산업 제품	- 방송 텔레비전 편성, 송출, 송신 장비 - 방송 텔레비전 수신 장비 - 응용 텔레비전 장비 및 기타 방송 장비
컴퓨터 산업 제품	- 전자 컴퓨터 세트 전체 - 컴퓨터 네트워크 시설 산업 - 전자 컴퓨터 외부 장치 - 전자 컴퓨터 관련 제품 및 자재 - 전자 컴퓨터 어플리케이션 제품
가전제품	- 텔레비전 - 비디오, 비디오리코더, 레이저 컴팩트디스크 플레이어 - 가전 음향기기
전자계측 장비 제품	- 전자계측 장비
전자 산업 전담 장비 및 제품	- 전자 산업 전담 장비 - 전자 산업 금형 및 기어
전자소자 제품	- 전자소자 및 컴포넌트 - 전자 인쇄회로기판(PCB)
전자소자 제품	- 감지 소자 및 센서 - 전자 장치 산업 - 진공 전자 장치 - 광전자 장치 및 기타 전자 장치 - 반도체 개별소자 장치 - 집적회로(IC) - 마이크로 및 특별 모터 - 전선 및 케이블 - 광섬유, 광섬유 케이블 - 배터리
전자 응용 제품	- 전기 전자 제품 - 의료 전자 장비 및 기구
전자 전담 재료 제품	- 전자소자 재료 - 진공 전자 장치 재료 - 반도체 재료 - 정보기술을 반영한 화학물질

* 자료 : 한국환경공단, 2010

2) 전자부산물의 분류

사용 후의 전기·전자제품 중에 수리가 가능한 제품은 수리를 통해 재사용하고, 수리가 불가능한 제품들은 1차적으로 재자원화 처리시설을 통해서 재자원화가 가능한 무기원소들을 회수하고 그 외 재자원화가 불가능한 부산물은 매립과 소각 등의 방법으로 최종 처분하고 있다.

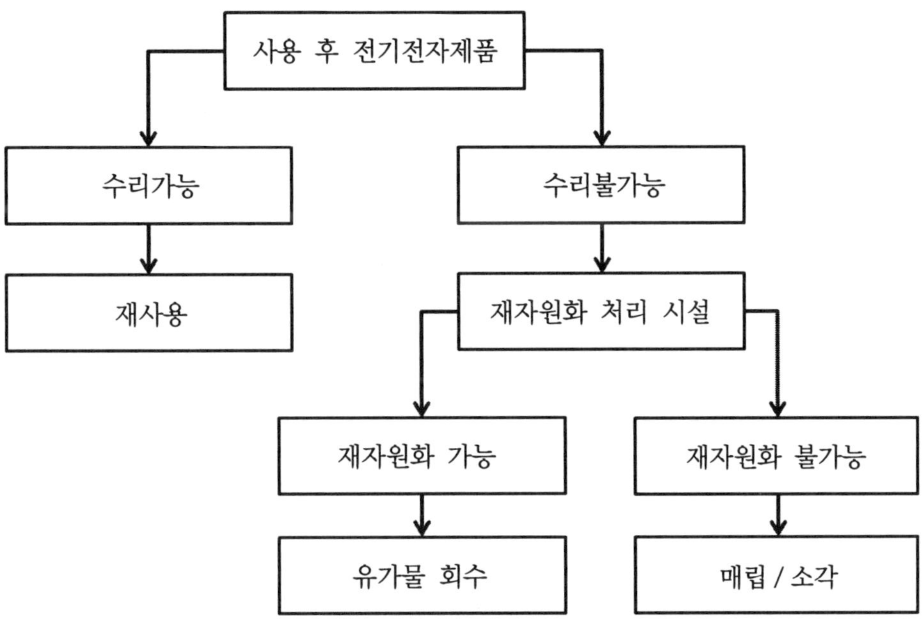

* 출처 : 한국생산기술연구원, 2015

[그림 5-3] 국내 전자부산물의 분류 방법

3) 회수현황

국내에선 전자제품관련 도시광산자원이 연간 900만대(약 30만톤) 정도가 발생되어 폐기되고 있다. 해마다 신제품이 출시되고, 기술의 혁신에 따른 기발한 제품들이 개발되어 기호에 맞게 출시되기 때문에 기존에 사용하던 전자제품들이 버려지는 것이다. 이 중 통계청에 따르면 해마다 9.9%씩 증가하는 추세이며 약 3.3억대가 국내에 지하자원처럼 보관되어 있는 상태이다. 이 중 유가금속은 9.6조원 정도의 가치로 추정된 PC, 가전제품, 에어컨 등이 '전자산업환경협회'의 통계를 따르면 폐소형 전자제품의 발생량은 2010년 100만대를 초과하였고, 연평균 15%씩 증가하고 있다고 한다.

소형전자제품에는 특히 귀금속과 희유금속이 다량 함유되어 있어 중요한 자원중 하나이다. 한국은 '전기·전자제품 및 자동차의 자원순환에 관한 법률'을 시행하여 도시 광산자원을 관련 처리업체에 처리하도록 유도하고 있다. 하지만 일본을 비롯한 선진국 등에 비해 제대로 처리되지 않고 있는 실정이라 각 산업체에 법률과 인센티브제를 시행하여 효율적인 재자원화를 실행하도록 유도해야 할 것이다.

전자제품별 구성성분 비율을 보면 플라스틱, 금속, PCB비율로 나뉘는데, 금속의 비중은 프린터 35%, LCD모니터 15%, 오디오 27%로 조사되었다. 금속은 분리과정이 용이하여 회수하기가 쉽고 균질성을 유지하고 있어 열적변형이 쉬워 재자원화가 쉽다. 더불어 약 10%가량의 PCB는 귀금속 및 동을 비롯한 비철금속이 함유되어 있기 때문에 유용한 자원이라 할 수 있다.

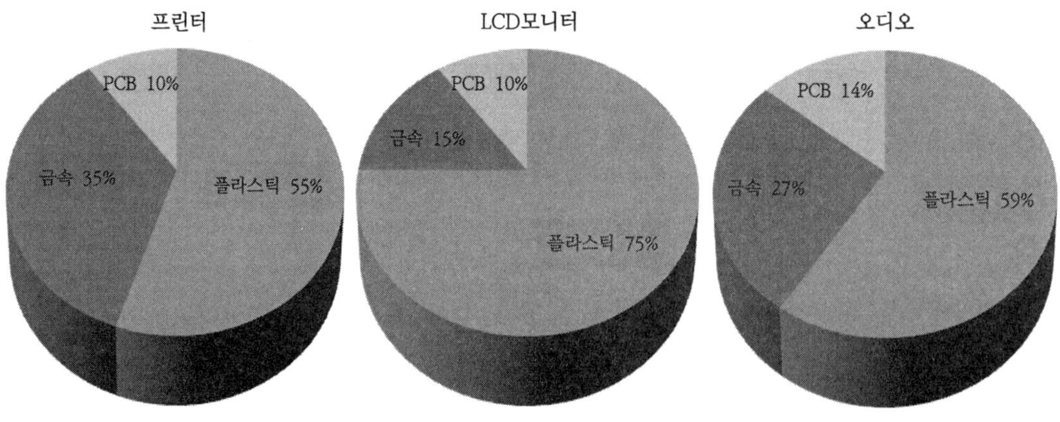

* 자료 : 한국지질자원연구원, 2010

[그림 5-4] 전자제품별 PCB 비율

플라스틱은 유기성분이므로 추출 및 증류를 통해 종류별 유기성분을 추출할 수 있으며, 전자제품은 버릴게 거의 없는 완전자원이라 할 수 있다.

현재 폐전자제품의 회수 및 재활용 경로는 직영대리점, 중고시장, 지자체 등의 자원재활용업체들을 통해 회수 하고 있으며, 전체의 70~80%는 직영대리점과 중고시장이 담당하고 있다.

정부는 폐가전제품의 재활용비율을 높이기 위해 구조개선제도(1993년), 2003년부터 생산자책임재활용(EPR)제도 등을 도입하여 생산자에게 재활용의무를 부과하였다. 수집된 폐전자제품은 금속부분과 같은 중요부분을 분리 및 파쇄를 통해 미립자화 하여 귀금속과 비철금속을 정·제련하고 있다. 국내에는 약 4,100개 이상의 재활용업체가 존재한다. 이 중 전문절단·파쇄업이 219개, 금속정련업이 144개가 존재하고 있다. 기존에는 중소기업 위주였으나 최근에는 LS, 포스코 등의 대기업의 시장진입이 증가하고 있는 추세이다.

휴대폰의 전국 보유량은 약 7,300만대로서 이 중 매년 폐휴대폰 발생량은 1,826만대로 나타났다. 폐휴대폰 발생량이 많은 이유는 고장이나 분실, 이동통신사의 할인행사와 잦은 신제품 출시 등의 이유로 조사되었다. 2010년 정보통시부 조사에 따르면, 한국 휴대폰 이용자들은 평균 1년 6개월 주기로 휴대폰을 교체하는 것으로 나타났다. 이 주기는 점점 단축되어 최근에는 전체 휴대폰 사용자 4,000만명 중 1,500만명 정도가 매년 사용하던 휴대폰을 폐기하고, 새 휴대폰을 구입하여 사용하고 있다. 사용주기가 점차 단축되고, 휴대폰 수요량과 공급량이 늘고 있어 휴대폰 생산에 필요한 금속자원 투입수요량도 증가하고 있다.

한국은 1인 기준 1휴대폰이라 말할 정도로 보급률이 높은 편이다. 가구당 사용하는 가전제품이 아니라 개인이 휴대하는 제품이기 때문에 타 전자제품에 비해 보유대수가 훨씬 많은 것이다. 하지만 절반이상의 사용자가 휴대폰 교체시 이전 휴대폰을 재활용하지 않고 보관한다고 조사되었다. 휴대폰 수거비율은 2010년 약 25.8%, 2011년 약 28.2%, 2012년 약 28.3%로 조사되었다. 폐휴대폰의 수거가 원활히 이루어진다면 많은 양의 유가금속을 회수할 수 있을 것이며, 폐휴대폰의 발생량이 꾸준히 증가하고 있어 중요한 도시 광산자원 중의 하나라 할 수 있다.

휴대폰은 고농축 귀금속 광석으로 도시 광산의 주요 물질이 되는 품목이다. 휴대전화 1톤에서 금은 약 280 g 추출되고, 우수한 품질로 유명한 남아프리카 산 금광석 1톤에 함유되어 있는 금은 5 g 정도이다. 휴대폰에는 천연 금광석의 약 50배 정도의 농축된 금이 내장되어 있는 것이다. 그 외에 은(1,500 g/ton), 팔라듐, 니켈, 철 등의 여러 금속원소들이 함유되어 있는 것으로 조사되었다.

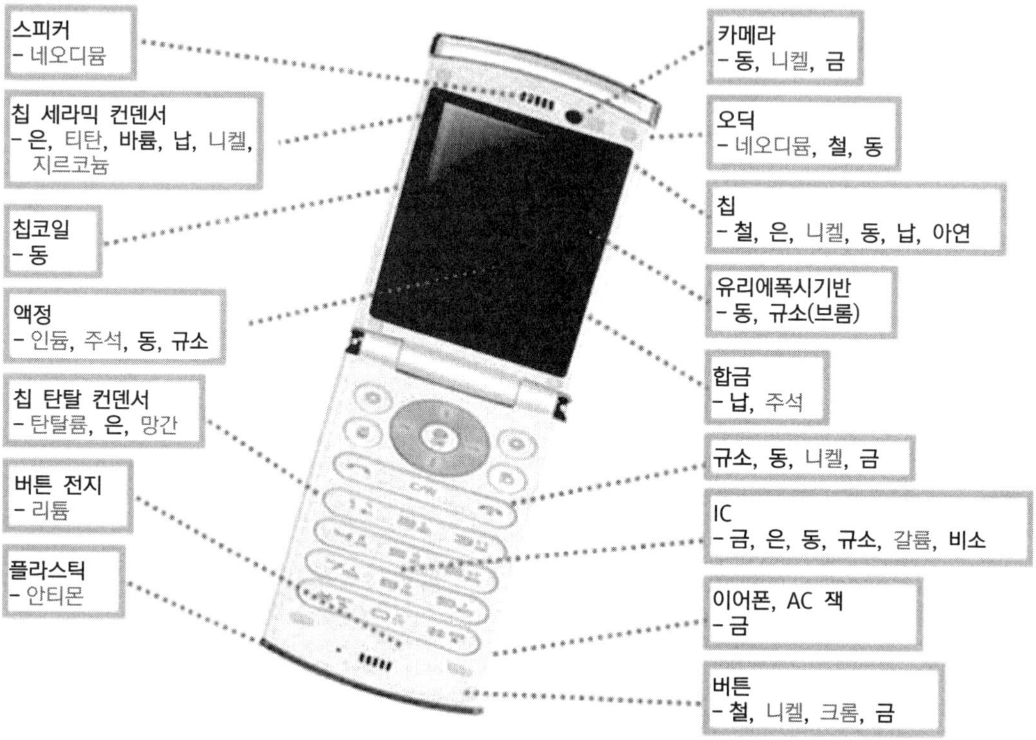

* 자료 : 지식경제부, 2010

[그림 5-5] 휴대폰에 함유된 금속사례

정보화 시대에 제공되는 고화질 영상매체에 대한 수요와 관련 기술의 발달로 전자 디스플레이의 생산과 수요는 급속히 증가하고 있으며, 제품의 순환주기가 짧은 점을 감안할 때 향후 폐기물량도 급증할 것으로 예측되고 있다. 현재 국내에서 디스플레이 제품과 관련하여 발생하는 폐기물에 대한 체계적인 현황 통계는 거의 전무한 실정이나, 국내 생산량 등으로 유추하였을 때 2010년 이후부터 약 200~300만대의 폐디스플레이장치가 발생할 것으로 예상되고 있다. 디스플레이는 크게 브라운관으로 알려진 CRT(Cathode Ray Tube)와 LCD(Liquid Crystal Display), PDP(Plasma Display Panel), OLED(Organic Light Emitting Diode) 등의 평판 디스플레이(FPD: Flat Panel Display)로 나뉘어진다. 평판 디스플레이는 다시 자체 발광여부에 따라 자발광(emissive)과 비자발광(non-emissive) 디스플레이로 구분되며, PDP, OLED 등은 자발광 디스플레이에 해당되며, LCD는 비자발광 디스플레이로서 화면을 구현하기 위해서는 별도의 광원이 필요하다. 1950년대 이후 흑백 CRT로 시작된 1세대 디스 플레이 산업은 LCD, PDP, OLED 등이 등장하면서 2세대 평판 디스플레이로의 재편이 이루어지고 있으며, 향후 3세대 디스플레이로서 플렉시블 디스플레이(flexible display)와 4세대 3D 디스플레이로 발전해 나갈 전망이다.

현재 디스플레이 산업은 여러 평판 디스플레이 가운데 LCD를 중심으로 재편되고 있으며 OLED를 포함 하는 플렉시블 디스플레이가 차세대 디스플레이로 부각되고 있다.

[표 5-1] 국내디스플레이 생산 및 사용

구분	용도	2005년	2006년	2007년	2008년	2009년
LCD 모니터(만대)	생산량	294	223	255	128	92
	출하량	305	234	300	184	126
	재고량	100	83	78	47	38
	내수량	118	131	121	59	41
	수출량	186	102	179	125	85
	수입량	N/A	N/A	51	57	49
	국내사용	118	131	172	115	90
LCD TV(만대)	생산량	85	130	179	228	252
	출하량	84	125	177	228	251
	재고량	18	40	44	53	54
	내수량	23	59	85	116	149
	수출량	61	66	92	112	102
	수입량	N/A	N/A	0	0	0
	국내사용	23	59	85	116	149
PDP TV(만대)	생산량	69	59	87	112	88
	출하량	70	59	93	112	88
	재고량	21	23	35	27	21
	내수량	16	28	62	73	50
	수출량	54	31	31	39	38
	수입량	N/A	N/A	5	2	2
	국내사용	16	28	67	76	52
국내사용 합계		157	218	324	307	291

N/A : not applicable

컴퓨터 제품에는 금, 은, 구리, 알루미늄, 아연, 철, 니켈, 납, 팔라듐 등 다양한 금속이 함유되어 있다. 컴퓨터 내 함량이 높은 금속은 철(5,571 g)이다. 컴퓨터 전체중량의 20.5%를 차지하는 철은 80%가 재자원화 된다. 두 번째가 알루미늄(3,850 g)이다. 컴퓨터 중량의 14.2%를 차지하는 알루미늄도 철과 같이 80%가 재자원화 되고 있다. 재자원화율이 가장 높은 금속은 금이며, 컴퓨터 내의 금은 소량이지만 고가이기 때문에 99% 정도가 재자원화 되고 있다. 그 외 은 98%, 팔라듐 95%, 코발트 85% 등 고가의 금속이 주로 재자원화 되고 있다. 한편 게르마늄, 갈륨, 유로퓸, 티타늄, 안티몬, 비스무스, 크롬, 카드뮴, 니오븀 등의 희유금속은 함량도 적고 전혀 재자원화 되고 있지 않다.

폐컴퓨터 회수 현황을 보면 전국 리사이클링센터와 32개 재활용 전문업체를 통해 수거된 컴퓨터는 2004년 5,324대였으나 2007년 8,877대로 매년 증가추세를 보이고 있다. 2008년에는 12,500대 정도였다. 현재 생산자책임재활용(EPR)제도에 따르면 개인용 컴퓨터는 65%이상 재자원화 하도록 되어 있다. 생산자책임재활용 회수체제에 의해 수거되고 있는 컴퓨터의 양은 전체량의 32%이고, 나머지 68%는 영세고물상, 조립PC업자, 전문수출업자 등과 같이 비제도권 관계자들에 의해 수집 및 처리되고 있다. 생산자책임재활용 회수체제에 의한 32%의 수거 내역을 살펴보면 재활용업체가 5%, 지방자치단체에서 25%, 전자업체가 2%정도를 처리하고 있다. 회수 주체에 따라 소비자는 유, 무상으로 폐컴퓨터를 배출할 수 있다. 비제도권 수거 컴퓨터는 중고품이나 스크랩 형태로 중국 및 동남아시아로 유출되는 사례가 많다.

[표 5-3] 한국 컴퓨터의 회수 현황

회수 주체	회수방법	재자원화 방법
재이용업자(5%)	소비자로부터 매입, 무상수거	수리, 판매 후 잔재물은 매각
지방자치단체(25%)	소비자로부터 유료 수거 (수거 수수료 : 평균 3,000원)	전문업체를 통한 위탁 처리
전자업체(2%)	신제품 판매시 무상 수거	전문업체를 통한 위탁 처리

[표 5-4] 개인용 데스크탑 컴퓨터의 금속함량

함유 금속	중량 대비 비율(%)	재자원화율(%)	물질중량(g)
납	6.2	5	1721
알루미늄	14.2	80	3850
게르마늄	0.0016	0	45
갈륨	0.0013	0	45
철	20.5	80	5571
주석	1.0	70	271
구리	6.9	90	1902
니켈	0.8	80	231
망간	2.2	80	597
탄탈륨	0.016	0	45
바나듐	0.002	0	45
금	0.002	99	45
유로퓸	0.0002	0	45
티타늄	0.016	0	45
코발트	0.016	85	45
팔라듐	0.00003	95	45
은	0.019	98	45
안티몬	0.009	0	45
비스무스	0.006	0	45
크롬	0.006	0	45
카드뮴	0.009	0	45
셀레늄	0.002	70	0.43
니오븀	0.0002	0	45
실리콘	24.9	0	6795

* 자료 : 한국환경정책평가연구원, 2010

한국은 2003년 니켈-카드뮴전지, 리튬1차전지 등을 생산자책임재활용(EPR)제도 대상 품목으로 재활용을 의무화 하였으며, 2005년도부터는 리튬이온전지를 휴대폰과 함께 재활용 대상 품목에 추가하였다. 환경부는 2008년 1월 1일부터 망간전지, 알칼리망간전지, 니켈수소전지 등 폐건전지 수거함을 제작해서 전국 지자체에 보급했으며, 폐건전지 분리수거 의무를 위반한 배출자에게는 100만원 이하의 과태료를 부과하도록 법제화 하였다.

폐전지 발생량의 현황을 살펴보면, 2000년 폐납축전지가 약 930만개, 산화은전지 2,000만개, 니켈카드뮴전지 2,200만개 정도로 추정된다. 폐망간전지 및 폐알갈리망간전지는 연간 15,000톤, 10억개 정도가 배출되고 있다. 폐리튬이차전지 발생량은 2002년 기준으로 5,800만 개로 추정된다. 최근 휴대폰이나 노트북 등의 수요급증으로 전지 수요량이 급증하고 있으며, 이에 따라 배출량도 급증하는 추세를 보이고 있다.

폐전지로부터 유가금속을 회수하기 위해서는 선별기술, 농축기술 및 제련기술 등이 요구되며 회수하는 금속에 따라서 그 처리 방법이 각각 다르다. 폐전지의 80% 이상을 차지하는 망간전지 및 알칼리망간전지의 경우 함유금속의 단가가 비교적 낮은 편이어서, 재자원화시 경제성 문제가 따른다. 현재 망간전지 및 알칼리망간전지에 대한 상용화된 재자원화 공정은 없으며, 일부 연구기관에서 물리적 화학적 처리를 통한 폐망간전지 및 알칼리망간전지 재자원화 연구가 추진되고 있다. 리튬이온전지나 니켈수소전지 등의 재자원화 기술도 상용화 되지 않은 상태로 연구 추진 중이다.

5.1.2 슬러지(Sludge)

1) 슬러지의 정의

산업 부산물인 슬러지도 유용한 도시광산자원 중 하나이다. 각 산업체의 공정에 따라 발생하는 유기물, 무기물 등의 다양한 수중의 부유물이 침전하여 진흙 상태의 찌꺼기를 슬러지(sludge)라고 한다.

정수시설 및 산업체의 공정폐수를 처리할 때 발생하는 액체로부터 침전된 찌꺼기를 말하며, 대부분 60~90% 이상의 많은 수분을 함유하고 있는 수처리의 부산물이다. [그림 5-6]의 배출수 및 슬러지의 공정도를 보면 정수장 슬러지는 산업체 슬러지에 비해 유기 물질 농도가 낮고, 응집제로서 황산알루미늄($Al_2(SO_4)_3$)을 사용하여 가수분해시켜 생성된 수산화알루미늄과 유기물, 세균, 무기물로 구성된 부유물질이 침전되어 슬러지를 형성한다.

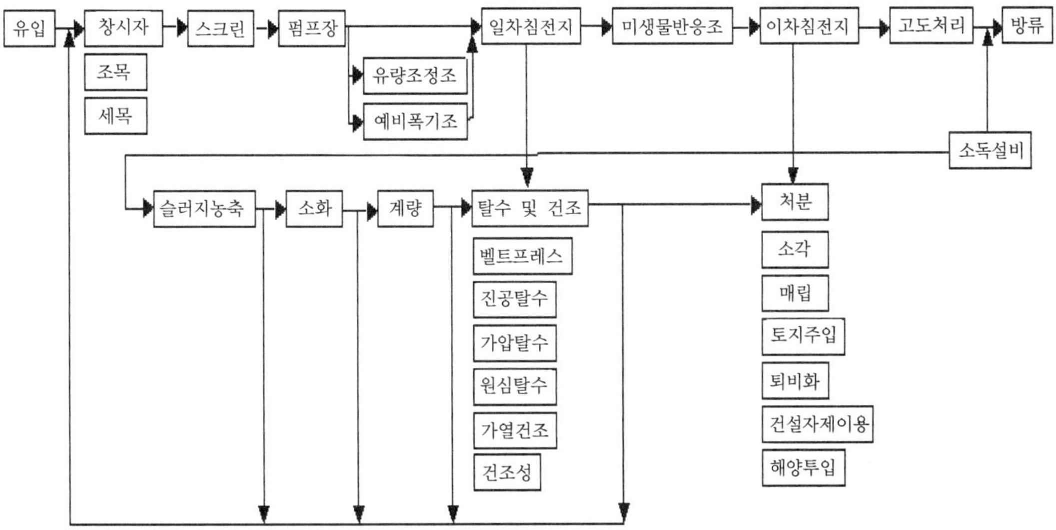

[그림 5-6] 배출수 및 슬러지의 공정도

2) 슬러지의 분류

정수장 슬러지는 탈수·건조과정을 거친 후 중금속 성분을 분석한다. 각 중금속수치가 퇴비에 적합하면 퇴비로 사용되고, 점토와 성분이 비슷한 SiO_2(20~25%), Al_2O_3(3~6%), Fe_2O_3(2~5%), CaO(60~66%), MgO(1~3%), SO_3(1.6~2.7%) 등의 성분으로 구성되어 있어 시멘트 원료의 부가재료로 사용된다. 최근에는 고형연료화로의 가능성도 연구되고 있으며 그 외에 부적합한 슬러지들은 매립, 소각 등의 방법으로 처리 된다.

산업체 슬러지 중 일부는 재사용에 유용한 영양물질과 무·유기 물질을 포함 하고 있어 자원으로서 가치가 있다. 반도체 공정에서 발생한 슬러지에는 귀금속(precious metal)이 포함되어 있으며, 대표적인 gold(Au), silver(Ag), palladium(Pd), platinum(Pt) 등은 산업체에서 꼭 필요한 자원으로 사용되어 왔기 때문에 점점 자원이 고갈되고 있어 재활용(recycling)이 필수적인 자원들이다.

슬러지는 산업체의 공정에 따라 생성되는 양과 함유 원소들이 다르며, 반도체, 도금, 자동차촉매생산업체 등에서 발생되는 슬러지는 생성량이 많고, 다양한 귀금속 성분이 포함되어 있다. 가전제품과 같은 폐자원은 외형만으로도 함유원소의 예상이 가능하여 원하는 무기원소를 회수하기 쉽다. 반면에 슬러지는 다양한 원소 및 유·무기성분들이 혼재되어 있고 수분함량이 많으므로 취급이 어려우며, 세부원소들의 존재여부 판단이 어렵다.

산업슬러지는 [그림 5-7]과 같이 슬러지를 건조→미분쇄→추출 등의 공정을 거쳐서 정성·정량분석하여 무기원소의 함량 및 종류를 성분별로 분류하여 유가금속을 회수하고 있다.

[표 5-5] 슬러지 발생현황(단위: 톤/일, %)

	유기성 오니류		무기성 오니류		합계	
	톤/일	%	톤/일	%	톤/일	%
폐수처리오니	11,288.3	75.0	5.399.2	63.2	16,687.5	70.7
공정처리오니	473.0	3.1	1,481.1	17.3	1,954.1	8.3
정수처리오니	390.6	2.6	788.9	9.2	1,179.5	5.0
하수처리오니	2,904.3	19.3	870.7	10.3	3,775	16.0
합계	15,056.2	100	8,539.9	100	23,596.1	100

* 출처: 환경부, 2014

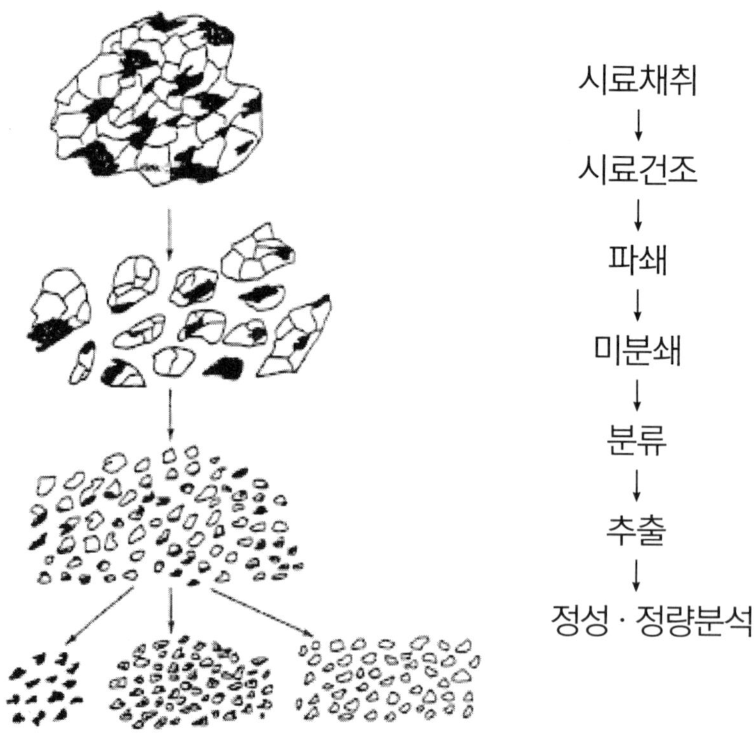

[그림 5-7] 슬러지의 귀금속 회수 모식도

3) 회수 현황

국내에서 발생하는 하·폐수슬러지는 2015년 말 현재 3,624,451톤/년 발생되고 있으며, 전체의 약 70%정도를 차지하고 있다. 정수장 슬러지는 7.1%인 110,050톤/년 공정 슬러지가 5.5%인 85,300톤/년, 그리고 지정폐기물로 분류된 공정슬러지가 1.3%인 약 20,000톤/년 정도가 매년 발생하고 있다.

환경부의 폐기물 정책은 발생억제, 재이용, 재자원화, 재활용, 에너지회수, 소각 그리고 최종 매립처분으로 진행되고 있으며, 재활용 및 소각 비율을 매년 높이고 매립 비율은 낮추는 방향으로 추진하고 있다. 슬러지가 포함된 사업장 폐기물의 경우 매립 비율을 점차로 낮추어 2001년에 20%이하로 유지하고, 소각과 재활용은 점차로 높여 각각의 비율을 12%, 68%이상이 되도록 하여 폐기물로부터 에너지 및 물질의 회수를 최대화 할 수 있도록 유도하고 있다.

공정슬러지 및 지정폐기물 슬러지는 안전매립(Secure Landfill)하고 있으며, 소각이 20% 내외, 그리고 재활용 비율도 높지만 처리비용보다는 처리의 유해성 및 유용자원 회수 가능성 등을 고려하여 처리하고 있다. 슬러지의 처리에서 가장 큰 장애물은 높은 함수율이다. 슬러지의 높은 함수율은 최종 처리방식인 매립 시 침출수의 과다한 발생, 매립지 지반 약화를 초래하게 된다. 이와 함께 슬러지에 포함된 유기물은 매립 시 메탄가스를 발생하는 원인이 되기도 한다. 따라서 슬러지의 매립은 중간처리 과정을 거쳐 처리하는 것이 바람직하며, 대표적인 슬러지의 중간 처리기술은 건조, 소각, 고형화 및 고화, 그리고 함수율이 낮은 물질과의 혼합에 의한 매립이 있다.

5.1.3 도금폐수(metal plating wastewater)

1) 도금폐수의 정의

도금폐수는 타 폐수에 비교해 배수량은 적지만 유해물질을 다량 포함하고 있다. 도금의 공정에 따라서도 다르지만, 일반적으로 독성이 강한 시안화물을 비롯하여 크롬산, 중금속, 유지, 산, 알칼리, 계면 활성제 등을 포함하므로 폐수 배출 시 반드시 제거 처리 장치를 설치하여야 한다. 처리 방법은 시안 배수 처리, 크롬 폐수 처리, 중금속, 유지 등의 각 처리 방법에 따라 처리한다.

2) 도금폐수의 분류

전기 도금폐수 중 시안을 포함한 도금의 종류에는 시안화구리 도금, 시안화아연 도금, 은도금, 금도금, 황동 도금, 카드뮴 도금 등이 있다. 도금폐수 중에 시안을 함유하지 않게 하기 위해서는 구리 도금에는 황산구리 도금이나 피로인산 구리 도금을, 아연 도금에는 시안화아연 대신에 염화아연을 사용하도록 하는 것이 공식적인 처리방법이다.

도금의 방법에 따라 함유된 무기원소의 종류 별 도금폐수가 분류되며 정성·정량분석을 통해 무기원소의 함량 및 종류에 따라 유가금속을 회수하고 있다.

탈지	탕세	수세	수세	에칭	수세	수세	산세	수세	수세	전해니켈	수세	수세	산세	수세	수세	Au 스트라이크	수세	수세	수세	전해금	회수세	수세	수세

- 탈지 : 금속 표면에 부착되어 있는 유지성(油脂性) 오염을 제거
- 탕세 : 도금을 하지 않은 피도금물을 뜨거운 물로 세척.
- 수세 : 품질 향상 및 도금액 보존을 위해 충분히 물로 세척
- 에칭 : 산화막을 제거하고 탈지한 동 표면위에 조도를 형성
- 산세 : 산액에 침지한 후에 세정
- 전해니켈 : 전기도금을 통해 니켈을 도금, 저온(약 70~80℃) 작업
- Au 스트라이크 : 도금의 밀착성을 좋게 하여 피복력을 향상
- 전해금 : 전기도금을 통해 금을 도금
- 회수세 : 금도금을 한 후 금도금액을 회수하는 작업

[그림 5-8] 도금폐수발생 공정

3) 회수 현황

도금공정 및 반도체공정에서 발생되는 폐수에서 다량의 유가금속이 발생되고 있으며, 그 중 대표적인 원소는 금, 은, 니켈, 동, 팔라듐, 백금 등이 있다. 한국전자회로산업협회 통계에 따르면 국내 PCB 산업규모는 2016년 약 13조원이며, 기판제조 부문이 약 70%, 후방산업 부문이 약 30%를 차지하고 있다.

PCB(Printed Circuit Board)는 절연기판 위에 전기적 신호를 전달할 수 있는 도체(보통, 구리)를 형성시킨 것으로 전자부품 탑재 시 전기회로를 구성하여 작동한다. 페놀/에폭시 등의 절연판 위에 구리 등의 동박(Copper Foil)을 부착시킨 다음, 회로 배선에 따라 에칭하여 필요한 회로를 구성하고 회로간 연결 및 부품 탑재를 위한 홀(Hole)을 형성하여 만든다. 이렇게 PCB를 제조하는 과정에서 연마, 에칭, 박리 등의 공정으로부터 구리(Cu) 및 금(Au) 등의 유가금속이 폐수로 다량 배출되어 대부분 슬러지로 발생하게 된다.

금(Au) 도금과정에서 상당한 양의 폐액이 발생하고 있으며, 평균적으로 PGC(Potassium Gold Cyanide) 대비 약 5%이상의 많은 금(Au)을 포함하고 있다. 금(Au)을 회수하기 위해 사용되고 있는 이온교환수지는 연간 약 2,700톤 이상, 약 135억원의 비용이 발생하고 있다. 종래의 Au 회수 기술은 수지의 수분 및 휘발분(volatile matter)을 제거하기 위해 소각하고, 잔사를 산(Acid) 처리하여 Au를 분리 회수하고 있다. 금(Au)도금 산업은 수도권에서 반월, 시화 산업단지 내에 도금단지로 형성되어 있으며, 대상 사업장의 생산 공정 중에서 발생하는 도금폐액은 위탁처리하고 있다.

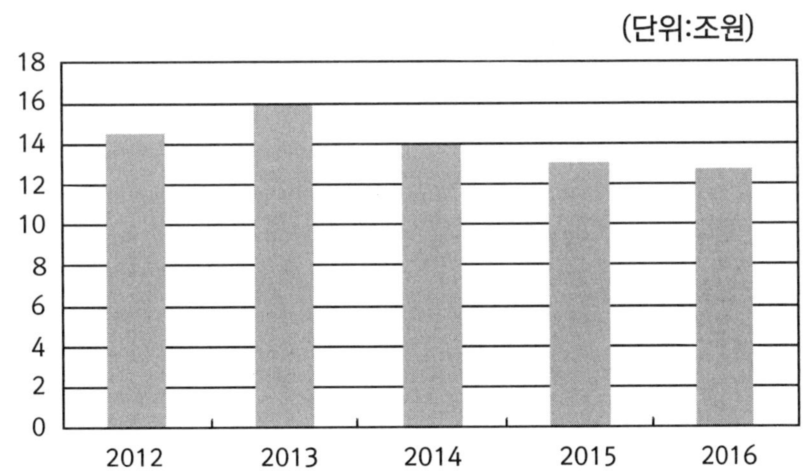

[그림 5-9] 국내 PCB 산업규모

[표 5-6] 국내 PCB 산업규모

구분	전자회로 기판 산업(단위 : 억원)				
	2014	2015		2016	
	금액	금액	성장률(%)	금액	성장률(%)
PCB기판	92,500	91,000	-1.6	89,600	-1.5
원자재	17,000	16,500	-2.9	16,500	0
부자재	2,990	2,840	-5	2,750	-3.2
설비	5,150	2,850	-44.7	2,400	-15.8
약품	4,800	4,700	-2.1	4,800	2.1
전문가공	16,000	12,350	-22.8	11,370	-7.9
합계	138,440	130,240	-5.9	127,420	-2.2

* PCB산업 점유율

Type	점유율(%)
PCB기판	70
원자재	13
전문가공	9
설비	2
약품	4
부자재	2

* 약품 부문 점유율

Type	점유율(%)
금도금	33
동도금	29
표면처리	10
내외층	9
흑화처리	7
Desmear	5
기타	7

* 자료 : 한국전자산업협회, 2017.<재인용>

5.1.4 기타

1) 자동차

자동차 등록대수 대비 평균 폐자동차 발생비율 3.5%를 적용하여 예측한 폐자동차 발생 대수는 2014년 711,347대이며, 2008년부터 2014년까지 7년 평균 709,099대로 매년 70만 대의 폐자동차가 발생되고 있다.

폐자동차에서 부품을 해체한 후 안전유무를 판단하여 재사용 부품은 재활용되고 있으며, 그 외 부적합 부품들은 폐기처리 되고 있다.

국내 폐자동차 자원순환체계는 해체재활용 , 파쇄재활용, 파쇄잔재물재활용, 폐가스류 처리 등 4단계로 구성되어 있으며, 폐자동차의 재활용 흐름도는 [그림 5-10]과 같다.

「전기 · 전자제품 및 자동차의 자원순환에 관한 법률」 제25조(폐자동차의 재활요입율의 준수) 제1항에 따라 폐자동차 재활용의무비율을 준수해야 한다. 2015년부터 폐자동차의 재활용의무비율이 85%에서 95%로 향상됨에 따라 폐자동차 사후관리의 중요성이 커지게 되었다.

폐자동차 자원순환제도는 폐자동차의 재활용 촉진 및 유해물질 적정처리를 위해 폐차 재활용업체가 관련법률에 명시된 재활용 방법 및 기준에 따라 폐자동차를 재활용하도록 관리·감독하는 것이다. 2016년 3월을 기준으로 전국에 자동차 폐차업 521개 업체, 파쇄재활용업 13개 업체, 파쇄잔재물재활용 15개 업체, 폐가스류 처리업 3개 업체 등 총 550개의 폐차재활용업체가 운영 중이다.

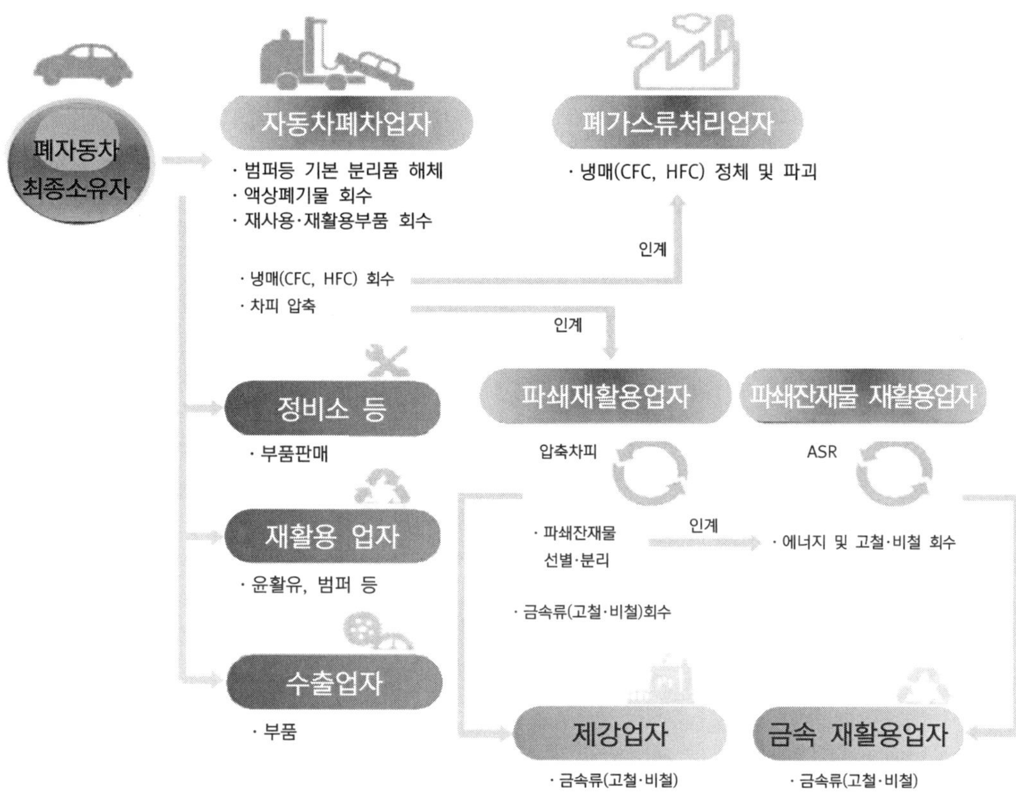

* 자료 : 한국환경정책평가연구원, 2015

[그림 5-10] 폐자동차 재활용 체계도

2) 촉매

귀금속은 생산량이 적고 쉽게 산화되지 않기 때문에 장식품이나 금속으로서 가치가 높아 가격이 비싼 편이다. 따라서 화학공업계에서는 귀금속을 효율적인 이용 활성도를 높이기 위하여 촉매를 개발하였다. 폐촉매는 고온에서 탄화수소, 수소, 일산화탄소 등이 촉매에 흡착되거나 사용연한이 경과됨에 따라 촉매로서 기능을 발휘하지 못할 때 폐기되어 생성된다. 폐촉매의 주요 발생원은 석유정제산업, 석유화학공업, 유지가공, 식품 및 제약회사, 고분자 중합, 자동차 촉매변환기, 무기화학, 환경산업 등 다양한 종류의 산업분야이며, 폐촉매에는 귀금속으로서 유기성의 희유금속 및 여러 종류의 금속들을 포함하고 있어서 재활용 가치가 매우 높다.

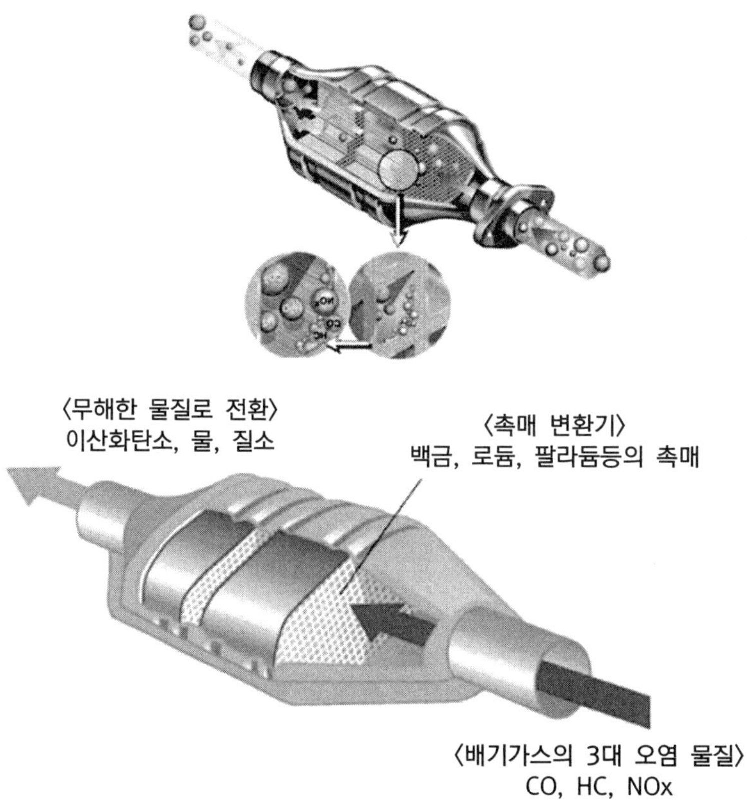

* 자료 : 휠라이프, 2017

[그림 5-11] 자동차의 촉매변환기

한국은 촉매의 99.9%를 해외수입에 의존하고 있다. 촉매는 크게 자동차 배기가스정화촉매와 석유화학공정촉매로 구분한다. 자동차 배기가스정화촉매의 종류는 팔라듐, 백금-로듐, 팔라듐-로듐, 백금-팔라듐-로듐 등으로 백금족 금속을 원료로 하고 있다. 촉매에 함유되어 있는 백금족 금속의 종류 및 함량은 자동차 회사에 따라 다르며, 백금-로듐 촉매의 경우 함유된 귀금속 양이 0.9~1.0 g/L로서 함량비는 10:1 또는 5:1 정도이며 백금-팔라듐-로듐 촉매의 함량비는 2:7:1 로서 2.0 g/L 정도로 함유되어 있다. 자동차 폐촉매는 세계적으로 자동차 촉매로 소비되고 있는 백금과 팔라듐양의 10~20%가 재자원화 되고 있으며, 전체양의 95% 이상이 미국과 일본에서 재자원화 처리되고 있다. 한국에서는 10여개 업체가 백금족 재자원화 사업을 추진 중에 있다.

한국는 자동차 배기가스정화촉매와 같이 석유화학공정 촉매의 공급을 해외 수입에 의존하고 있다. 석유화학공정 촉매로 백금과 팔라듐이 이용되고 있으며, 촉매 수명은 약 3~4년 정도이다. 석유정제공정 폐촉매는 촉매자체성분의 금속 이외에도 원유에 포함되어 있는 바나듐, 니켈, 철 등의 금속을 함유하고 있다. 폐촉매의 재자원화는 첫 번째 가연성 물질인 황과 탄소를 먼저 제거하고, 두 번째로 바나듐을 처리한 후 몰리브덴과 니켈을 회수하는 순서로 진행하는 것이 일반적이다.

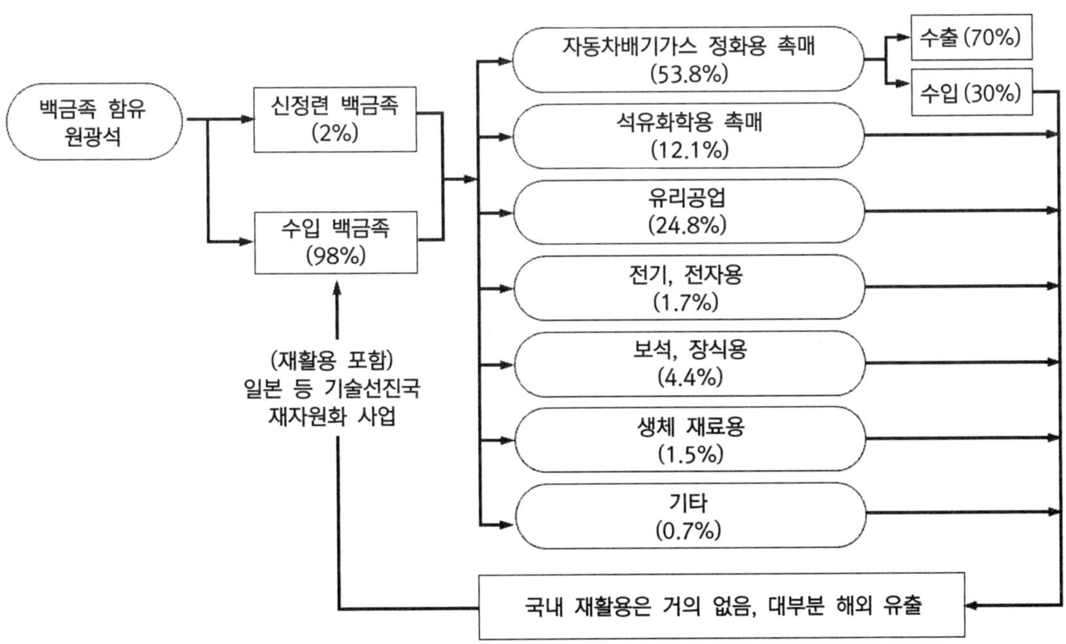

[그림 5-12] 한국 백금족의 물질흐름

5.2 재자원화

5.2.1 도시광산 자원별 재자원화

1) 인쇄회로기판(PCB)

PCB는 전기·전자제품에서 널리 사용되는 부품으로서 인쇄회로기판(Primed Circuit Board)이라 불린다. 각종 전기·전자부품을 전기적으로 연결하고, 전기배선의 효율적인 설계가 가능해 TV, 휴대폰, 인공위성 등 모든 전자기기에 사용되고 있다. 그 종류로는 플렉시블 기판(Flexible base material, 폴리에스테르나 폴리이미드 필름에 동박을 입힌 기판), 세라믹 기판(Ceramic base material, 폴리에스테르나 폴리이미드 필름에 동박을 입힌 기판), 금속기판(Metal cored base material, 알루미늄판에 알루마이트를 처리한 후 동박을 접착하여 만든 기판) 등이 있다. PCB는 기판의 표면에 전자부품의 Lead를 삽입해서 납땜을 할때 생성되며, 동기판위에 금도금을 하는 방식으로 만들어 진다. 금도금은 시안화나트륨(NaCN)을 사용하여 강알카리성 박리용액을 만들어 박리과정을 거치면 아래식과 같은 과정에서 $NaAu(CN)_2$로 쉽게 금을 용액화 할 수 있다.

$$4Au^{+} + 8NaCN + O_2 + 2H_2O \rightarrow 4Na\left[Au(CN)_2\right] + 4NaOH$$

시안화나트륨은 유독성물질로서 흡입하거나 피부에 접촉되면 치명적이라 보호 장비를 착용하고 취급하여야 한다. 금을 추출하고 남은 PCB는 소각·열분해과정을 통해 유기물질을 제거하고 구리를 회수하게 된다.

* 자료 : (주)PMR 내부자료, 2017

[그림 5-13] 전기·전자제품에 사용되는 PCB

박리를 통해 용액화된 $NaAu(CN)_2$에서 금을 회수하는 다양한 방법 중 첫 번째는 전해추출이 있다. 티타늄에 이리듐이 코팅된 극판에 전압을 걸어주면 음극기판에 양이온을 띄는 금 이온이 전착하여 회수되는 원리이다. 이 방법은 조작이 쉬우며, 순수한 금을 추출하기에는 좋은 방법이나 전기를 사용하는 위험성과 전기비용이 증가하는 단점을 가지고 있다. 두 번째는 약품을 이용한 회수방법이다. 박리된 금 용액에 반응성이 좋은 아연(Zn)을 주입하면, 금이 치환되어 환원되는 방법이다. 아연과 함께 회수된 금을 여과하여 염산을 가하면 아연은 용액화되고 금만 고체상으로 남는 원리로 사용되고 있다. 이 방법은 조작은 단순하지만 전기전해보다 회수율이 떨어지는 단점이 있다. 세 번째는 증류를 통한 회수이다. 금은 비중이 높은 원소이며, 기화점이 매우 높다. 증류기를 통해 이물질은 기화시키고 남아있는 금원소를 회수하는 방법이다.

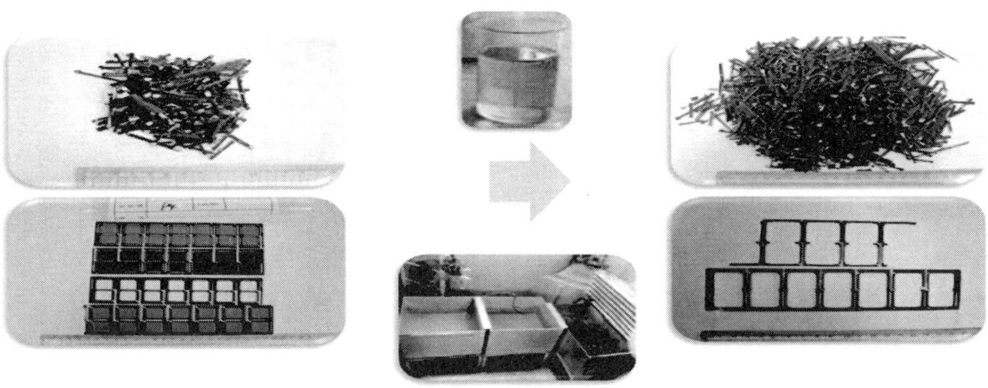

* 자료 : (주)PMR 내부자료, 2017

[그림 5-14] 폐 PCB의 유가금속 회수 과정

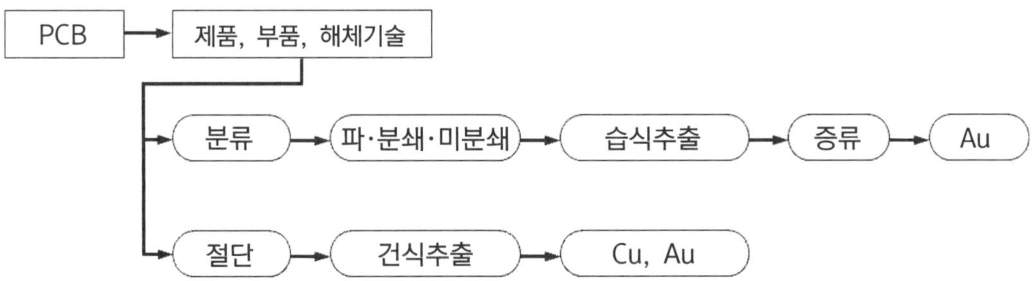

* 자료 : 산업통상자원부, 2015

[그림 5-15] 폐 PCB의 유가금속 회수 공정도

2) 휴대폰

휴대폰은 금, 은 등의 귀금속을 포함하여 팔라듐, 마그네슘, 니켈, 인듐 등의 희유금속이 다량 함유되어 있는 고품질의 도시광산이다. 휴대폰 1톤당 약 금 400 g, 은 2,000 g, 팔라듐 300 g, 코발트 74,100 g, 로듐 20 g이 함유되어 있다. 이것을 현금으로 환산하면, 금이 1,173억원, 은이 71억원, 팔라듐이 218억원, 코발트 273억원, 로듐이 142억원이 된다. 휴대폰 1대가 약 100 g으로 휴대폰 1톤은 약 1만대의 휴대폰에 상당하다. 이렇듯 휴대폰 속에는 다양한 희유금속이 함유되어 있으나, 사용 후 휴대폰 함유 유가금속의 회수 체계가 확립되어 있지 않아 금속자원의 재자원화가 원활하지 않은 실정이다. 최근 일본에서는 자원유효이용촉진법 개정을 통해 사용 후 휴대폰 회수 의무화를 검토 중이다. 또한 사용 후 휴대폰의 자주적 수거를 촉구하기 위한 인센티브 제도 등의 도입 방안에 대해서도 논의 중에 있다.

* 자료 : (주)PMR 내부자료, 2017

[그림 5-16] 스마트폰의 내부 구성

[표 5-7] 휴대폰 1톤의 자원함량과 가치

유 가 물	금(Au)	은(Ag)	팔라듐(Pd)	코발트(Co)	로듐(Rh)
함량(kg/톤)	0.40	2	0.300	74.1(전지)	0.02
총 중량(kg)	2,920	146,00	2,190	540,930	146
kg당가치(원)	40,187,000	487,000	9,973,000	50,547	97,000,000
총가치(억원)	1,173	71	218	273	142

* 자료 : 한국생산기술연구원, 2010

휴대폰의 재자원화는 우선 수거된 폐휴대폰을 파쇄·분리 후 중간처리, 정련 순으로 진행된다. 분리된 금, 은 등 금속은 제련소로 보내어져서 금속원료로 재자원화 된다. 이와 같이 휴대폰 재자원화가 원활히 이루어지기 위해서는 효율성 및 경제성을 재고한 휴대폰 수거 및 회수 시스템이 구축되어야 한다. 휴대폰 내부에 유가금속이 다량 함유되어 있으나, 실상 재자원화기업이 폐휴대폰 1대당 1,000원에 구입하여 판매할 수 있는 금속은 300원의 가치에 불과하다고 한다. 따라서 많은 재자원화 기업들은 환경단체 등의 지원을 통해서 사업을 영위하고 있는 실정이다. 사용 후 휴대폰은 일반적으로 소비자, 이동통신사 대리점, 이동통신사 물류센터, 휴대폰 제조업체 재자원화 센터 순으로 수거된다. 수거된 휴대폰은 물질재활용 45%, 중고 휴대폰 수출 38.9%, 임대폰 등의 재사용 16.9% 등으로 최종 경로를 거친다.

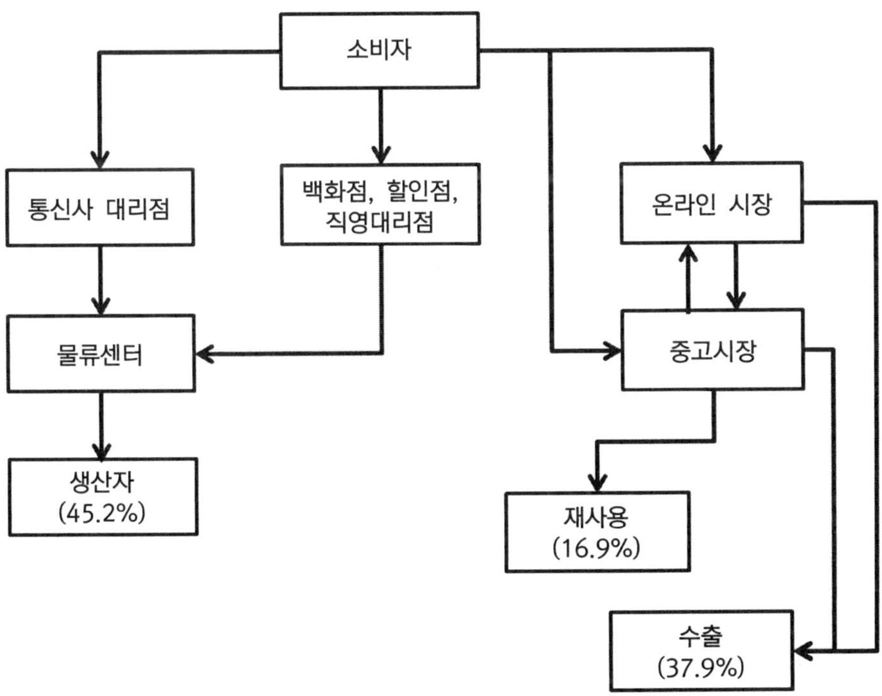

자료 : 한국생산기술연구원, 2015

[그림 5-17] 한국 휴대폰 재자원화 경로

3) LCD(Liquid Crystal Display)

전기 · 전자제품은 여러 부품이 조립 및 결합되어 있어 특정 유가금속을 단순하게 회수하기 어렵다. 총 16번의 회수공정이 사용되며, 최초의 폐 LCD 제품이 입고되면 제품·부품해체 기술을 통해 내부에 들어 있는 PCB를 분리하게 된다. 분리된 PCB를 3 과정으로 나눠 유가금속을 회수하게 되는데, 파쇄가 가능한 PCB기판, 소각·열분해과정을 거쳐 유기물을 제거해야하는 IC, 산에 용해되는 방열판 등으로 나누게 된다.

PCB기판에는 Cu코일, Au, Cu 도금의 기판, 소켓(Au, Pd, Ni), MLCC(Pd, Ni) 등으로 주로 구성되어 있다. PCB기판을 물리적으로 파괴하여 반응성이 좋게 일정한 크기로 만드는데 그때 사용되는 것이 파쇄 · 분쇄 · 미분쇄 공정이다. 소립자 크기로 인해 표면적이 넓어진 제품은 왕수와 같은 산을 통해 용해시키고 전기전해를 거쳐 귀금속을 전침(electro deposition)시킨다. 순도를 높이기 위해 전침된 귀금속을 다시 약품으로 용해시키고 이를 재차 전기전해를 통해 흡착시켜 백금족, Au, Ag 로 회수하게 된다.

IC류는 귀금속이 wafer(Si계열) 및 탄소계열인 물질에 내포되어 있어 약품이 내부에 침투되기가 어려워 유기물을 1차적으로 제거하기 위해 소각 · 열분해 공정을 거친다. 이 공정을 거치게 되면 물리적으로 약화 되어 파·분쇄·미분쇄 공정이 쉬워 미립자화가 가능하게 된다. 미립자 성분을 습식추출, 용매추출, 전해정련을 통해 유가금속을 회수할 수 있게 된다.

방열판은 대류나 복사를 이용해 열을 외부로 방출시키는 용도로 알루미늄(Al)을 주로 사용한다. 알루미늄은 염산에 용해반응이 좋아 용액화 시키고 잘 용해되지 않는 잔량의 방열판은 고온용해를 거쳐 최종적으로 고순도의 알루미늄을 회수하게 된다. 이처럼 완성된 제품의 유가금속 회수공정은 여러 공정을 거치게 되지만 각각의 부품의 원리 및 특성을 파악한다면 쉽게 회수할 수 있다.

[그림 5-18] LCD 내부의 PCB의 구성도

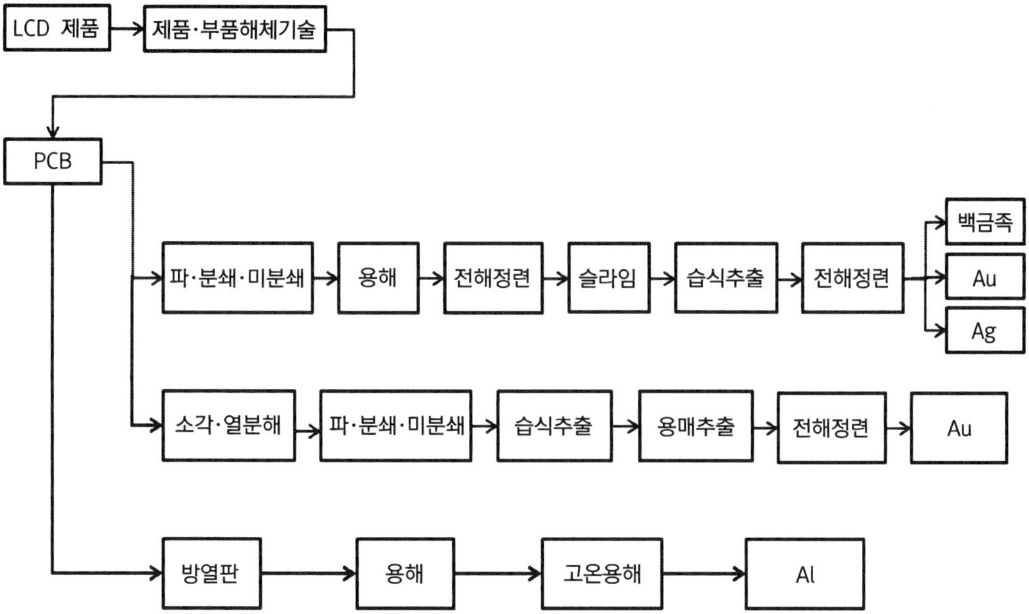

[그림 5-19] 사용후 LCD 제품의 유가금속 회수 공정도

4) 컴퓨터

폐컴퓨터의 인쇄회로기판(PCBs)과 각종 전자스크랩(E-Scrap)으로부터 금, 은, 팔라듐 등의 귀금속과 기타의 유가금속을 회수하려면 추출하기 좋은 형태로 농축시켜 습식정련(얻고자 하는 금속을 선택적으로 침출하여 회수하는 금속 정련의 방법)을 통해 회수할 수 있다.

폐컴퓨터의 인쇄회로기판 및 IC등의 부품 등을 물리적 처리과정을 통해 분해 및 분리시키고, 귀금속을 일정한 성상의 분쇄물에 농축시킨 후 귀금속 회수에 최적화로 가공한다. 습식 정련이 건식정련보다 유리한 점은 대규모의 설비가 없이 회수가 가능하나 회수율은 떨어지는 단점이 있다.

건식공정을 통해 회수하는 방법은 폐 컴퓨터를 분해한 후 귀금속이 함유된 IC, 기판등을 파쇄하여 표면적을 넓혀 반응성을 높인다. 분쇄된 원료를 탄산소다, 붕사와 같은 융제와 함께 고온의 용광로에서 녹여 각각의 원소별 융해점을 통해 해당원소를 회수하는 방법이다. 이 방법은 회수율은 높지만 대규모의 설비와 에너지 소모가 큰 단점이 있다.

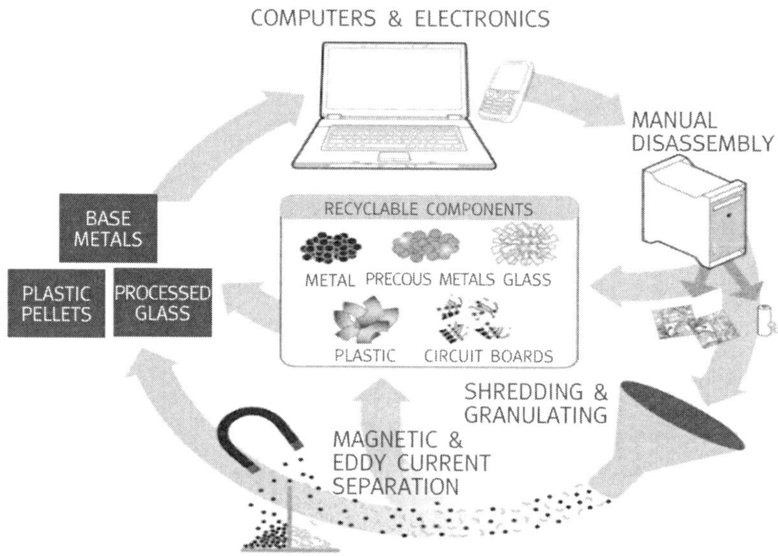

* 자료 : Greenstar, 2015

[그림 5-20] 컴퓨터 분리 공정도

5) 전지

전지는 물질의 화학반응을 전기에너지로 바꾸는 장치이며, 이 반응이 비가역적(非可逆的)인 것을 1차전지, 가역적인 것을 2차전지 또는 축전지라고 한다. 1차전지에는 많은 종류가 있으며, 대표적인 것은 망간건전지이다. 이것은 음극에 아연, 양극에 탄소, 전해액으로 염화암모늄의 수용액을 사용했으며, 양극의 둘레에는 이산화망간 입자들이 들어 있다. 건전지로 시판되고 있는 것은 전해액이 누출되지 않도록 밀봉되어 있다. 1차전지 1개의 기전력은 보통 1.5 V 정도이다.

2차전지로 가장 많이 사용되는 것은 납축전지이다. 이것은 양극에 과산화납, 음극에 해면상(海綿狀)으로 만든 납, 전해액에는 비중 1.2~1.3의 황산을 주입 한 것이며, 기전력은 약 2.1 V, 방전시의 최초전압은 약 2.0 V, 방전 최종 시에는 약 1.8 V가 된다. 방전이 지속되면 양극이나 음극이 모두 황산납으로 이행(移行)하고, 충전하면 원래의 상태로 되돌아간다. 충전·방전의 횟수는 수백 회에서 1,000회 이상도 가능하다.

최근에는 알칼리축전지가 널리 보급되고 있다. 이것은 양극에 수산화니켈, 음극에 카드뮴, 전해액에 알칼리용액을 사용한 2차전지로서, 기전력은 약 1.35 V이다. 충전·방전의 반복사용이 가능하나 납축전지와 비교하면 진동에 강하고 자체방전(自體放電)이 적으며, 수명이 길어서 20년 이상이나 사용가능하다고 하나 값이 비싼 단점이 있다.

망간 및 알칼리 망간전지의 재활용 기술은 유해 중금속인 수은의 분리, 회수가 주목적이며 일본의 Clean Japan Center에 의해 일본 북해도의 이토무가 광업소에 년간 6천톤 처리 규모의 재처리 시설이 건설되었다. 수거된 폐전지는 600℃~800℃에서 회전식 배소로(광석을 쉽게 환원처리(還元處理)하기 위해 금속을 그 융해점 이하의 고온으로 가열하여 물리·화학적 성질을 변화시켜 금속광석을 배소하기 위한 장치)에서 수은을 기화시키면서 응축기에서 응축시켜 회수한 후 재증류를 통하여 고순도 수은을 얻는다. 또한 수은이 제거된 배소재는 재분쇄한 후 자력선별기에서 철, 망간성분과 비자성체인 아연 드로스로 분리 된다. 일본의 스미토모 중기계공업에서는 폐전지에 포함되어 있는 아연, 망간, 철 및 수은을 동시에 처리할 수 있는 공정을 개발하였다. 폐전지를 파쇄하지 않고 곧바로 수직형 샤프트위에 투입하며 700℃에서 수은을 먼저 기화, 응축시켜 분리한 후 1500℃의 용융로에서 아연을 기화, 응축시켜 아연금속으로 회수하고 망간은 페로망간으로 회수하는 공정으로 구성되어 있다. 국내에서는 현재 상용화된 폐망간전지, 폐알칼리망간전지 재활용 기술은 전무한 상태이며 연구소 및 학계에서 상용화를 위한 연구가 진행되고 있다.

수은전지는 원통형과 단추형 등이 있으며 수은의 함량이 약 30%정도이며 재처리를 위한 소규모의 특수한 장치가 개발되고 있으며 스웨덴의 MRT system과 미국의 Bethlehem Mercury system이 있다. 회수된 수은전지를 진공로에 투입한 후 진공도, 온도, 반응시간 등을 조절하여 수은을 전부 기화시킨 후 응축기에서 회수하며 유기물질은 afterburner에서 연소시킨다.

[표 5-8] 1차전지의 종류

전지종류	구성			전압	용도
	양극	전해질	음극		
망간건전지	MnO_2	NH_4Cl, $ZnCl_2$	Zn	1.5 V	라디오, 카세트, 전동완구, 회중전등, 전기면도기
알칼리 망간건전지	MnO_2	KOH, ZnO	Zn	1.5 V	녹음기, 카세트, 계산기, 휴대형 전자기기
수은전지	HgO	KOH, NaOH, ZnO	Zn	1.35	시계, 카메라, 계산기, 보청기, 라디오
은전지	Ag_2O		Zn	1.4 V	
리튬전지	(CFX)n MnO_2	$LiClO_4$	Li	2.7 V	시계, 계산기, 측정기기전원, 컴퓨터
공기아연전지	O_2	KOH	Zn	1.3 V	보청기, 손목시계, 계산기

[표 5-9] 2차전지의 종류

전지종류	구성			전압	용도
	양극	전해질	음극		
납축전지	PbO_2	H_2SO_4	Pb	2.0 V	자동차 기초전원,잠수함 전원, 전화기용전원
니켈-카드뮴전지	NiOOH	KOH	Cd	1.2 V	전동공구, 휴대형 전자기기, 비상전원
니켈-수소전지	NiOOH	KOH	MH (수소흡장 합금)	1.2 V	고가의 휴대용 전자제품, 휴대용 컴퓨터, 휴대형 전화기 전원용
리튬이온전지	$LiCoO_2$	Li-Salt, 유기용액	C	3.6 V	고가의 휴대용 전자제품, 휴대용 컴퓨터, 휴대형 전화기 전원용

산화은 전지의 재활용은 건식법과 습식법으로 나누어진다. 건식법에서는 산화은 전지를 동제련의 전로 또는 연속로 중에 동 스크랩(쇠부스러기나 파쇠, 고철을 나타내는 말)과 같이 투입하여 용해시킨 후 조동으로 만들고 이를 동 양극판으로 주조한 뒤 전해법으로 동을 정련(광석에서 금속을 뽑아내는 과정.)하는 과정에서 양극 슬라임이 발생하므로 이 양극 슬라임으로부터 은을 회수한다. 습식법은 산화은 전지를 질산 등으로 용해한 후 염소 화합물을 가하여 은을 염화은으로 침전, 분리하는 방법이다. 염화은은 환원제를 첨가하여 순도 99 %의 환원 은으로 치환하여 건식로에서 용융시켜 은 양극을 주조한 후 전해법에 의해 순도 99.99%의 은을 회수한다. 폐산화은전지로부터 수은을 제거하고 은을 자원화하는 공정은 대부분의 국가에서 상용화되어 있으며 한국에서도 한국자원연구소가 공정을 개발하여 현재 상용화 공정을 설치 중에 있다.

니켈-카드뮴전지는 한국의 한일금속재생(주)에서 일본의 대표적인 이차전지 재생업체인 NRC(Nippon Recycling Center)와 합작법인으로 연간 2,500톤 규모의 폐니켈-카드뮴 재활용 공장을 설치하여 처리중에 있다. 폐전지를 파, 분쇄하여 약 900℃에서 증류하여 카드뮴만을 증발, 응축시켜 카드뮴 괴(塊)로 회수하고 증류잔사인 니켈-철 성분은 페로니켈의 원료로 외국에 수출하고 있으나 국내에서 수거되는 니켈-카드뮴 전지의 양이 절대적으로 부족하여 대부분의 폐전지를 수입, 처리하고 있다.

폐납축전지의 처리기술은 반사로법, 로터리킬른법, 큐폴라법 등이 있다. 국내에서는 주로 큐폴라법을 적용하고 있으며 우선 폐납축전지를 해체하여 황산과 플라스틱을 제거한 후 열원 및 환원제로 코크스와 철편을 사용하고 용융재를 통해 제련, 회수한다.

[표 5-10] 상용화되었거나 개발중인 폐전지 자원화기술의 장단점

구 분	기 술	공 정	장 점	단 점
고온 분리 기술	수은 폐전지 처리기술(이토무카 공정, 스웨덴 MRT 공정, 스위스 RECYMET법)	감압배소로에서 600~800℃로 가열하여 전지 내 수은을 증발, 응축시켜 회수, 기타 성분은 자력선별 등의 물리적 방법으로 분리 후 재활용.	파쇄와 같은 전처리가 필요 없음. 수은의 낮은 비점을 이용하여 분리가 간단함.	배가스내 수은을 회수하는 처리시설 필요, 대기오염을 유발.
	폐망간전지 처리기술 (스미토모공정)	1,000℃로 환원배소 후 휘발아연을 응축 회수하고 잔사를 페로망간으로 회수.	처리공정이 단순하고 대량처리가 가능.	아연순도가 낮고 저급 페로망간이 회수됨.
	폐니켈-카드뮴 전지 처리기술 (한일금속공정)	감압배소로에서 1,200℃로 처리하여 카드뮴을 회수한 뒤 잔사는 페로니켈로 활용.	비점 차이로 카드뮴만을 분리.	전력소모 큼. 잔사의 고부가가치화를 위해 추가처리가 요구됨.
습식 분리 기술	폐산화은전지 처리기술	질산으로 침출한 뒤 침전법, 흡착법으로 은과 수은을 회수.	처리공정이 단순, 수은을 습식으로 회수.	침출 시 배가스 문제. 조업속도가 느림.
	폐망간전지 처리기술	황산침출로 철, 아연 및 망간을 단계별 침출한 뒤 침전시켜 연질페라이트 제조 .	고부가가치 산물의 제조.	난용성 망간산화물의 침출곤란, 페라이트산업에의 시장개척.
	폐리튬전지 처리기술	염산침출로 리튬과 코발트 침출후 용매추출로 코발트 분리, 리튬염 회수.	대기오염 문제가 없음.	파쇄시 리튬 폭발위험.

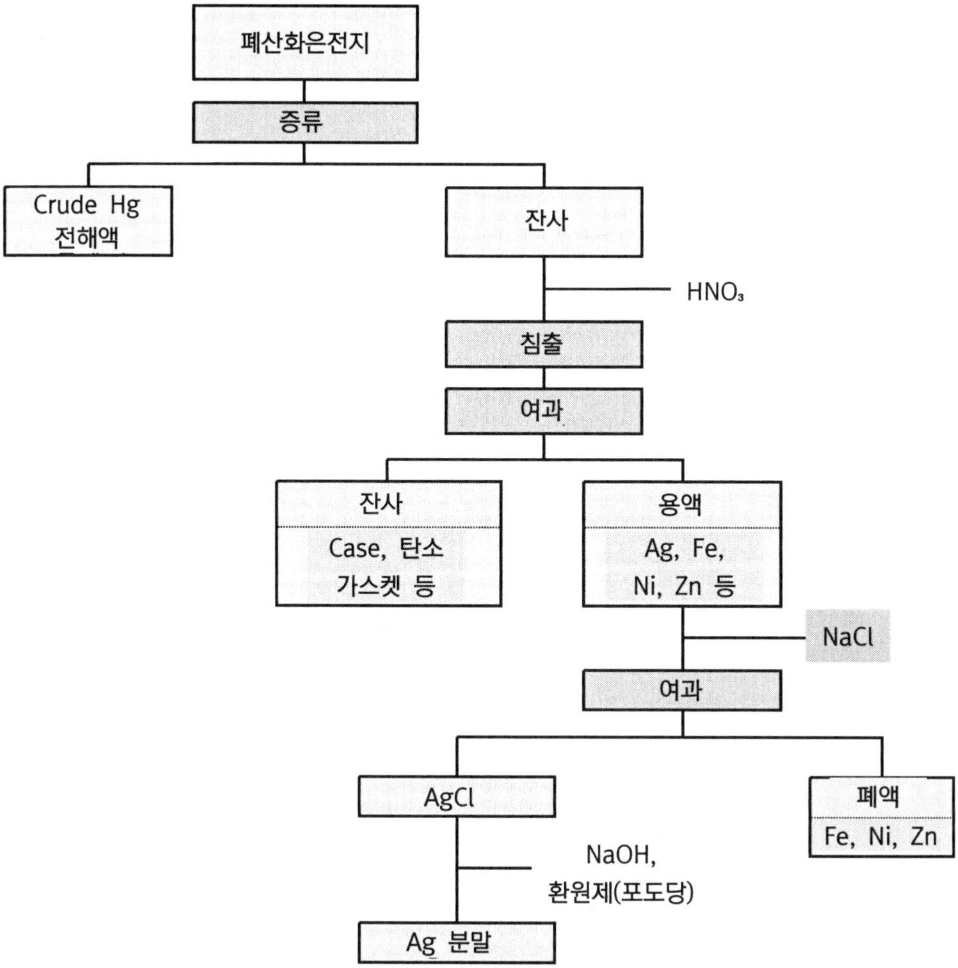

[그림 5-21] 습식침출법을 이용한 폐산화은 전지 처리 공정도

6) 슬러지(Sludge)

슬러지는 정수시설 및 산업체의 공정상 폐수를 처리한 후 발생하는 침전된 찌꺼기를 말한다. 대부분 60~90% 이상의 많은 수분을 함유하고 있는 수처리의 잔사물이다. 산업체 슬러지 중 일부는 재사용에 유용한 영양물질과 무·유기 물질을 포함 하고 있어 자원으로서 가치가 있다.

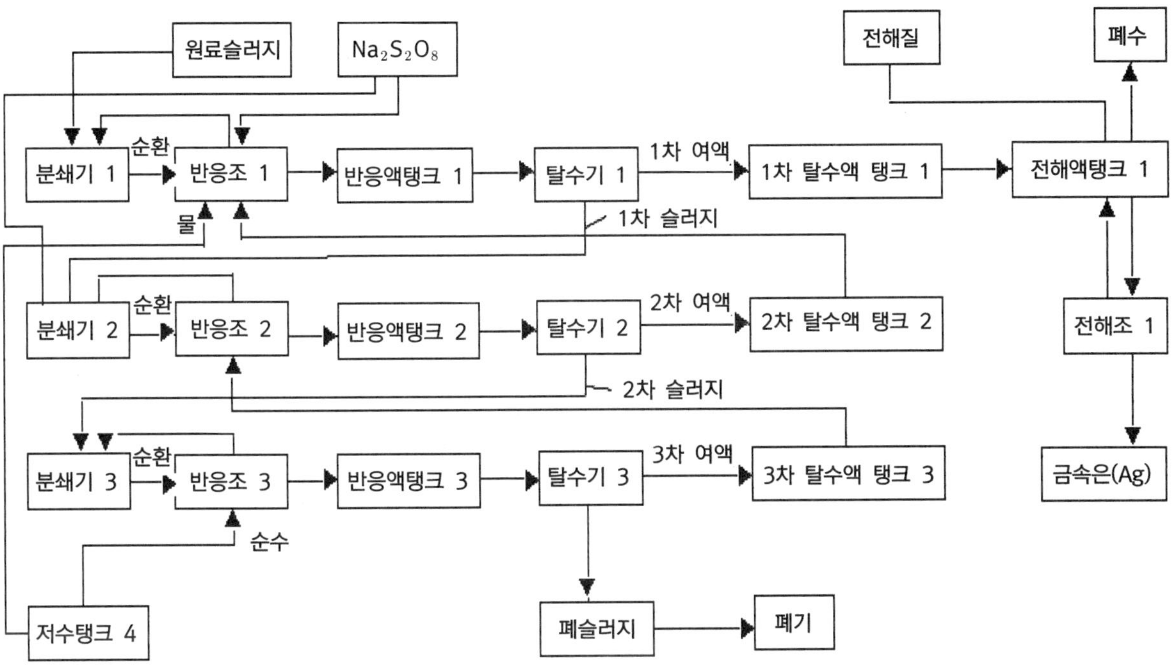

[그림 5-22] 슬러지의 은 회수공정

현재 슬러지의 귀금속 회수과정은 용광로(blast furnace)에 Sodium carbonate(Na_2CO_3), borax(B), SiO_2등의 용융에 필요한 융제와 슬러지를 혼합하여 고온의 열처리를 통해 원소별로 해당하는 용융점에 도달하면 각각의 원소를 분리하여 회수하고 있다. 이 방법은 많은 시약과, 에너지, 비용이 소모됨으로서 슬러지의 귀금속분석(정성·정량분석)을 통해 함량에 따른 회수(Au : 40 ppm, Ag : 500 ppm, Pd : 60 ppm, Pt : 60 ppm 이상) 및 폐기를 결정하고 있다.

반도체 생산업체 또는 리드프레임(lead frame) 도금업체들이 귀금속이 함유된 폐수를 처리하는 과정에서 발생된 슬러지는 탈수한 고형물로서 귀금속이 포함되어 있다. 슬러지는 cluster, aggregate, floc과 같이 3가지 형태로 구성된다. 현재 국내에서만 리드프레임 및 도금업체들로부터 월 300톤에 가까운 무기슬러지가 발생한다. 은 회수 공정도를 보면 AgCl 상태로 함유되어 있는 슬러지에서 Ag를 용해시켜 여액을 얻고 전기분해 하여 순도 96~98%의 은을 회수한다. 남은 슬러지는 건조, 분쇄과정을 거쳐 질산처리 후 $AgNO_3$로 만든다. $AgNO_3$을 여과 후 여액에 잔류한 은을 전기 분해 혹은 HCl과 히드라진과 같은 시약을 통해 회수한다. 그 외에 잔류 슬러지는 다른 구리와 같은 화합물과 배합시켜 제련소의 고온의 용광로에서 은을 회수하고 있다. 슬러지에서 은을 회수 할 때 분쇄를 통한 입도의 미세화와 은과 반응하는 황산염의 조절, 전체공정의 배열설계, 전해질의 선택 등이 중요한 요소이고 은의 회수율을 최대한 높여 다른 금속 불순물이 함유되지 않는 고순도 Ag를 회수하고 있다. 한편 자동차촉매, 그 외 전자제품 생산업체의 슬러지에는 Au, Pd, Pt, Rh, Ag 등의 고가의 귀금속이 함유되어 있고, 자동차 생산 업체는 알루미늄(aluminium)이 주로 포함되어 있다. 산업체의 업종에 따라 무·유기물질의 종류와 비율이 달라 정확한 정성·정량분석법이 필요하다.

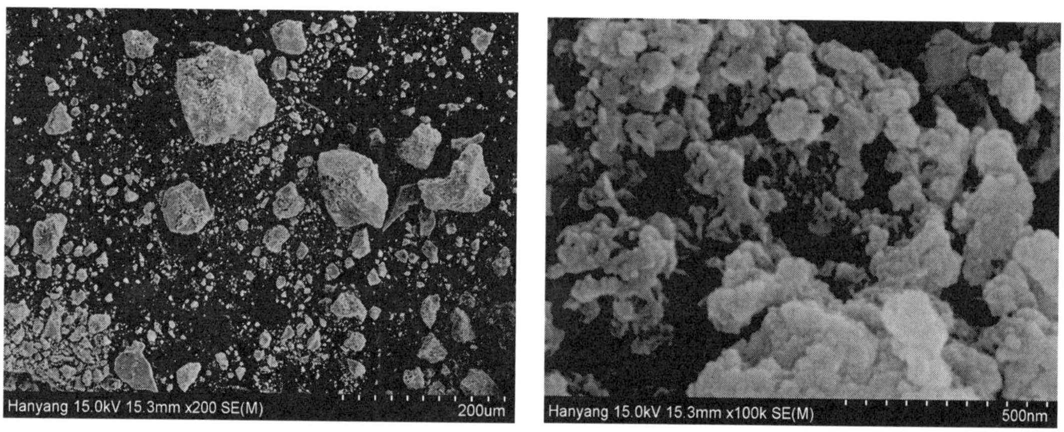

* 자료 : (주)PMR 내부자료, 2017

[그림 5-23] 반도체공정 슬러지의 SEM image

태양광산업의 연마제 회수공정에서 발생된 슬러지는 희토류 및 귀금속이 포함되어 있다. 대표적으로 CMP연마재인 CeO_2의 분리 및 분리된 희토류 화합물을 회수할 수 있으며, 슬러지로부터 회수할 수 있는 실리콘을 청색 LED 패키지용 형광체 소재로 이용할 수 있다. 또한 태양전지용 저비용 고효율 연속 ingot 제조에 활용하여 자원 재활용 및 수입원료 대체를 할 수 있어 원가절감이 가능하다. 회수방법으로는 실리콘 슬러지를 교반시의 회전수를 가열온도에 따라서 제어하여 실리콘 슬러지에 함유되어 있는 금속 실리콘 입자를 산화시켜 산화실리콘 입자를 생성하는 방법이 있고, 희토류 원소를 함유하는 슬러지를 전기로를 통해 용융하여 희토류 원소를 주성분으로 하는 화합물과 희토류 원소 이외의 원소로 이루어진 Alloy를 분리, 회수하는 방법이 있다.

자동차 차체의 도장 전처리 공정에선 알미늄 슬러지가 발생한다. 알루미늄 재료를 사용한 차체에 도막의 밀착성, 내식성을 높이는 인산아연을 처리할 때 처리액에 용출된 알루미늄이온을 나트륨, 불소를 포함한 크리오라이트라는 처리액으로 분리 회수한다. 알미늄 합금을 위한 용융처리용 원료로 재이용 되고, 설비비용은 처리공정에 슬러지 제거용 필터를 설치하면 비용이 저렴하다. 콘크리트 공장에서 배출되는 콘크리트 슬러지를 고부가가치의 분체 재료로 자원화하는 방법이 있다. 회수 수질의 불순물(작은 모래분)을 제거하는 장치와 분쇄기를 이용해 3~10 μm 크기의 미립자를 만들어 활용하는 것이다. 이 미립자는 **고 유동** 콘크리트용 분체 재료 및 에어 몰타르, 셀프 레벨링재, 중화재 등으로 사용된다.

7) 도금폐수(metal plating wastewater)

금속과 시안이 혼합물질로 형성되어 있는 산업폐수에서 금속과 시안을 재생분리 하기 위해서는 이온교환수지를 사용하여 효율적으로 분리시킬 수 있다. 도금라인의 회수조와 각각의 Rinse단계에서 발생되는 도금폐액에서 Target원소의 특징에 맞는 이온교환수지를 사용하여 흡착시켜 회수한다. 무기원소가 흡착된 이온교환수지를 용리제로 이용하여 전기전해과정으로 회수할 수 있다. 다른 방법은 소성을 통한 회수 방법인데 이온교환수지를 소각함으로서 유기물을 제거하면 무기원소를 회수할 수 있다. 이 방법은 조작이 단순한 반면, 유기물을 소각함으로써 VOCs등의 환경오염물질이 배출되는 단점이 있다.

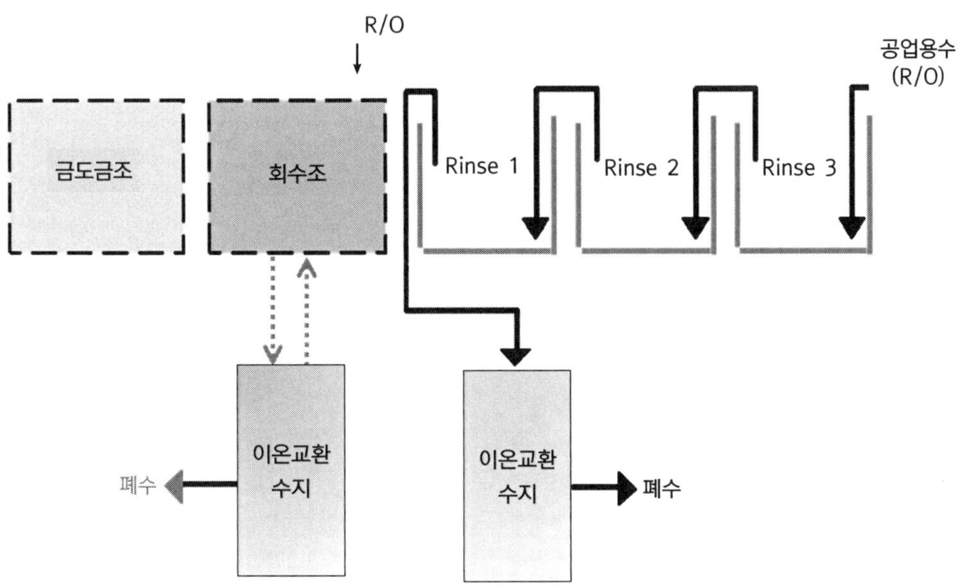

[그림 5-24] 도금 공정 중 이온교환수지를 이용한 유가금속회수 공정도

[표 5-11] 이온교환수지의 소각 시 발생되는 배출가스의 성분(%)

구 분	C	H	N	S	Na	Cl	O
SCR-B(Cation)	45.94	4.51	-	13.13	32.49	-	3.93
SAR10MB(Anion)	62.93	7.78	4.66	0.57	-	24.04	0.02

* 자료 : (주)이온텍, 2013

8) 자동차

자동차에 사용되는 구성부품은 수 만개에 이른다고 한다. 자동차 부품은 엔진계통, 차체계통, 구동계통, 전기장치계통, 장비계통 등으로 구분할 수 있다. 위의 그림처럼 각각의 부품에서는 각종 희유금속이 사용되고 있다. 대표적으로 배기가스정화장치에는 백금족(platinum group metals)이 사용되고, 시동모터에는 희토류(rare earth), 차체계통에는 텅스텐(W), 코발트(Co) 등이 사용되고 있으며, 전지에는 니켈(Ni), 코발트(Co), 망간(Mn) 등이 사용되고 있다. 자동차 바퀴 부분은 특수강 원료로 회수되고 생산량의 70%가 자동차 소형 모터에 이용되는 바륨계 페라이트 자석은 모터류로 회수된다.

자동차의 배기가스 규제는 매년 더욱 엄격해져 고효율성 촉매 개발이 진행되고 있다. 촉매에는 플라티늄(Pt), 팔라듐(Pd), 로듐(Rh)이 합쳐서 약 1.52 g 함유되어 있으며 재자원화 과정에서의 에너지 사용량과 온실가스배출을 저감하기 위한 비용저감형 기술을 개발하여 실용화 하는 것이 촉매 함유 백금족 회수 과제로 남아 있다.

9) 촉매

자동차촉매는 담체인 Cordierite($2MgO \cdot Al_2O_3$)에 허니콤 구조로 Pd, Pt-Rh, Pd-Rh, Pt-Pd-Rh 등이 함유되어 있다. 국내 자동차 총 등록대수는 약 1,800만대이며 폐차발생량은 연간 80만대가 발생하고 있다. 자동차 촉매 발생량으로 계산하면 연간 650톤이라는 많은 양이 발생되고 있고, 폐자동차 촉매에서 회수 가능한 백금족의 가치는 연간 500억원으로 추산된다. 이처럼 고가의 유가금속이므로 전 세계적으로 폐촉매의 귀금속 회수와 재사용에 대한 많은 연구가 진행되고 있다.

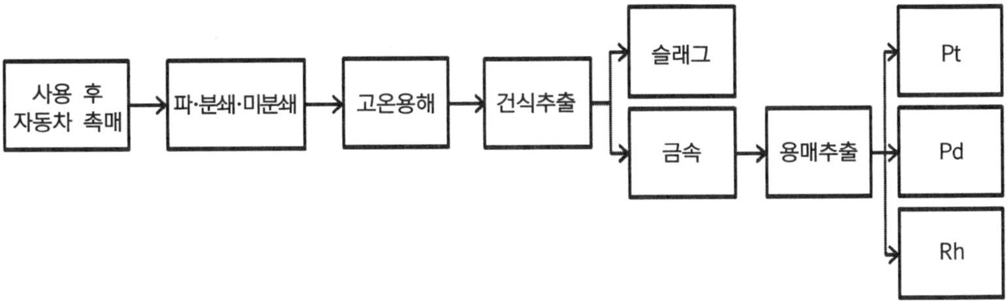

[그림 5-25] 국내 폐촉매 귀금속 회수 공정

* (주)PMR 내부자료, 2015

[그림 5-26] 자동차촉매의 내·외부 모습

폐촉매의 주성분은 산화마그네슘과 산화알루미늄으로 구성된 담체이므로 일반적인 산 처리로 잘 용해되지 않아 귀금속 회수가 어려운 상황이다. 따라서 폐촉매 고온용해과정을 거쳐 회수하고 있으며 우선 폐촉매가 입고되면 유압프레스를 이용해 캔을 해체하여 담체를 분리시킨 후 파·분쇄·미분쇄 과정을 거쳐 분쇄시킨다. 분쇄된 담체에서 귀금속 회수공정으로는 건식법, 화학침전법, Rose process-건식법, 용매추출법 등이 있으며 국내에서는 희성피엠텍(주)에서 [그림 5-25]와 같은 방식의 건식법(Plasma Arc smelter)을 사용하여 귀금속을 회수하고 있다.

Cu 및 Ni 스멜터(smelter)에 의한 백금족 금속의 회수는 플랜트 설비 투자가 필요없으며, 비용이 적게 들고 손쉽게 폐기가 가능한 슬래그(slag)를 배출할 뿐만 아니라 회수율이 가장 높다는 장점이 있다. 한국의 경우 폐촉매의 발생량이 비교적 적기 때문에 건식법보다 습식법이 유리하다. 습식법에는 왕수 또는 HCl/산화제($NaClO_3$, NaOCl, Cl_2 가스)에 의한 백금족 금속이 직접 침출, 고압멸균기(Autoclave)를 이용하는 NaCN 또는 I_2에 의한 직접

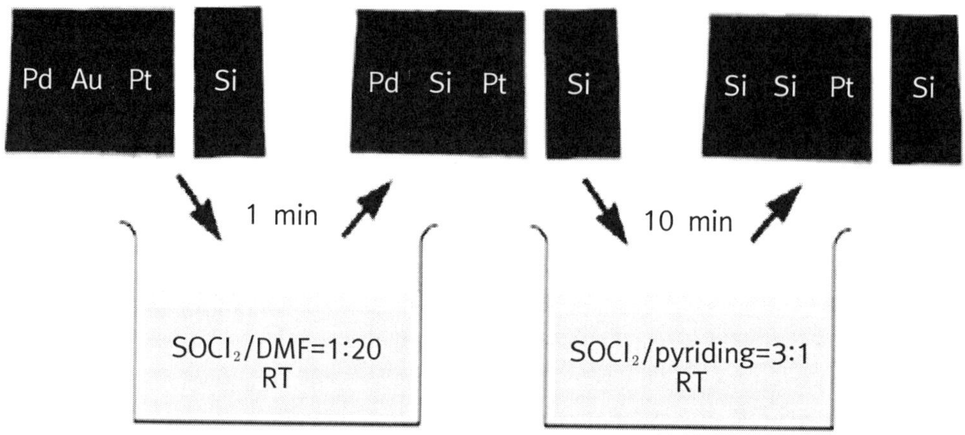

* 자료 : Angewandte chemie, 2010

[그림 5-27] $SOCl_2$/DMF와 $SOCl_2$/py 혼합액을 이용한 Au, Pd, Pt의 분리

침출, 폐촉매의 알루미나 담체를 황산(H_2SO_4)으로 용해하여 불용성 백금족 금속을 추출, 회수하는 방법 등이 있다.

건식법은 분쇄된 촉매를 융제(탄산소다(Na_2CO_3), 붕사($Na_2B_4O_7$), 규사(SiO_2))와 함께 1,400℃의 고온으로 용융시켜 슬래그(Slag)와 금속을 분리시킨다. 분리된 금속은 왕수를 통해 산 처리를 통해 용매 추출하여 귀금속을 각각 분리시킨다. 건식법(Plasma Arc smelter)은 회수율이 높고 대량처리가 유리한 반면 용융에 따른 에너지 비용이 높다.

일본에서 사용하고 있는 Rose공법(Rose Process) 건식법은 기존의 건식법과 다르게 산화동을 사용하여 환원하는 것이다. 기존의 방법의 Borax, 탄산소다 대신 산화동을 사용함으로서 효과적으로 동과함께 귀금속 alloy를 뭉치게 하는 역할을 한다. 1,300~1,400℃의 전기로 용련반응이 완료되면 슬래그는 제거하고 환원된 구리합금을 질산처리를 통해 구리를 용액화하고 남은 백금족 금속을 분리 정제하여 백금(Pt), 팔라듐(Pd), 로듐(Rh)을 각각 환원하게 된다. 장점으로는 백금족을 고효율로 회수 할 수 있고, 구리 원재료 또한 회수 가능하여 대량처리가 가능하다. 반면에 부피가 큰 슬래그가 대량 발생되어 대기오염이 발생하는 단점이 있다.

그 외에 사용되는 방법은 화학침전법(Chemical precipitation method)이 있으며 이 방법은 영국, 독일 등의 유럽에서 널리 사용되는 방법으로 다음의 순서와 같다.

'용해 → 증류 → 환원 → 침전 → 산화 → 침전 → 결정화 → 증류'

해당 원소를 선택적으로 침전하는 방법으로서 금속간의 분리공정이 용이한 장점을 가지고 있다. 반면에 각각의 금속을 효과적으로 분리하는 방법이 어렵고, 금속화합물 침전시 항상 다른 금속이 불순물로 동반하기 때문에 침전공정을 반복적으로 수행해야 하는 단점이 있다.

용매추출법(Solvent extraction method)은 영국에서 주로 사용되는 방법으로서 다음의 순서와 같다.

'침출 → 중화 → 증류 → pH조절 → 추출 → 환원 → 추출 → 산화 → 추출'

용매의 재사용이 가능하여 추출제의 금속 선택 분리성이 좋은 장점이 있다. 반면에 로듐 추출의 어려움과 추출제 가격이 비싸기 때문에 경제성에 문제점을 가지고 있다.

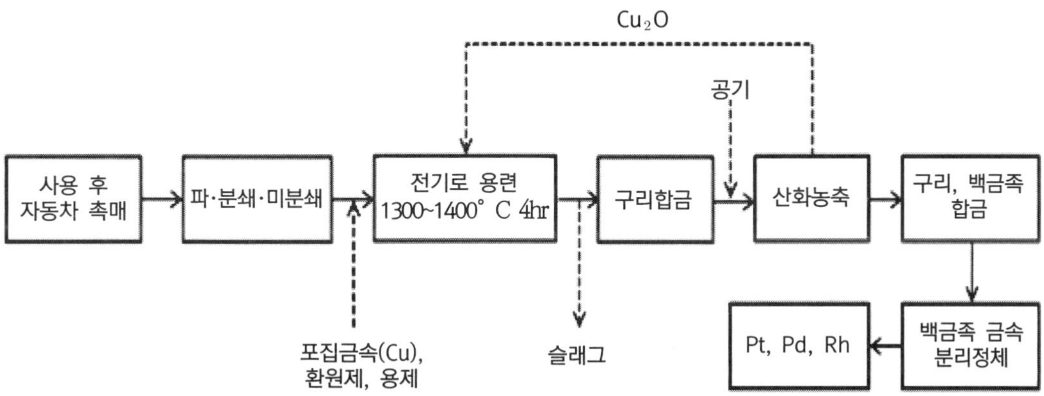

[그림 5-28] Rose공법(Rose Process) 건식법 (Copper electric melting furnace)

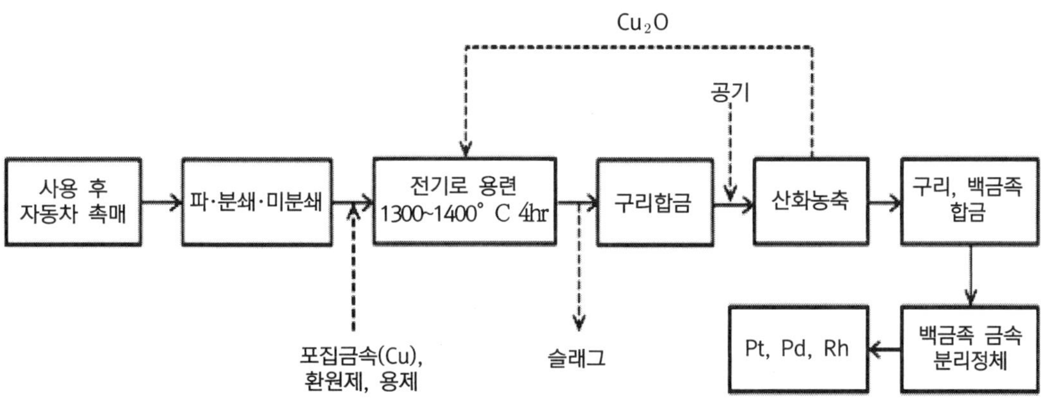

[그림 5-28] Rose공법(Rose Process) 건식법 (Copper electric melting furnace)

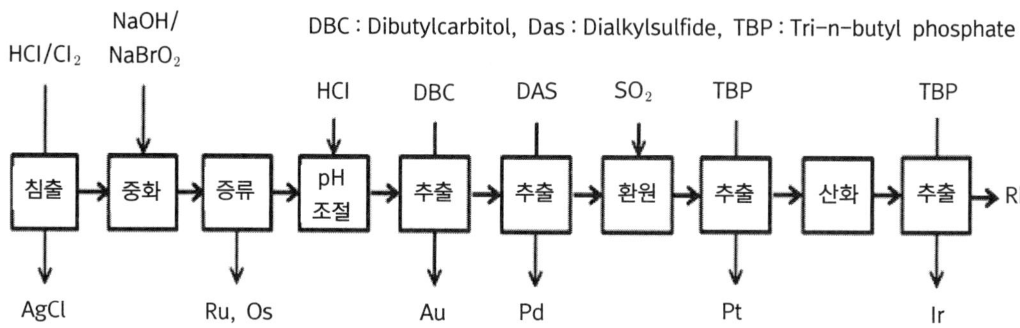

[그림 5-30] 촉매의 용매추출법(Solvent extraction method)

5.2.2 각 원소별 재자원화 방법

1) 철(Fe)

철(Fe)은 친환경적인 소재로서 철스크랩을 통해 90% 이상 재자원화가 가능한 물질이다. 또한 타자원에 비해 여러번 순환하여 재자원화가 가능하다. 현재 선진국의 철스크랩 재자원화율은 약 50%선이고 한국는 2007년 기준 약 47%정도 재자원화 되고 있다. 철스크랩은 광물로부터 직접 만드는 공정에 비해 이산화탄소는 82%, 질소산화물은 88.9%, 황산화물은 94.7%를 줄일 수 있어 철광석, 원료탄(코크스)과 함께 철의 3대 주요 제강원료로 불리고 있다. 플라스틱이나 유리는 사람이 일일이 분류해야 했지만, 철은 자석에 붙는 자력을 이용하여 쉽게 분리작업이 가능한 장점이 있다.

철의 재자원화는 일반적으로 전기로를 사용하여 고온으로 녹여 강을 뽑아내고 있다. 철은 타자원에 비해 용융과정을 통해 손쉽게 불순물을 걸러내는 것이 가능하다. 원리는 철스크랩을 환원시켜 금속 철을 만드는 방법인데 탄소는 산화되고, 산화철은 환원이 됨으로서 산화·환원 반응이 동시에 일어나 철을 형성시키는 방법이다. 금속정광을 고온에서 용융하여 용광로에서 금속정광(또는 광석)을 환원제, 용제(Flux) 등과 함께 용융하면 금속 액상과 무기질 액상이 형성되고, 이 때 금속상보다 가벼운 무기질상은 슬래그로 분리되어 주로 산화물, 규산염, 불화물, 인산염, 붕화물 등으로 구성되어 진다. 일반적으로 제철제강공정에서는 생산되는 철 1톤당 15~300 kg, 비철금속 제련공정에서는 비철금속 1톤당 450~2,000 kg의 슬래그가 발생한다고 알려져 있는데 한국의 슬래그 발생량은 제철제강분야에서 약 2,200백만 톤 그리고 비철제련 분야에서 약 200만 톤으로 추산되고 있다.

[표 5-12] 국내 전기로 조강생산 비중 (단위 ; 천톤)

		2002	2003	2004	2005	2006	2007
A	고 로	24,890 (0.6%)	25,580 (2.8%)	26,651 (4.2%)	26,727 (0.3%)	26,291 (-1.6%)	27,560 (4.8%)
B	전기로	20,498 (7.3%)	20,728 (1.1%)	20,869 (0.7%)	21,092 (1.1%)	22,164 (5.1%)	23,953 (8.1%)
C	계	45,389 (3.5%)	46,309 (2.0%)	47,520 (2.6%)	47,820 (0.6%)	48,455 (1.3%)	51,517 (6.3%)
B/C		45.2%	44.8%	43.9%	44.1%	45.7%	46.5%

* 자료 : 한국철강협회, 2009

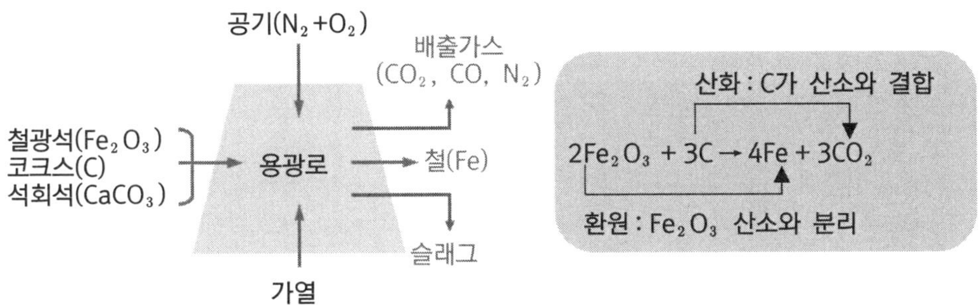

[그림 5-31] 철스크랩의 환원공정 원리

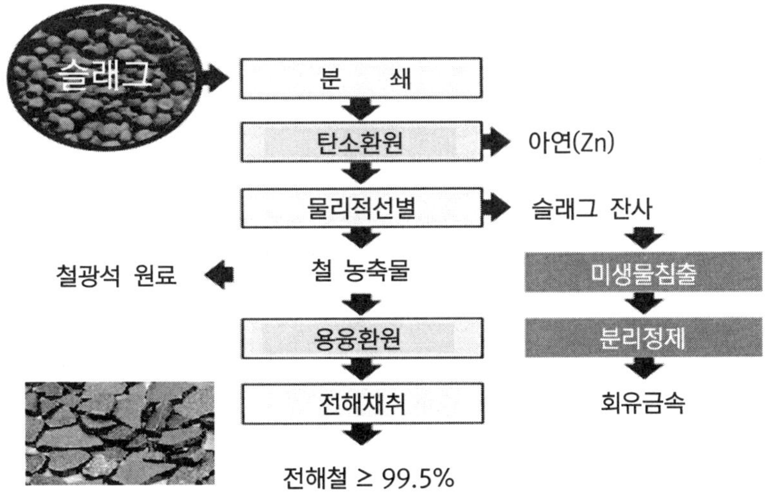

* 자료 : 폐금속.유용자원 재활용기술개발 사업단, 2013

[그림 5-32] 비철제련 슬래그로부터 유용금소의 재자원화를 위한 녹색공정

2) 구리(Cu)

구리(Cu)는 일반적으로 동광석에서 채광, 선광, 제련, 정련의 과정을 거쳐 만들어진다. 광산에서 채광된 저품위의 동광석이 제련공정을 거쳐 고품위(약 99%)이상의 동이 된다. 도시광산에서 발생되는 구리의 경우에도 마찬가지로 회수된 폐제품에서 구리 부품을 분리한 후 용광로를 이용하여 제련하여 제련동(blister copper)을 만들고, 제련동을 다시 정련공정을 통해 99.9%이상의 정련동(refined copper)으로 만들어 지게 된다. 천연자원을 통한 구리의 정련보다 도시광산을 활용하는 것이 유해물질 배출량이 적고 회수공정이 용이해 경제성에서도 구리자원 재활용이 효과적이다.

[그림 5-33] 도시광산자원의 구리 스크랩

[표 5-13] 구리(Cu)의 정련공정

단계	공정	생산물	동품위
1단계	채광(Mining)	광석	0.2~2%
2단계	부유선광(Froth Flotation)	정광	25~45%
3단계	제련작업	매트	45~75%
4단계	전로작업	조동	99%
5단계	건식정련 및 주조	아노드 동	99.9%
6단계	전해정련	전기동	99.99%

* 자료 : (주)LS NIKKO, 2015

통계에 따르면 1톤의 구리를 생산할 때 사용되는 전력은 약 13,000 kWh의 전력이 소비되고, 도시광산을 통해 구리를 생산하는 경우 약 850 kWh 의 전력이 소비되 약 12,150 kWh의 전력 소비량을 줄일 수 있다고 한다. 구리는 100% 재자원화가 가능한 금속물질로서 재자원화 과정에서 품질 손실이 거의 없는 장점을 가지고 있다. 전 세계적으로 구리의 재자원화는 2006년 기준으로 13%에 불과하지만 선진국의 경우 평균 약 40%(독일이 56% 최고치)로 나타났다.

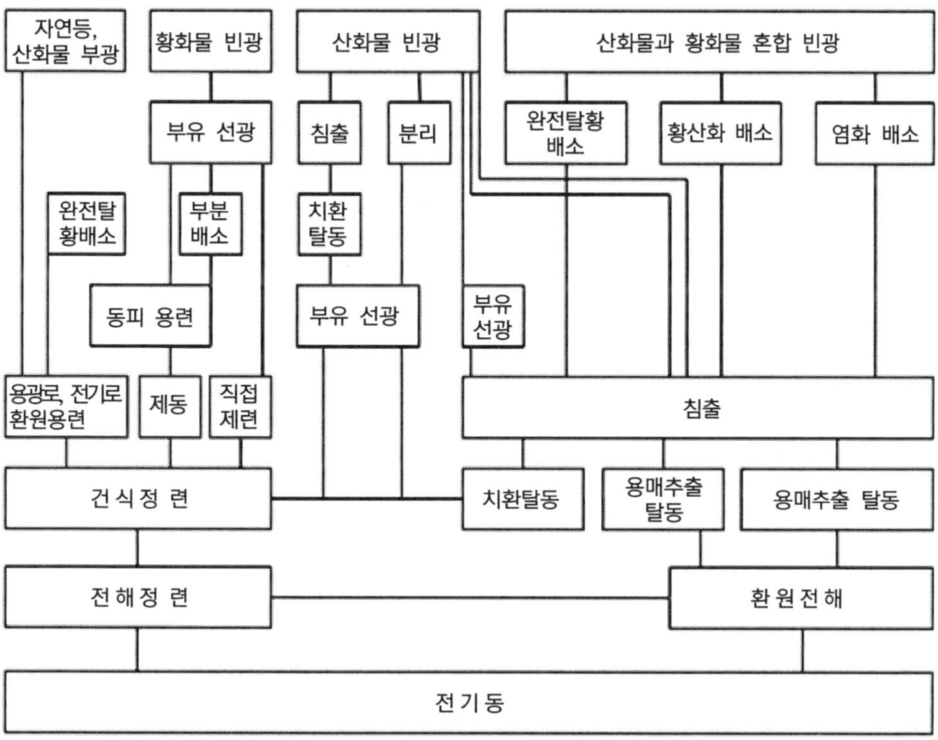

[그림 5-34] 일반 동제련 방법의 조업도

[표 5-14] 구리의 제련공법

제련법	비 고
용광로 공법 (Blast furnace)	- 동괴광을 그대로 제련하던 제련산업 초기에 주로 사용됨 - 동광석 중의 유황이 산화열이 커 연료 대용으로 사용되므로 이를 이용한 생광제련이 가능한 것이 장점. - 건설비가 저렴하고, 가동성이 우수하며, 광석 품질의 영향을 적 게 받는 것이 장점 - 단, 불순물의 함량이 높은 Matte가 생성되는 것이 단점.
반사로 공법 (Reverberatory Furnace Matte Smelting)	- 반사로는 길이가 매우 길며 로의 한 단에서 미분탄, 중유, 천연가스등이 연소하여 그 연소열 및 반사열로 동광이 용융되어 매트와 슬래그를 분리시킴 - 장입물은 괴상분 상태의 습광, 건조광 모두 쉽게 용융가능하며, 분광의 대량처리가 가능하여 발달된 부유선광법이 널리 사용됨. - 반사로 용련에서는 다른 용련법에 비해 장입물중 황화광의 산화발열의 이용이 적으므로 연료의 소비가 큰 것이 단점. - Off-gas중 SO_2 농도가 2 vol.% 이하로 SO_2 회수에 많은 비용이 필요로 하며, Gas 배출에 따른 환경문제 발생이 단점
전기로 (Electric Furnace Matte Smelting)	- 반사로에 비하여 off-gas의 배출량이 적고, SO_2 농도가 낮은 장점이 있으나, 자용로 공법에 비해 에너지 비용이 높고 SO_2 농도가 높은 것이 단점.
노란다 공법과 떼니엔떼 공법 (Noranda and Teniente Process)	- 조업기술 문제와 환경 문제가 있어 Noranda 공법의 설비를 폐쇄하거나 다른 Furnace로 대체하고 있어 더 이상 상업적인 가동은 없을 것으로 예상됨
아이사 공법 (Isasmelt Vertical- Lance Smelting)	- 수직형로 상부에서 Lance에 의해 부화 공기를 용탕 내부로 투입하는 Bath Smelting 공법임.
자용로공법 (Flash Smelting)	- 건조한 정광을 예열한 공기 또는 예열한 산소 부화 공기와 함께 가열된 반사로형의 로에 주입하여 황화광립의 산화성으로 급격한 반응을 일으켜 Matte와 Slag로 분리시킴. - 산소를 이용하여 추가 연료 없이 제련하는 INCO법과 예열한 산소 부화공기를 이용하며 분리로에서 추가 열원이 필요한 공법이 있음. - 국내 온산 동 제련소에서 사용되고 있는 공법임.
미츠비시 연속공법 (Mitsubishi Continuous Process)	- 제련과 전로의 과정을 하나의 vessel로 묶어 처리하는 방법 (철과 유황의 산화열로 에너지절감 및 공정단축으로 비용 절감) - 특히, Gas handling 공법은 타공법 보다 비용이 5-20% 정도 적게 드는 장점이 있음.

* 자료 : LS-NIKKO, 2015

3) 알루미늄(Al)

알루미늄은 원소기호: Al, 원자량: 26.981 g/mol, 녹는점: 660.32℃, 끓는점: 2,519℃의 특성을 지닌 은백색의 가볍고 무른 금속이다. 지각에서 8.1%의 비율로 금속 중에 가장 높은 비중을 차지하고 있다. 가벼우면서 내구성이 커서 전기·전자제품 및 기타 많은 공업에서 사용되고 있다. 1988년경 은(Ag)보다 비싼 귀금속에 속해 알루미늄 제련법이 유행하기도 했었다.

산에서 채굴된 보크사이트는 수산화나트륨 처리를 통해 산화알루미늄이 되고, 전기분해 과정을 거쳐 순도 99.7~99.9%의 알루미늄으로 생산된다. 알루미늄 1톤을 생산하기 위해서는 전력이 약 14,000 kWh가 소비되며, 알루미늄 산업은 에너지 다소비 산업으로 분류하고 있다. 한편, 도시광산으로부터 알루미늄 생산에 소비되는 전력량은 천연광석을 이용하여 생산하는 전력 소비량의 5%정도이므로 매우 효율적이며 100% 재자원화가 가능한 금속자원이다.

$$Al_2O_3 + \frac{3}{2}C = \frac{3}{2}CO_2 + 2Al$$

알루미늄의 산화물인 알루미나(Al_2O_3)의 제조법은 약 11가지 정도로 알려져 있다. 대표적인 방법으로는 Deville-Pechiney법이 있는데 알루미나가 함유된 보크사이를 미세하게 분쇄하고 탄산소다를 1:1비율로 혼합한다. 코크스 및 석탄을 첨가하여 1,200~1,500℃에서 소성시켜 반응생성물을 냉각하여 온수 및 약알칼리용액으로 추출한다. 추출된 용액은 황색의 $NaAlO_2$으로서 회수되고, CO_2 가스를 용액에 투입하여 탄산소다로 재생시켜 알루미나로 회수한다. 그 외에 산소전극을 사용하여 2,500℃에서 용융시키는 Hall법과 아크로로 용융시키는 Danaka suzuki법이 있다. 회수된 알루미나를 전해제련을 통해 회수하며 Na_2AlF_6 욕에서 C양극에 CO_2, CO를 발생하여 음극에 Al을 석출한다.

알루미늄제 용기포장물 중에서 완전 재활용이 가능한 것이 알루미늄 캔이다. 그러나 알루미늄 호일 및 캡은 이제까지 재자원화 기술이 존재하지 않았기 때문에 연간 약 7만톤(알루미늄 성분만) 의 대부분이 매립처리 되거나 소각처리 되고 있다. 만약 모든 알루미늄을 재활용할 수 있다면 금액으로 환산 약 126억엔(新塊 18만엔/ton) 에 이른다.

대부분의 알루미늄 호일 및 캡이 회수되지 않고 소각, 매립되는 이유는 호일, 캡에 40% 이상의 수지가 복합되어 있기 때문에 기존의 로에서 용해를 실시하게 되면 급격한 수지의 연소로 인하여 발염, 발연, 알루미늄 산화 등의 문제발생이 가장 큰 원인이다. 또한 도료

성분이 불순물로 알루미늄에 혼입되는 점, 원료에 대한 제품비율이 매우 낮은 점 등이 원인이 되고 있다.

특수한 리사이클링 기술 (특허 1625147호) 을 보유하고 있는 야마이치 금속(주) 에서는 이 기술을 알루미늄 호일 및 캡의 재자원화에도 응용하고 있다. 이 방법은 호일 및 캡을 임의의 크기로 절단, Rotary kiln에 정량적으로 반송하여 산화를 방지하면서 열을 조사하여 도료 성분을 제거하고 조립 (造粒) 에 의해 안료와 탄화물을 제거하는 기술에 의해 알루미늄의 재자원화가 가능하다. 또한 수지분을 열에 조사하여 건조하기 때문에 환경문제 (다이옥신 등) 에 대한 시설 설비를 철저히 하고 있으며 중간처리시설의 인가도 취득한 상태이다.

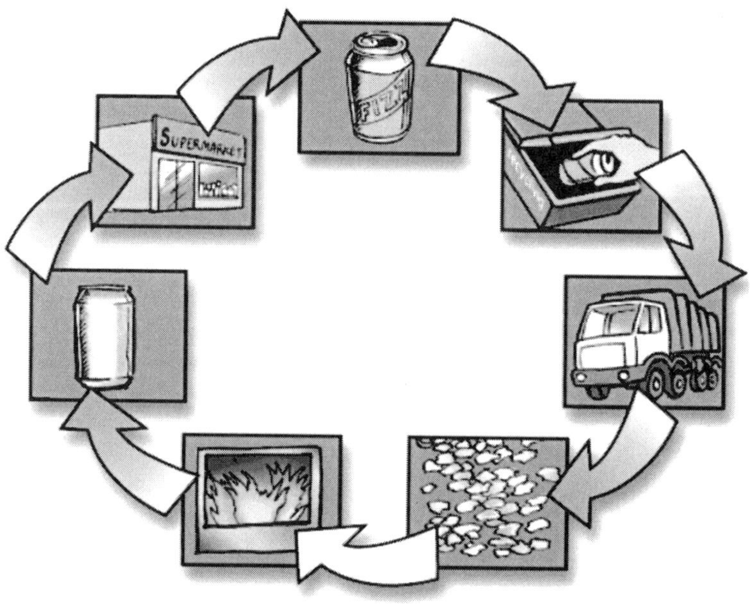

[그림 5-35] 알루미늄 재자원화 모식도

4) 아연(Zn)

현재 전 세계 아연 생산량의 25%는 폐제품으로부터 회수한 도시광산 아연으로, 전 세계적인 연간 생산량 200만 톤이 재자원화 되고 있다. 독일의 경우, 제품에 따라 다소 차이는 있으나, 평균 80~90%의 아연 재자원화율을 보이고 있으며, 2007년 도시광산 아연 생산량은 전년대비 4.7%의 증가세를 보이고 있다. 아연의 도시광산 공급원은 황동으로 독일에서만 매년 600톤가량의 아연이 황동으로부터 회수되고 있다.

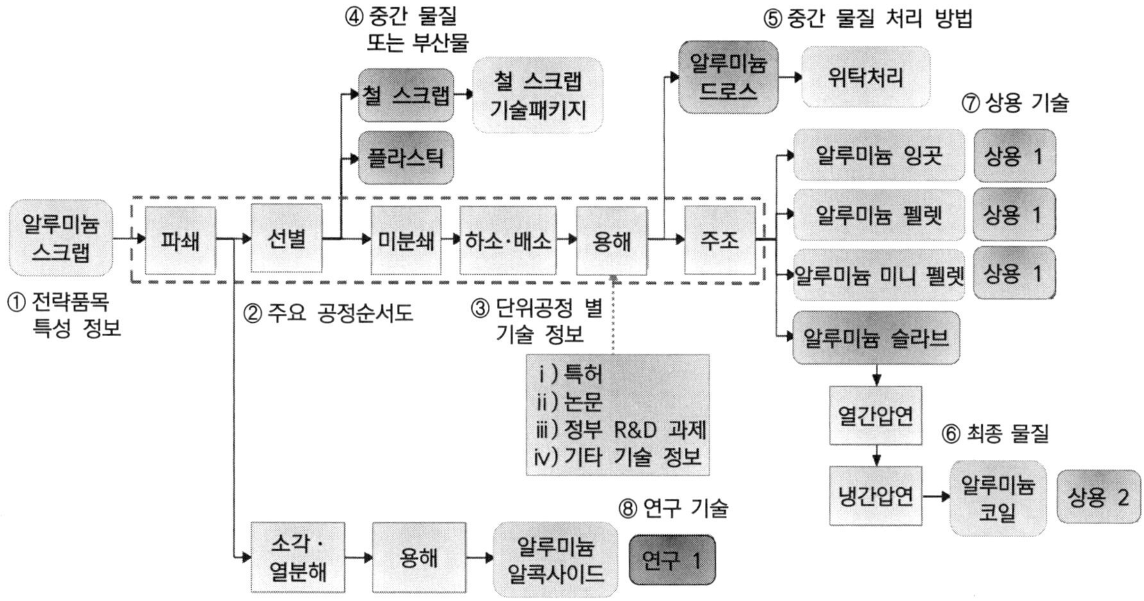

* 한국생산기술연구원, 2017

[그림 5-36] 알루미늄 재자원화 기술플랫폼

철강산업의 경우에는 아연도금된 철스크랩을 소성하여 아연을 분리한 후 재차 도금에 사용하는 방식을 통해 재자원화하고 있으며, 철강제품에는 일반적으로 평균 1%의 아연이 함유되어있다. 최근 국제 철강업계는 제철공정, 특히 전기로에서 철스크랩을 녹이는 과정에서 발생하는 분진(dust) 속에 함유된 아연을 포집하여 재자원화 하고 있다. 최근까지 철강업체는 제철공정 부산물인 분진을 전량 매립 처분하였으나, 그 안에 구리, 아연 등 비철금속이 다량 함유되어 있음을 확인하고, 환경문제 개선과 비용절감 차원에서 재강분진의 재자원화를 적극 추진하고 있다.

건식아연제련에서는 환원추출조업이전에 산화아연형태로 제조해야 한다. 섬아연광은 탄소로 환원시킬 수 없으며, 능아연광은 환원반응과정에서 해리되는 CO_2가스가 방해요소로 발생 될 뿐만 아니라 탄소소비를 증가시킨다. 때문에 산화배소 또는 가소조업을 거쳐서 산화아연형태로 제조되어야한다. ZnO는 Zn금속이 증기상태가 되는 온도에서 환원반응 된다.

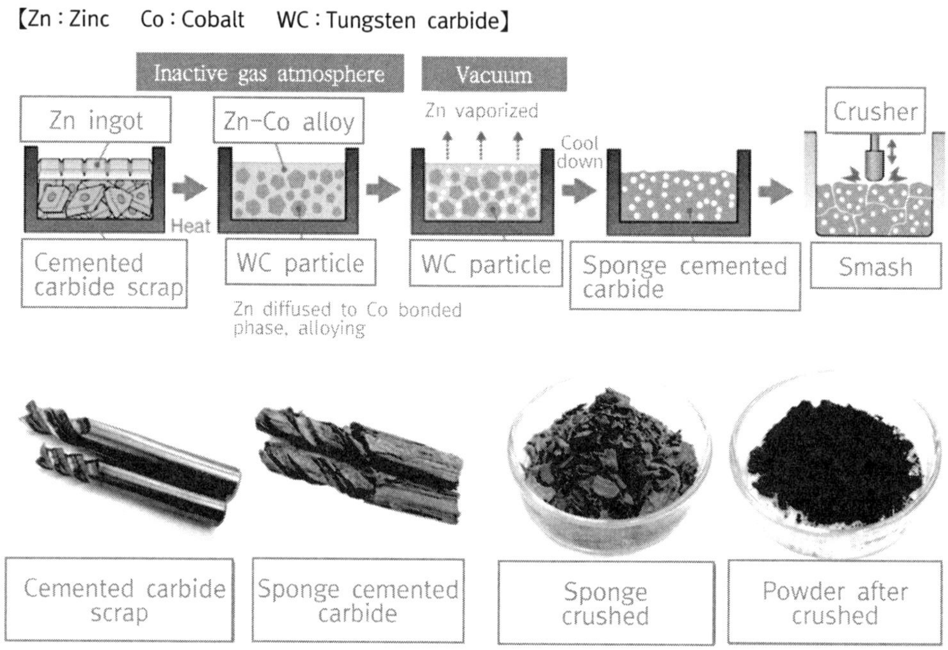

[그림 5-37] 아연 재자원화 모식도

[표 5-15] 중요 아연광의 종류

이름		화학조성	아연함량%
섬아연광	Zincblende	ZnS	67
철섬아연광	Marmatite	(Zn, Fe)S	45
이극광	Calamine	$Zn_2(OH)_2SIO_3$	54
능아연광	Smithsonite	$ZnCO_3$	52
적아연광	Zincoxide	ZnO	80

즉 환원반응이 진행되면 Zn-CO-CO_2가스상으로 발생되며, 이때 가스조성은 기체아연이 증류될 때 CO_2가스에 의해 산화되게 해서는 안된다. 기체상태의 아연이 응축될 때 CO_2 분압이 어느 한계를 초과하면, 응축아연이 완전히 산화되지 않는다 할지라도 응축아연표면이 산화되어 아연의 용융층을 형성하지 못하여 저가의 분말상태로 회수된다.

제련소 특히 연세련소의 수사용재와 연진으로부터 ZnO제조는 회전로에서 Waelz법으로 한다. Waelz법은 분진을 코크스와 혼합하여 Rotary Kiln 로 내에서 환원하여 조산화아연(ZnO)을 회수하는 방법이다. 독일 Duisburg에 위치한 Waelz 공장에서 사용하는 동일한 방법이며, 저농도의 Zn과 Pb의 산화물을 얻어 ISP(Imperial Smelting Process) 공정에서 금속상태의 Zn과 Pb를 회수한다.

Waelz 법에 의해 제조된 산화아연에는 Pb함량이 일반적으로 높다. 이 때문에 환원제의 첨가없이 약 1,100~1,300℃로 가열하여 연은 PbO로 기화시킨다. 철함량이 높은 황화아연광일때는 탈황배소후 Waelz법에 의해 철분을 분리시킨 Waelz산화물, 즉 Waelz 키링커를 제조한다. 용광로에서 출탕되는 아연함량용재는 전기로에 흘러 들어가 온도조절이 되면서 양은 적으나 연과 피(matte)가 침전분리 된다. 온도가 조절되어 탈연, 탈피된 용재는 다시 전기로에서 취정로에 장입된다. 풍구를 통해 분탄 또는 중류를 공기와 같이 용탕에 취정하면 기화되는 아연은 취정-용광로의 로흉 공간에서 산화되어 ZnO로써 집진기에 보내진다. 그리고 약 0.8% Zn 이하로 탈아연된 용재는 연속적으로 용광로의 로저에서 출탕된다.

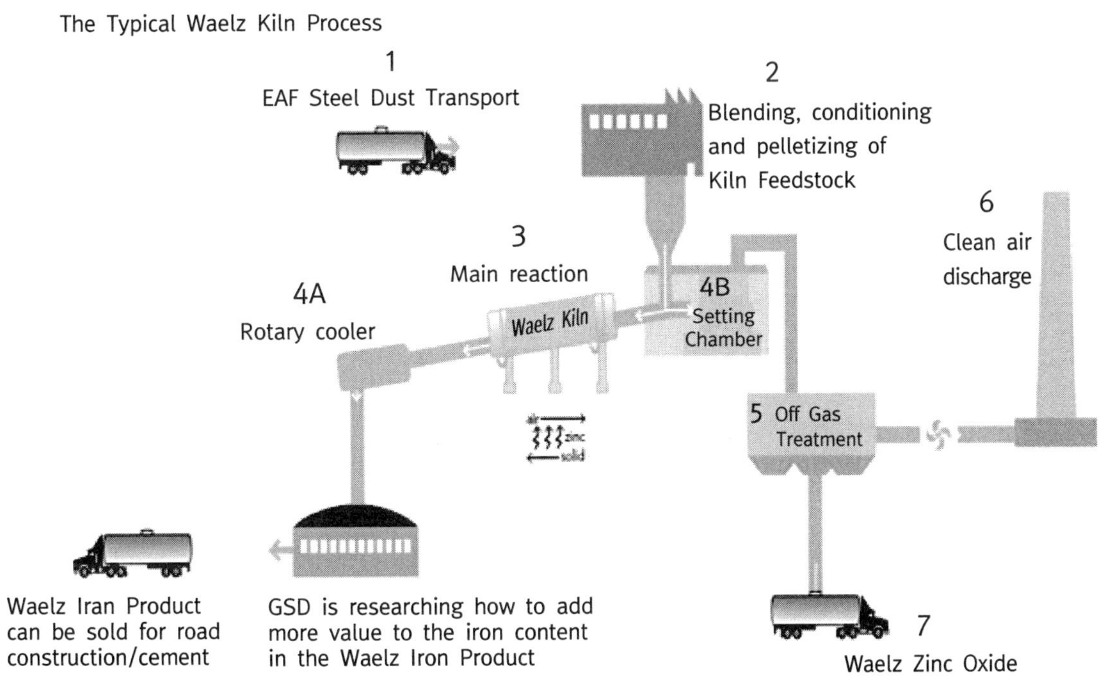

* 자료 : Global steel dust, 2016

[그림 5-38] Waelz법을 이용한 아연 회수공정

5) 납(Pb)

납 축전지 소비량은 세계 총 납 소비의 약 70%이다. 납축전지는 사용기간이 짧은 만큼 회수기간도 짧아, 효율적인 회수체계가 구축된다면 폐쇄적 순환구조 속에서 지속적인 생산과 소비가 가능하다.

현재 납축전기의 재자원화율은 세계 평균 95%에 이른다. 이는 재자원화 가능 자원들 중 가장 높은 수치이다. 폐납축전지는 원광 못지 않은 주요자원이다. 세계 최대 납 광석 생산업체인 미국의 Doe Run 사는 매년 약 1,300만개의 자동차 납축전지를 회수하여 납을 재자원화 하고 있다. 유럽연합집행위원회는 자동차 및 산업용 축전지의 경우는 100%, 가정용 배터리는 90%의 재자원화를 목표로 설정하고 있다.

Pb는 전해 정련을 할 수 있다. Pb염은 일반적으로 수용성이 적으나 $PbSiF_6$, $Pb(BF_4)_2$, $Pb(NSO_3H)$염들은 수용성이 충분하다. 경제적 측면에서 H_2SiF_6 용액에 $PbSiF_6$를 용해시킨 용액을 전해액으로 사용한다. Pb양극에 Cu가 함량되면 양극 앙금이 양극에 견고하게 붙어 양극표면의 앙금층 전기저항은 커지고 양극 Pb면에 SiF^{6-} 이온공급이 지연되어 분극 전압상승이 발생하기 때문에 양극을 주조 또는 가공하기 전에 탈동을 한다. 또한 양극 Pb의 Sb+Bi함량은 1%이상이어야 한다. 그렇지 않으면 양극 앙금의 틀이 형성되지 않고 침전물이 발생하면서 전해액이 탁하게 되며 음극에 흡착되기도 한다. Pb는 파행저항이 적어 양극제조에서 중량의 제한을 받는다. 일반적으로 양극은 700 mm 높이 + 530 mm 폭 × 50 mm 두께의 크기로 주조 내지 압연 가공한다. 그리고 음극은 가공된 0.5 ~ 1 mm 납판을 사용하며 보통 6일간 전착시키며 양극은 12일을 걸 수 있다. 전류밀도는 180 A/m^2, 전압낙하는 V = 0.4~0.65 V이다. 양극 앙금층이 없을 때는 0.4 V의 전압낙하가 있으나 약 6일 동안 앙금층 두께가 커지면서 0.65 V까지 낙하한다. 6일간 전해 후 양극을 걷어내어 앙금층을 분리한 다음 다시 전해욕에 넣는다. 전력소비는 약 190 Kwh이며 양극잔여 중량은 약 30%이다. Pb전해정련은 단순하나 양극앙금 처리가 복잡하다.

[표 5-16] 납 함유제품이 회수기간 (단위:년)

제품군	회수기간	제품군	회수기간
자 동 차	10-12	케 이 블	30-40
시동용 연산축전지	3-6	건물(반제품)	60-80
TV	8-10	PVC관	80-100
컴퓨터 모니터	3-5	PVC창틀	30-40

* 자료 : DKI(독일합성수지연구소), IZT(독일미래기술연구소)

6) 금(Au)

금은 원소기호: Au, 원자량: 196.97 g/mol, 녹는점: 1,064.18℃, 끓는점: 2,856℃의 특징을 가지는 원소이다. 황금빛 광택이 나며 화폐의 기준으로서 사용되며 공기나 물에서 쉽게 변하지 않고, 강한 산화제에서도 변하지 않는 특징이 있다. 금은 전이금속으로서 다른 화학물질과 화학반응을 하지 않고 전기 및 열의 양도체로서의 특징으로 인해 전기·전자제품 및 여러 산업분야에서 널리 사용되는 금속이기 한다.

금은 0.1 g/ton 정도의 함량이라도 경제성이 높다. (금 시세 42,000원/g, LME기준) 옛날에는 털이 있는 양가죽을 물이 흐르는 강바닥에 깔아 떠내려가지 못하게 하여 금 싸레기를 모았다고 한다. 금도금 스크랩에는 0.1 g/ton 이상의 함량을 가지므로 필히 회수해야하는 도시광산자원 중 하나로 현대시대의 금싸라기라고 할 수 있다.

전기·전자제품 및 여러 도시광산자원에서 분리한 금도금 스크랩을 처음에 1:1 질산(HNO_3)을 가해 Cu, Pb, Bi, Ag 등을 녹여 용액화 한다. NOx gas가 발생되지 않을 때까지 충분히 반응시킨 후, 필터프레스(filter press)를 사용하여 여과하고 여액은 전해기(electrolytic cell), 이온교환수지(ion exchange regin), 히드라진(Hydrazine) 등을 사용하여 각각의 원소로 회수하게 된다. 필터프레스를 통해 걸러진 금을 포함한 여과물은 왕수(aqua regia)를 사용하여 Au, Ni, Fe 등을 녹여 용액화하고, 전해기를 통해 전착시켜 회수하거나 금 용액에 요소(Urea)를 주입하여 산성인 용액을 중화시키고 아황산소다(sodium sulfite, Na_2SO_3)를 사용하여 금을 침전시킨 후 회수하게 된다. 회수된 금의 순도를 높이기 위해서는 전기로(electric furnace)를 통해 1,200℃ 이상에서 용융하여 이물질을 제거하면 고순도의 금을 회수할 수 있다. 반응식은 다음과 같다.

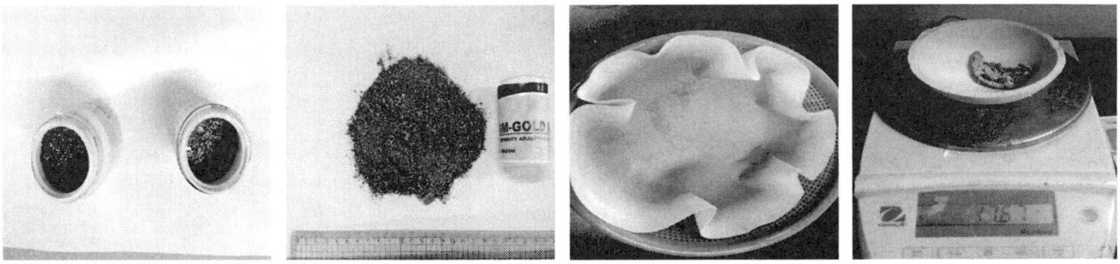

[그림 5-39] 금도금 스크랩 재자원화 과정

$$4NO + 2CO(NH_2)_2 + O_2 \rightarrow 4N_2 + 2CO_2 + 4H_2O$$

$$Na_2SO_3 + 2HCl \rightarrow SO_2 + 2NaCl + H_2O$$

$$2SO_2 + HAuCl_4 + 6H_2O \rightarrow Au_2 + 8HCl + 3H_2SO_4$$

금 함량이 적은 합금은 금 예상치의 4배수의 은과 함께 PbO를 이용한 건식법을 통해 회수하게 된다. 이방법은 Miller법으로서 금 이외의 불순물을 제거하는 방법이다. 방법은 용광로에 Soda, Borax, 은, 합금, PbO 등을 혼합주입하여 반응시킴으로서 환원된 Pb metal을 Pb 정련로에 투입하여 Pb를 휘발시키고 은과 금이 합쳐진 Alloy를 환원하여 회수한다. 환원된 Alloy를 질산으로 처리하여 은을 $AgNO_3$로 용액화 한 후 남은 금 Miler법으로 회수하는 방법이다.

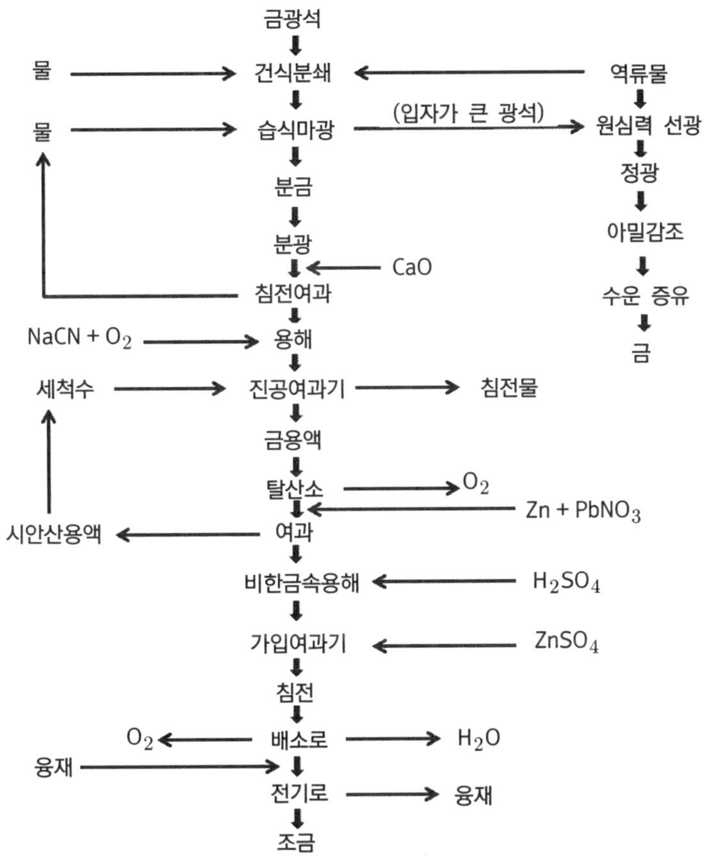

[그림 5-40] 금 침출 조업도

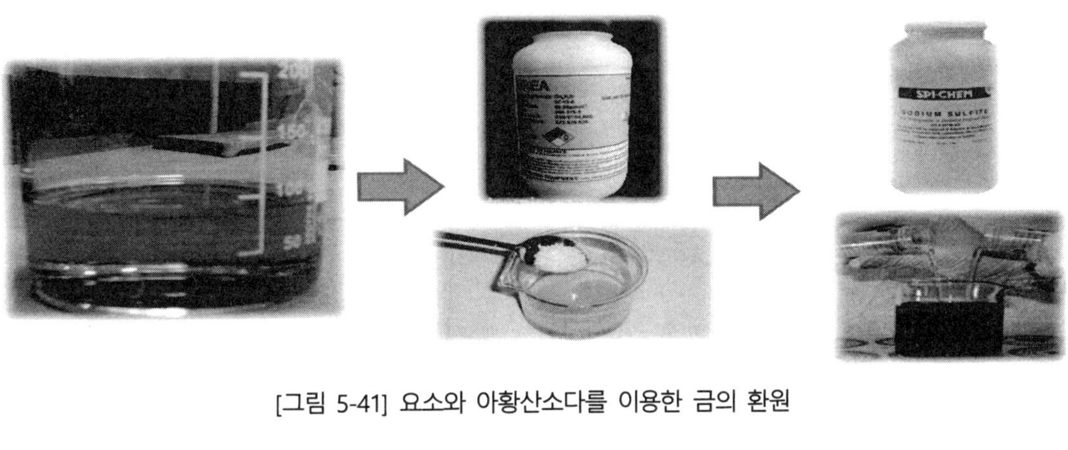

[그림 5-41] 요소와 아황산소다를 이용한 금의 환원

7) 은(Ag)

은은 원소기호: Ag, 원자량 108 g/mol, 녹는점: 961.78℃, 끓는점 2,162℃의 특징을 가진 원소이다. 회백색을 띄고 반짝이는 장신구로도 많이 사용되며 금처럼 공기나 물에 쉽게 반응하지 않아 산업에 널리 사용되고 있다.

은도금 스크랩은 동(Cu) 혹은 니켈(Ni) 베이스에 은(Ag)이 도금되어 있는 제품으로서 질황산(질산+황산)의 박리제를 사용하여 표면에 도금된 은을 용액화한다. 박리 후 남은 스크랩은 질산으로 액상화 하고 동은 전해기 또는 응집제를 사용하여 고순도의 동을 회수하게 된다. 니켈은 염산(HCl)으로 용액화하여 회수과정을 거치게 된다. 박리를 통해 용액화된 은은 크게 두 가지 방법으로 회수되고 있다. 첫 번째 전해기를 통한 은의 회수방법이며, 은은 균일하게 음극전착 되지 않고, 가시모양으로 전착되어 전해욕 저변으로 침전시킨다. 전해욕은 [그림 5-42]와 같이 두 가지 종류가 사용되며 양극과 음극이 전해액에 수직으로 평행하게 가설된 Moebius식 전해욕과 은을 면직물 주머니에 싸서 목재로 된 삼바리 상위에 회수하는 Balbach-Thum식 전해욕이 있다. 두 번째 은회수 방법은 염산이나 NaCl을 주입하여 AgCl을 형성 시킨 후 침전시켜 필터프레스로 여과한다. 여과된 AgCl을 히드라진을 사용하여 재차 은을 뭉쳐서 고속원심분리기 등으로 고순도의 은을 회수한다.

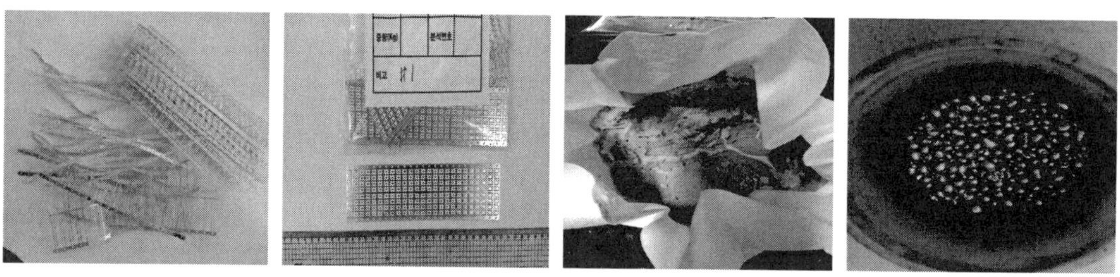

[그림 5-42] 은도금 스크랩 재자원화 과정

[표 5-17] 다양한 은광의 종류

명칭	분자식	Ag(%)
자연은	Ag	72~100
휘은광	Ag_2S	87
농홍은광	$3Ag_2S \cdot Sb_2S_3$	60
염홍은광	$3Ag_2S \cdot Ab_2S_3$	65
취은광	$5Ag_2S \cdot Sb_2S_3$	68
유동광	$4(Cu_2Ag_2,\ Zn,\ Fe)S \cdot (Sb_2S_3AS_2S_3)$	15~31
각은광	AgCl	75

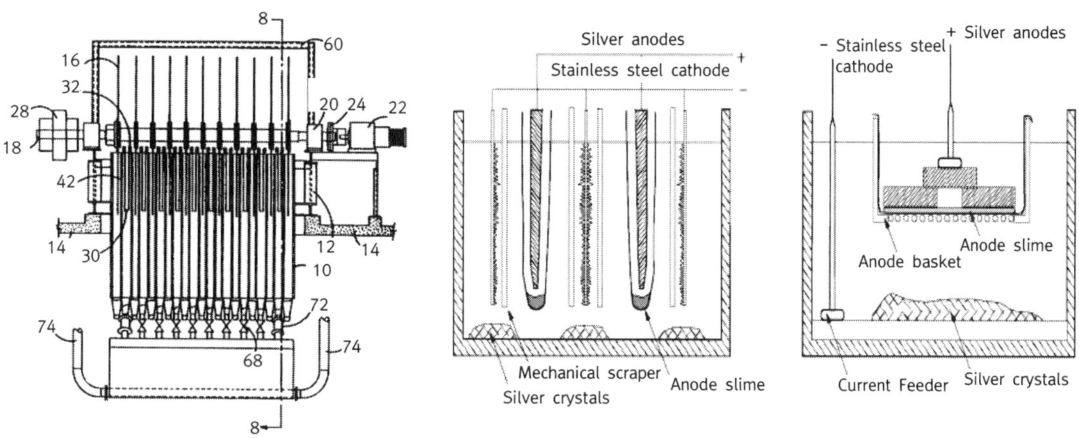

* 산업부, 2005

[그림 5-43] Moebius 전해욕과 Balbach-Thum식 전해욕

은이 도금된 Ag film인 경우 PbO를 이용한 건식법으로 은을 회수할 수 있다. 이 방법은 전기로를 사용하여 800℃에서 Ag film을 소각하여 유기물질을 태워 제거한 후 미립 은설(silver dust)을 PbO, Soda, borax 등으로 정련로에서 환원용해 시킨다. 용해된 은이 함유된 납 메탈을 950℃고온에서 납은 휘발시키고 양극은으로 주조(casting , 鑄造)함으로써 회수할 수 있다. 이렇게 회수된 은은 전체 공급량의 약 15%정도는 화폐제조에 사용되고, 그 외 70%가량은 가공성과 기계적 성질이 좋아 산업용으로 재사용되고 있다. 또한 열 및 전기전도율이 금속 중 가장 우수하기 때문에 매우 정교한 기계장치에서 은 전선으로 사용된다. 구리와 함께 사용되는 이유는 순은은 너무 물러 여러 가지 금속과 함께 합금으로 사용되고 있다.

8) 팔라듐(Pd)

팔라듐(Palladium)은 원자번호 46번의 원소로, 원소기호는 Pd이다. 은백색의 전이금속으로, 백금족 금속의 하나이다. 주기율표에서는 니켈(Ni), 백금(Pt)과 함께 10족에 속한다. 8~10족 원소들을 합쳐 8B족으로 분류하기도 하며, 이 중에서 5주기와 6주기에 있는 6가지의 금속을 백금족 금속이라 부른다. 1970년대에는 팔라듐과 백금을 사용하는 자동차용 촉매변환기가 개발되어 오늘날에는 거의 모든 자동차에 이용하게 되었다.

팔라듐은 1803년에 영국의 물리학자이자 화학자인 울러스턴(William Hyde Wollaston, 1766~1828)에 의해 남미산 백금 광석에서 로듐과 함께 처음으로 분리·발견되었다. 그는 광석을 왕수에 녹인 용액을 수산화나트륨(NaOH)으로 중화시킨 후 염화암모늄(NH_4Cl)을 가하여 백금을 염화백금산암모늄(ammonium chloroplatinate, $(NH_4)_2PtCl_6$)으로 침전시켜 분리하였다. 여액에 있는 팔라듐, 로듐을 비롯한 다른 금속들은 아연(Zn)으로 환원시켜 침전시켰으며, 이 침전물들을 질산으로 처리하여 다른 금속들은 용해하고 질산에 용해되지 않은 팔라듐과 로듐만을 분리하였다. 원소 발견 직전인 1802년에 발견된 소행성 팔라스(Pallas)명을 따서 팔라듐(Palladium)이라 명명하였다. 현재에도 위의 방법으로 회수하기도 한다.

팔라듐은 백금족 금속 중에서 융해점(1,554.9℃)이 가장 낮고, 밀도가 12.023 g/cm^3로 가장 가볍다. 연성(선으로 잡아 늘이기 쉬운 성질)과 전성(펴기 쉬운 성질)이 좋으며, 거의 모든 금속과 합금에 유용하다. 자체 부피의 900배나 되는 수소(H_2) 기체를 흡수할 수 있으며, 수소는 팔라듐 원자 사이를 쉽게 이동할 수 있다. 백금족 금속 중에서 화학 반응성이 가장 크다. 실온에서 덩어리로는 산소와 잘 반응하지 않으나, 분말 상태에서는 인화성이 있으며, 실온에서는 대부분의 산에 용해되지 않으나, 열 산에는 완만히 용해되며 왕수에도 용해된다. 고온에서는 플루오린(F_2)이나 염소(Cl_2)와도 반응한다.

자동차배기가스용 촉매, 윤활유 제조용 촉매, 중질유 분해용 촉매, 과산화수소수 제조용 촉매, VAM (Vinyl Acetate Monomer)촉매, 카프로락탐 촉매, 고순도 텔레프탈산 촉매, ABS(acrylonitrile butadiene styrene copolymer) 수지 촉매, PCB 전도층의 Layer 형성을 위한 Activator, 플라스틱 무전해 도금용 Activator, 자동차용 연료게이지 센서, 각종 접점재료, 장신구, 의치 및 치열 교정구로도 사용된다.

팔라듐은 희유원소로서 매장이 극히 한정되어 있으며, 특히 한국는 수입에 거의 의존하고 있는 실정이다. 그러므로 산업폐기물이나, 폐광석 산업폐액에서 Pd를 선택적으로 추출하는 기술이 사용되는 방법으로는 건식 제련법과 습식제련법이 있다. 에너지 소비가 상대적으로 적은 습식제련법이 선호되고 있으며 추출제로서 유가금속과 친화성이 좋고 유해성이 없는 methyltheophyline이 널리 사용되고 있다.

9) 백금(Pt)

백금은 무겁고, 가단성과 연성이 있는 귀금속으로서 전이금속에 속한다. 백금은 부식에 대한 저항이 강하고 잘 소모되지 않기 때문에 실험 장비, 자동차 배출 가스 제어장치 등에 널리 사용되고 있다.

귀금속을 Pt 및 타금속양의 8~10배에 해당하는 용연에 침투 시키고 약 1,000℃에서 4~5 시간에 걸쳐 CaO에서 회취조업을 한다. 그리고 물에 주조하여 사금속을 만들고 묽은 질산으로 처리하여 Pd과 Pb, Fe, Cu 기타 금속은 용해되고, Pt과 Rh은 미량 용해된다. 그리고 대부분의 Pt과 Ir, Ru, Os은 용해되지 않아 잔류재로 남는다. 이 잔재를 $HCl : HNO_3 : H_2O = 8 : 2 : 90$의 왕수처리하면 Pt은 용해되고 Ir, Ru, Os은 용해되지 않는다. 용액은 염산으로 NO_3이온을 완전히 제거하고자 140~150℃에서 처리한 다음 염산에 용해시키고 Rh의 침전을 막기 위하여 NaCl을 첨가한후 NH_4Cl를 첨가하면 Pt이 $(NH_4)_2PtCl_6$로 침전한다. 이것을 환원처리하면 99.98% Pt를 얻을 수 있다. 약간의 Rh과 Ag가 함유되었을 때는 왕수로 처리하여 다시 위와 같이 Pt를 정제한다. 용액은 함유금속의 조건에 따라 처리하며 백금족의 금속성질이 물리적으로나 화학적으로 서로 유사하며 특별히 조업공정에서 정제할 수 없는 경우에는 같은 방법을 반복 사용할 수 밖에 없다. 백금족의 금속을 용융시킬 때는 이들 금속에 산소흡착 성질이 있어 수소가스가 미량 있는 환원성 분위기에서 탈가스화 시킨 후 주조하는 것이 좋다. 백금족 금속의 용융은 일반적으로 CaO도가니를 사용한다. 주형은 주강으로 만들어서 표면을 산화시킨 후 흑연으로 닦아 낸 다음 사용하거나 백금으로 주형을 라이닝하고 주조하기도 한다.

5.2.3 희소금속의 재자원화

1) 네오디뮴(Nd)과 디스프로슘(Dy)

네오디뮴 자석에는 네오디뮴 이외에도 보자력 강화 용도로 디스프로슘이 일부 함유되어 있다. 네오디뮴 자석 제조공정과정에서 절삭이나 파손 등으로 전체의 20%~30% 정도의 스크랩이 발생한다. 이렇게 제조공정에서 발생하는 스크랩은 제조업체가 직접 처리 하거나 위탁업체를 통해서 처리함으로써 재자원화 할 수 있다. 그러나 비용대비 효율성을 고려하여 해외로 스크랩을 수출하는 경우도 있다. 발생 스크랩을 재자원화하기 위해서 먼저 고형스크랩과 스크랩 분말로 분리한다. 고형스크랩에는 고주파진공 용해처리가 적절하고, 스크랩 분말에는 산용해가 적절하다. 스크랩 분말은 산소, 질소, 탄소와 같은 불순물을 다량 함유하여 고주파 용해는 부적절하다. 고형스크랩은 소결과정에서 산화가 발생되며, 이때 산소량은 소결전과 비교해볼 때 10배정도 증가한다. 그리하여, 고형스크랩의 본 용해를 실시하기 전에 니켈도금 피막을 제거하고, 1차 용해과정을 통해 산소를 제거해야한다. 용해 과정 후에는 합금주조과정을 거쳐 고형스크랩이 재자원화 된다. 스크랩 분말은 산용해를 실시한 후 네오디뮴이나 디스프로슘을 용매추출법을 이용하여 분리 정제한다.

이와 같이, 스크랩을 재자원화 하기 위해서는 재자원화에 소요되는 비용이 적어야하며, 수익성이 있어야 한다. 최근, 선진국에서는 소요비용이 적은 희토류 원소 회수 기술의 개발이 진행되고 있다. 신기술에는 희토류 염화물의 증기압 차를 이용한 증류법, 철 염화물을 염화제로 이용하는 네오디뮴 회수법, 마그네슘을 추출제로 하는 금속네오디뮴 직접 추출법 등이 있다. 공정스크랩의 재자원화와 함께, 폐제품 함유 희토류 원소의 회수도 추진되고 있다. 예를 들면, 대형 모터 함유 자석을 분리하여 절삭가공한 여러 개의 소형 소결제로 제작하여, 자석으로 재자원화 하는 것이 가능하다. 선진국에서는 네오디뮴 소결자석을 액체 급냉법으로 분말로 제조하여 본드자석으로 재자원화 하는 연구가 추진되고 있다.

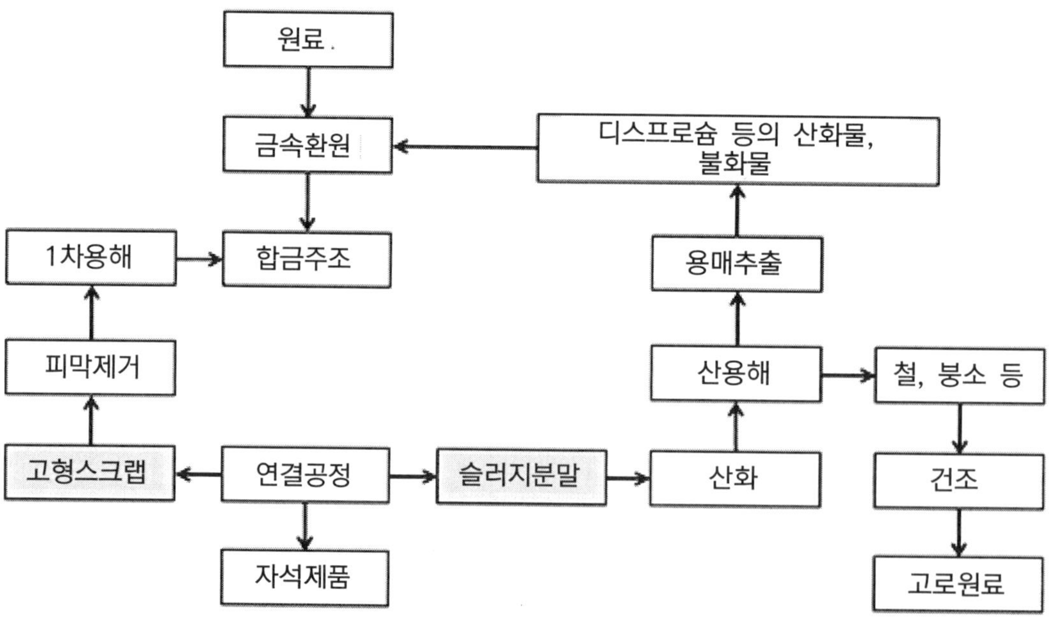

* 자료 : 산업기술종합연구소(AIST), 2007. 재인용

[그림 5-44] 자석원료 희토류 원소의 재자원화

2) 인듐(In)

투명전극에는 ITO가 사용되고 있다. 전기전도성이 좋고, 가시광선 투과율이 뛰어난 물질은 몇가지 있으나, 특히 효용가치가 높은 물질이 바로 주석을 활성원소로써 토핑한 산화인듐 즉 ITO(Indium Tin Oxide)이다. ITO 박막은 주로 ITO 타켓으로부터의 증착조작을 통해 제조된다. 이때, 타겟 속에 함유되어 있는 인듐 전량 중 박막에 사용되는 인듐 양은 ITO 타겟 함유 인듐의 약 3%정도이다. 그렇다면 나머지 97% 인듐은 어디로 갔는가? ITO 타겟의 인듐은 증착조작 과정에서 70%가 남는다. 20%는 성막장치내에 부착되고, 5%는 에칭에 의해 용해되며, 2%는 불량 패널로 남겨진다. 이렇게 발생되는 공정 스크랩은 다시 회수되어 산용해 및 각종 정제공정을 통해 불순물을 제거함으로써 인듐으로 회수 되거나 재이용 된다. 특히, ITO타겟의 증착조작 과정에서 잔류된 인듐 70%는 전량 회수가 가능하다.

스크랩의 재자원화는 염산용해, 침전분리, 치환석출 과정을 통해 순도 99.99%이상의 금속 인듐으로 제조된다. 이렇게 공정발생물인 스크랩의 재자원화는 이미 보편화 되었다. 그러나 폐제품이나 제조공정에서 발생하는 불량품 함유 인듐은 거의 재자원화 되지 못하고 있는 실정이다. 제품의 형태를 갖춘 인듐은 소량이며 재자원화 비용대비 효율성이 낮아서 재자원화의 실현이 어렵다. 그러나 인듐의 가채년수가 약 6년 남짓한 점을 미루어볼 때, 인듐의 재자원화 대책은 더욱 강화되어야 한다. 일본에서는 휴대폰 등 소형가전제품의 회수 시스템을 구축하고, 사용 후 소형가전제품으로부터 인듐 등의 유가 금속을 회수하여 재자원화 하는 움직임이 활발하게 이루어지고 있다.

[표 5-18] 일본의 인듐 회수 기술 사례

기 술 개 요	연구 및 개발 사업자
휴대전화 LCD 디스플레이로부터 건식 제련에 의한 인듐 회수	사이타마 대학, 요코하마금속(주)
분쇄 폐 LCD 패널 표면의 ITO를 연산 용해 후 이온교환 수지 흡착을 통한 인듐 회수	샤프(주), (주)아쿠아텍
PDP패널 기판 표면 박리 분말로부터의 인듐 회수	아사히다이라 유리가공(주)
에칭 폐수 및 폐수정패널로부터의 인듐 회수	(주)신강환경솔루션
LCD기판 유리로부터의 샌드 블레스트법에 따른 인듐 회수	(주)전초엔지니어링

* 자료 : 일본국립환경연구소, 2008

5.3 재자원화의 미래전망

희소금속을 둘러싼 국가 간 '자원전쟁'이 본격화되면서 이미 일본, 벨기에 등 도시광산 선진국들은 더 많은 폐자원을 확보하기 위해 전세계 폐금속 수집 네트워크 확장에 집중하고 있다. 우리나라의 폐전자가전제품은 해마다 약 5,000만 톤 이상 발생하고 있으나, 도시광산을 통해 재활용되고 있는 폐기물은 불과 15%정도이며, 나머지는 모두 매립지나 폐품처리장에 방치되고 있다. 기후변화 등의 요인으로 친환경 트렌드가 각광받자 재활용을 근간으로 하는 도시광산은 환경친화적인 산업의 하나로 손색이 없으며 지속적인 발전을 거듭해오고 있다. 최근 글로벌 경기침체로 금속가격이 하락하면서 최근 몇 년 새 도시광산은 침체기를 맞고 있다. 영국의 EU탈퇴를 의미하는 브렉시트(Brexit)가 현실화 되자 국내는 물론 세계 주식시장은 일제히 쇼크 상태에 빠졌으며, 금융시장의 불안은 곧 달러, 엔화 등 이른바 안전자산에 대한 관심과 사재기로 이어졌고, 여기에 실물자산이자 안전자산인 금(Au)과 은(Ag)이 빠질 수 없다. 은(Ag)의 가격은 2016년 7월 기준 온스당 21달러로 최근 2년간 최고가를 기록하고 있고, 금(Au) 역시 연초대비 25%이상 급등했다. 금(Au), 은(Ag) 등의 가격 상승은 도시광산과도 밀접한 상관성을 가진다. 산업금속의 가격도 동반상승 중에 있으므로 도시광산에 대한 재조명과 함께 기술개발의 활성화를 기대할 수 있게 된다.

한국생산기술연구원에 따르면 국내 도시광산 산업의 시장규모는 2014년 기준 19.6조 원으로 국내 금속자원 수요(89.5조 원)의 약 22%를 차지한다. 금속별 도시광산 자원의 생산비율은 철 48%, 범용비철(알루미늄, 구리, 아연, 납) 28%, 희소금속 및 귀금속 24%로 구성된다. 도시광산 자원 생산 비율의 절반을 차지하는 철강의 수요처인 건설, 조선 산업 등의 부진이 장기화 되면서 2012년 이후 철강수요가 감소했고, 도시광산 자원 생산규모 역시 둔화된 상태다.

2010년 838개였던 도시광산 업체수는 2014년 917개로 9.4%증가했으며, 수도권에 37%, 경상권 36% 분포하고 있다. 공정별로 보면 파·분쇄 및 수집관련 업체가 감소한 반면 추출 등 제·정련 업체는 10% 이상 증가했다. 이들 업체들을 통한 재자원화량은 금속가격이 하락하며 시장규모가 감소할 것이라고 우려했지만, 브렉시트 후 금속가격이 안정화 되면서 시장 역시 일정수준을 유지할 수 있을 것으로 전망된다. 금속가격 하락이 진행되던 2014년에는 철강 가격은 10년 대비 21.6%, 범용비철은 14.6%, 희소금속은 23.6% 하락한 바 있다. 매출별 기업규모를 보면 철강은 대기업이, 범용비철은 중견기업과 대기업, 희소금속은 중견기업의 매출 비중이 높게 나타났다.

2016년 광주과학기술진흥원에서는 도시광산 산업 육성에 관한 기술포럼을 통하여 잠재시장 규모 약 50조원에 달하는 도시광산 산업을 광주시의 신성장 동력으로 육성하기 위한 도시광산

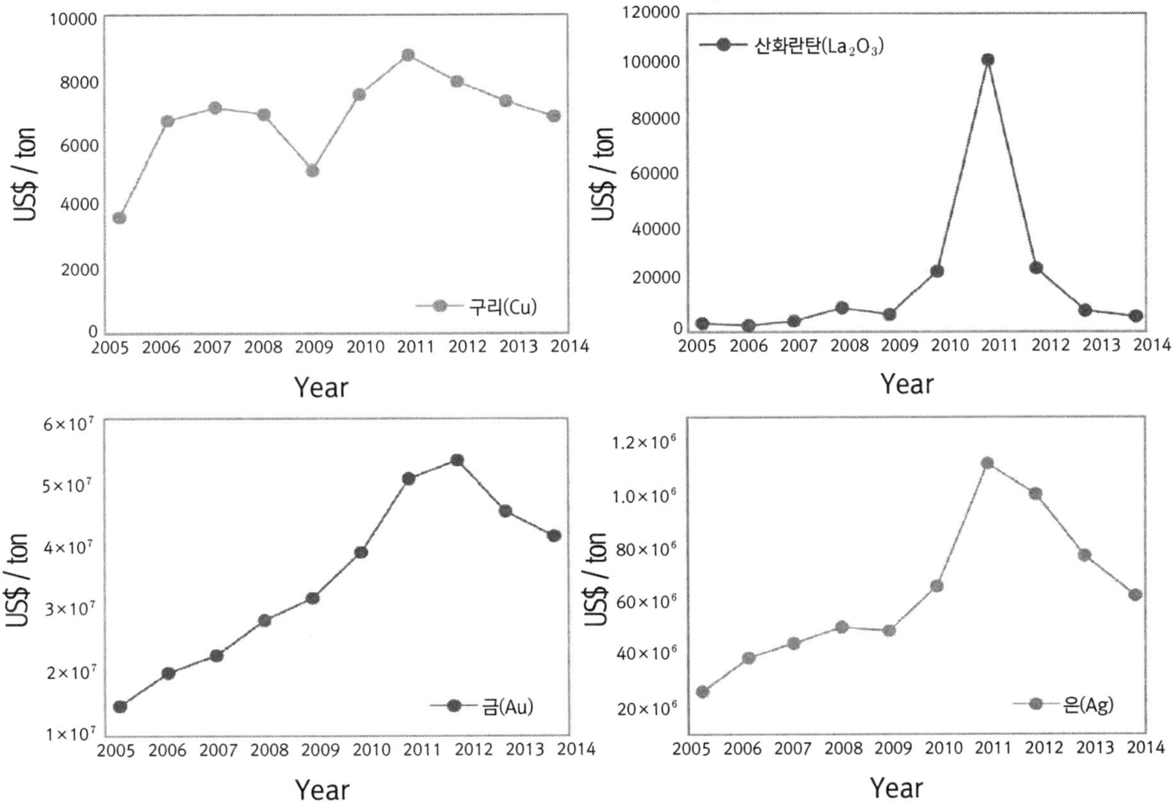

* 자료 : 산업통상자원부, 2016

[그림 5-45] 구리(Cu), 산화란탄(La2O3), 금(Au), 은(Ag) 금속가격 동향

연구개발의 필요성을 공론화하는 등 기존의 폐기물로부터 재자원화를 위한 기술개발에 대한 투자전략이 다양하게 펼쳐지고 있다.

이에 따라 해당 광물의 확보가 치열하며 부족한 자원분을 메우기 위한 도시광산 사업의 진행속도도 탄력을 받고 있다. 일본 버금가는 전자대국인 한국는 휴대폰을 제외한 폐전자제품이 약 860만대 이상 발생한 것으로 추정되며 해마다 9.9%씩 증가하고 있는 추세이다. 한국지질자원연구원에 따르면 이들 폐전자제품을 재활용해 금 3,574 kg, 팔라듐 1,572 kg, 은 20톤, 탄탈륨 4,000 kg을 추출할 수 있어 무려 2천억 원에 육박하는 경제적 가치를 창출할 수 있는 규모로 조사되었다.

2021년도 폐자원 재활용 산업의 시장규모를 2,672억 달러로 가정하고 연간 시장 성장률을

3%로 가정하여 2030년까지의 시장규모를 예측했을 때 [표 5-19]와 같으며, 현재가치의 혜택규모는 약 520백만달러로 지속적인 증가를 예상할 수 있다.

하이브리드 자동차, 휴대전화기, 노트북 등에서 사용량이 증가하고 있는 리튬 2차전지를 재활용 대상에 포함시키며 선진국대비 50~70% 수준인 재활용기술을 선진국 수준으로 높이기 위해 1995년부터 2015년까지 금속회수 관련하여 총 880억원의 R&D 자금을 지원하여 [표 5-20]과 같이 사업화를 추진하고 있으며, 2020년까지 약 3,900억원을 투입하는 R&D사업도 추진 중이다.

정부의 관계부처간 합동정책으로 2009년 폐금속자원 재활용 대책을 시발점으로 자원순환기본계획(1차, 2011~2015)을 수립하였고, 각종 산업규제 개선과 도시광산 산업의 성장을 위한 한국도시광산협회의 설립(2011년 4월) 등의 기반조성, 환경성보장제 시행 및 자원순환법의 제정 등도 도시광산의 재자원화를 위한 다양한 정책을 수립하고 있다.

도시광산 원료는 천연 원자재 가격의 급변동에 따라 시장의 불안정성을 가져오기 때문에 이에 대한 보완장치를 마련할 필요가 있다.

정부는 도시광산업을 육성하기 위해 관련 제도 개선 및 기술개발 지원 등 다양한 지원방안을 추진하고 있다. 공장설립에 관한 법률 또한 도시광산 기업이 원료로 사용하는 폐자원 수급이 용이하도록 수입관세를 인하하고, 조달청과 광물자원공사의 광물자원 비축시 도시광산기업이 생산하는 희소금속을 우선 구입하도록 하고 있다. 추가적으로 국가 산업단지 내에 도시광산 기업이 입주하게 할 계획이다.

세계 각국 정부, 비정부기구(NGO, Non-Governmental Organization) 환경단체, 기업의 인류의 '지속가능한발전(Sustainable development)'에 대한 관심은 지속적으로 증가하고 있으며, 자원의 지속적 이용을 위해 사용가능한 자원을 절약하고 천연자원을 대신하여 순환자원을 이용하는 기술에 대한 발전을 거듭하고 있다.

전 지구적으로 매장자원량의 변화는 [그림 5-46]에 나타낸 바와 같이 산업의 발전에 따라 시간이 경과할수록 천연자원의 매장량은 감소하고 있는 반면 폐금속자원은 지속적으로 증가하게 된다. 금속자원의 재활용이 저조하여 자원의 낭비와 함께 환경오염을 초래하는 폐기물로 방치되던 도시광산의 원료는 유용자원을 회수하기 위하여 지속적으로 기술을 개발하여 경제성이 높은 고부가가치의 자원으로 거래되고 있다. 이는 도시광산 자원으로부터 금속을 재자원화하여 조달할 경우 천연자원의 절약뿐만 아니라 화석에너지의 절감도 가능하다. 철 스크랩은 철광석 대비 1:3, 구리 스크랩은 구리광석 대비 1:7, 알루미늄 스크랩은 원광석 대비 1:20의 에너지 사용으로 도시광산에 의한 에너지저감 효율이 높다.

국내 금속광산은 매장량 부족과 광물의 낮은 품질로 인하여 광산규모가 영세성을 극복하지 못하고 있으며, 선광 등 광산기술 부족, 금속제품 부가가치화 기술 부족, 환경규제 강화, 인력 부족 등으로 인한 해결사항이 잠재하고 있다. 금(Au), 은(Ag) 광산 등 일부를 제외하고 대부분의 금속광산은 매장량 부족과 낮은 품위로 현재 높아진 자원가격에도 낮은 수익성으로 미개발 광산이 대부분을 차지하고 있다. 매장량이 많더라도 품위가 낮아서 낮은 경제성으로 방치한 광산이 대부분이기 때문에, 수익성이 낮더라도 국가적인 차원에서 자원 확보와 수입 대체, 고용 창출 등에 필요한 여러 국가적 지원과 민간기업의 투자가 필요한 시점이다.

[표 5-19] 폐금속자원 재활용 기술개발 사업의 세계시장 및 창출 수익가치

년도	2021	2022	2023	2024	2025	2026	2027	2028	2029	2030	합계
폐자원재활용 (억달러)	267	275	283	292	301	310	319	329	338	349	3,063
폐기물 저감·재활용 (억달러)	40	41	43	44	45	46	48	49	51	52	459
시장 NPV (억달러)	21	21	20	20	19	19	18	18	17	17	190
현재가치 (백만달러)	58	56	55	545	52	51	50	49	48	47	520

* 자료 : 산업통상자원부, 2016., 글로벌탑 경제성분석, 2009. 재인용

[표 5-20] 도시광산 기술개발 R&D 지원규모

년도	전체	'95~'10	'11	'12	'13	'14	'15
정부지원금 (억원)	880	321	126	130	88	120	95

* 자료 : 산업통상자원부, 2016

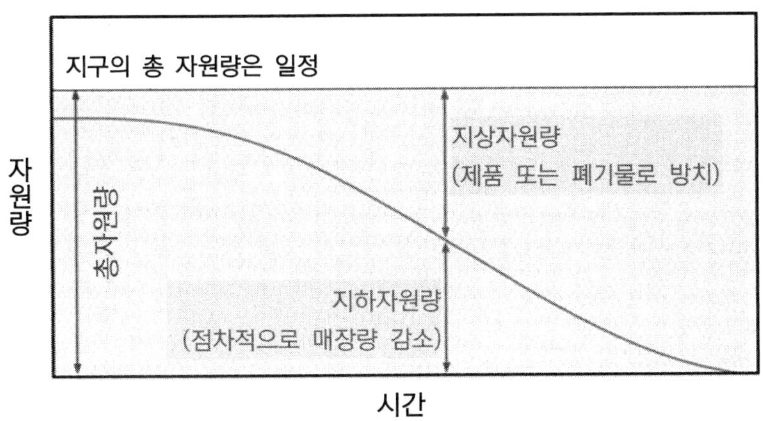

* 자료 : 산업통상자원부, 2016

[그림 5-46] 지하자원량 및 지상자원량 상관관계

도시광산 원료의 분석

6

6.1 기초약품

무기 분석시료를 분해하는데 이용되는 가장 보편적인 시약은 무기산이고, ammonia와 알칼리 금속 수산화물 용액들도 가끔 사용된다. 산에서 시료가 서스펜션으로 존재하면 고체상이 사라져 완전히 용해되었다고 판단될 때까지 가열한다. 분해온도는 무기산의 끓는점(또는 분해점)이다. 다음은 주요 산의 특성을 설명한 것이다.

6.1.1 질산(Nitric acid, HNO_3)

질산은 산 분해 전처리에서 가장 널리 사용, 금속과 유기물질을 산화시킨다. 뜨겁고 진한 질산은 표면 산화물 형성으로 인해 부동화가 되는 Al과 Cr을 제외한 일반적인 모든 금속들을 녹이는 강산화제이다. Au, Pt, Nb, Ta와 Sr는 녹이지 못하여 Al과 Cr과도 쉽게 반응하지 않는다. Sn, Sb, W를 함유한 합금들은 뜨거운 질산으로 처리하면 거의 녹지 않는 $SnO_2 \cdot 4H_2O$와 같은 수화된 산화물을 형성하거나 불용성의 Hydrous Oxide를 만든다. 대부분 Sulfides, UO_2, U_3O_3을 녹인다. 시료의 완전한 분해를 위해 초기 반응 후에 과산화수소수를 첨가해야 한다.

뜨거운 질산은 단독 또는 다른 산과 H_2O_2와 Bromine과 같은 산화제와 혼합하여 미량 금속 함유량을 결정하기 전에 유기시료를 분해하는데 사용한다. 주로 지방, 음료, 단백질, 탄수화물, 식물체, 폐수와 일부 색소류와 고분자와 같은 유기시료를 분해하거나 토양시료의 가용성 성분을 녹이는데 광범위하게 사용된다.

습식 재만들기(Wet Ashing)라고 하는 분해방법은 유가시료를 이산화탄소와 물로 변환시키는 것이다. 만일 밀폐된 용기에서 실행하지 않으면 Halogen, Sulfur 그리고 Nitrogen과 같은 비금속 원소들은 휘발성 때문에 모두 또는 부분적으로 손실되게 된다.

질산은 강산으로서 만이 아니라 강산화제인 점에 주목하여야 한다. 많은 금속, 합금, 광물 등을 녹일 때 쓰이고 있다. 그러나 많은 전이 원소는 질산 처리에 의하여 표면이 산화물 피막으로 덮이게 되어 용해가 어려워진다. 질산은 산화작용에 있어 용제로서는 양호하지만 이후의 분석 조작을 방해하는 경우가 많다. 그러한 경우에는 과잉의 질산을 증발하거나 또는 염산을 가하여 증발을 반복함으로써 질산염을 염화물로 바꾼다. 용제로서는 진한 질산(68%)을 물로 1:1로 묽혀서 사용하거나 센 산화작용이 필요할 때는 진한 질산을 묽히지 않고 그대로 사용하여 가열한다. 질산에 브롬을 첨가하면 산화작용이 일층 강화되어 황 또는 황산염 들을 용해하는데 편리하다.

- 뜨겁고 진한 질산은 표면에 산화물이 형성되어 부동화가 일어나는 aluminum과 chromium을 제외한 일반적인 모든 금속들을 녹인다.
- Tin, Tungsten 또는 Antimony를 함유한 합금들을 뜨거운 시약으로 처리하면 난용성 $SnO_2 \cdot 4H_2O$와 같은 수화된 산화물을 형성한다. 이 콜로이드 물질이 응고된 후 거르면 다른 화학종들과 분리할 수 있다.
- 뜨거운 질산만으로 또는 다른 산 및 hydrogen hydroxide(과산화수소)와 bromine과 같은 산화제의 혼합물로 미량 금속함량을 정량하기 전에 유기물질을 분해하는데 널리 사용한다. 습식 재만들기인 이 분해과정은 유기물을 carbon dioxide와 water로 변화시킨다. 닫힌 용기에서 분해하지 않는 한 halogens, sulfur 및 nitrogen과 같은 비금속 원소는 완전히 또는 부분적으로 휘발하여 날아간다.

6.1.2 염산(Hydrochloric acid, HCl)

진한 염산은 무기시료들을 위한 아주 좋은 용매이나 유가물들을 분해하는데 한계가 있다. 진한 염산은 수소보다 더 쉽게 산화되는 금속뿐만 아니라 많은 금속산화물을 용해시키는 우수한 용매이다. 진한 염산은 약 12 M이나 가열하면 6 M의 끓는점이 불변인 용액이 될 때까지 염화수소를 휘발한다. 특히 약산의 염(Carbonates, Phosphates, Fe_2O_3와 같은 Oxide 류)을 녹이는데 유용하다.

시료가 물에 불용성이거나 난용성인 경우에는 우선 염산을 사용한다. 염산을 사용하면 생성되는 염화물은 거의가 물에 잘 녹으며, 과잉의 산은 증발에 의하여 제거할 수 있다. 또한 많은 경우 용해도중 산화, 환원 작용을 하지 않는 장점이 있다. 그러나 진한 염산은 때때로 환원작용을 수반하는 경우가 있으므로 주의를 요한다. 즉, 금속산화물 및 과산화물에 대한 좋은 용제가 되지만 철, 알루미늄, 주석, 티탄, 안티몬과 같은 천연산산화물 및 이들의 산화물을 강열하거나 일단 건조한 이들의 침전은 용해되기 어렵다. 탄산염, 황화물, 플르오르화물, 아황산염등을 용해와 더불어 CO_2, H_2S, HF, SO_2, NO 등이 발생하는 것을 유의하여야 한다. 또한 높은 원자가 금속의 염화물을 휘발되기 쉬우므로 장시간 증발하여서는 안 된다.

염산은 농도 약 12 M이나 가열하면 6 M의 불변 끓음 용액(끓는점은 약 110℃)이 될 때 까지 Hydrogen chloride(염화수소)는 휘발한다. 일반적으로 약 38%의 염산을 사용하고 있으며, 물로 희석한 1:1의 용액을 우선 사용하고 필요에 따라 진한염산을 사용한다. 무기 시료뿐만 아니라 유기물질을 분해하는데도 일부 이용한다. 수소보다 더 쉽게 산화되는 금속뿐만 아니라 많은 금속 산화물에 대해 우수한 용매이다.

6.1.3 황산(Sulfuric acid, H_2SO_4)

끓는점이 높다는 점(약 340℃)에서 용매로써 효율성을 갖고 있는 뜨겁고 진한 황산에 의해 많은 물질들은 분해되고 용해된다. 대부분의 유기 화합물들은 이 온도에서 탈수되고 산화되므로 이에 따라 이산화탄소와 물로서 시료로부터 제거한다. 그러나 비휘발성 산임을 알고 유기물을 산화시키는 경우라도 최소량만을 사용해야 한다.

황산은 산화 또는 환원 작용을 수반하지 않는 용제로서 사용하는데 편리하다. 예를 들어, Fe(II), Fe(III), Sn(II), Sn(IV) 등은 그 산화 상태로 황산염이 된다. 이런 경우에는 묽은 황산을 사용한다. 한편, 진한 황산은 끓는점이 높아 고온에서 시료를 용해하는데 쓰인다. 황화물, 아비산염 등의 광석과 안티몬, 주석을 함유하는 합금을 용해할 때에 관리용으로 사용하게 된다.

- 뜨겁고 진산 황산은 끓는점이 높아서 용매로써 효율성을 갖고 있어 많은 물질들이 분해되거나 용해된다.
- 대부분 유기 화합물들은 이 온도에서 탈수되고 산화되어 carbon dioxide와 물로서 시료로부터 제거한다.
- 대부분의 금속과 많은 합금들은 뜨거운 산에 의해 용해된다.

6.1.4 과염소산(Perchloric acid, $HClO_4$)

강한 산화제인 뜨겁고 진한 과염소산은 다른 무기산으로는 처리하기 어려운 많은 철합금과 Stainless Steel을 용해한다. 그러나 과염소산은 잠재적인 폭발성을 가지고 있기 때문에 사용시 주의해야 한다. 차갑고 진한 산이나 뜨겁고 묽은 용액은 위험하지 않지만, 뜨겁고 진한 과염소산이 유기 물질이나 쉽게 산화되는 무기물질과 접촉하면 강력한 폭발을 일으키므로 주의해야 한다.

과염소산은 강산화제인 동시에 칼륨 이외의 금속과 과염소산은 수용성이며, 이중 많은 종류의 염은 알코올, 에테르, 에스테르 등의 유기 용매에도 가용성이다. 그러나 환원성 물질, 특히 거름종이의 찌꺼기와 같은 탄수화물이 있을 때는 폭발할 위험성이 있다. 금속 또는 합금을 질산 또는 염산으로 용해한 다음 과염소산염으로 변화하는 조작은 널리 사용되고 있다. 즉 이 산의 음이온은 배위능력이 약하기 때문에 완전한 수용성이온(Aqua ion)화 하는데 적합하다. 과염소산의 강력한 산화력을 이용하여 유기화합물이나 동식물체의 용해 또는 재만들기(Ashing)에 사용된다. 이 때 과염소산만을 단독으로 사용하면 폭발될 염려가 있으므로 5~10배 부피의 진한 질산과 혼합하여 사용한다. 즉, 시료에 질산과 과염소산을 가한다음 가열하면 이 경우에 유리용기를 사용할 수 있다. 질산이 대부분의 유기물을 산화하면서 증발 제거하고, 남은 유기성분을 과염소산이 산화한다. 재만들기 과정이 불충분할 경우에도 이 조작을 반복하되 이 조작은 항상 실험실의 후드내에서 수행해야 하며, 후드의 내부를 물로 자주 세척을 함으로써 후드 내부 재질이 과염소산과 반응하여 폭발성 또는 인화성 물질로 변화는 것을 예방할 수 있다. 강력한 산화제로서 뜨겁고 진한 과염소산은 다른 무기산으로는 처리하기 힘든 많은 철 합금과 스테이레스 강을 용해시키며, 폭발할 가능성이 있으므로 사용할 때 주의해야 한다.

유리나 스테인레스 강으로 연결되고 이음새가 없으며 안개 형태로 멱을 씻어 내리는 시스템 독립적으로 특별한 송풍 장치를 가지고 있는 후드가 이상적이다.

PerchloricAcid(과염소산)는 60~72%의 산으로 판매되는데, 안정적인 혼합물(72.4% $HClO_4$)은 203℃에서 얻어진다.

❖ 주의

Perchloric Acid(과염소산)는 단지 뜨겁고 농도가 진할 때, 그리고 유기 물질과 같은 쉽게 산화되는 물질이 존재할 때만 위험하다. 과염소산염이 폭발하기 전에 유기물이 산화되면서, 밝은 노란색에서 담황색, 밝은 갈색, 암갈색까지 색변화가 먼저 일어나는데 이럴 경우 즉시 용액을 묽히거나 급히 그 근처에서 피해야 한다.

6.1.5 불산(Hydrofluoric acid, HF)

플루오르화수소산은 SiO_2나 규소염과 반응하여 SiF_4를 발생시킴으로써, 이들을 증발 제거할 수 있다. 또한 티탄, 니오브, 탄탈 등과 같은 광물과 작용하여 플루오르화착이온을 형성하여 용해작용을 나타낸다. 그러나 많은 경우 다음 항에서 설명하고 있듯이 황산과 혼합하여 사용하고 있다. 플루오르화수소산은 이미 기술한 바와 같이 보통은 황산과 혼합하여 사용한다. 이때 유리, 사기그릇 등은 강하게 침식되기 때문에 백금제 기구를 사용하여 용해조작을 수행한다. 폴리에틸렌기구를 사용할 수는 있으나 가열이 불가능하다. 테프론은 180℃까지의 가열에 견딜 수 있다. 플루오르화수소산은 규산을 SiF_4로서 제거하는데 사용되거나, 암석 등의 규산을 제거하기 위하여는 우선 탄산알칼리 용융을 거친 후 염산처리를 거쳐 SiO_2로 만든다. 이 조작은 반드시 실험실의 후드 내에서 수행한다.

불산의 주요 용도는 실리카 이외의 다른 화학종들을 정량하기 위하여 규산암과 광물을 분해하는 것이다. 이러한 처리를 통해 Silicon은 tetrafluoride로서 방출된다. 분해가 끝난 후 과량의 불산은 황산 또는 과염소산과 함께 증발시켜 날려보낸다. 플루오르화 이온이 여러 양이온들과 반응하여 양이온들을 정량하는데 방해를 하는 아주 안정한 착물을 형성하므로 정확한 분석을 위해서 완전히 제거해야 한다. 예를 들어, 플루오르화 이온이 소량이라도 남아있으면 암모니아로 인한 Aluminum 침전($Al_2O_3 \cdot XH_2O$)처럼은 완전하게 일어나지 않는다. 때때로 시료로부터 플루오르화 이온을 마지막 미량까지도 제거하는 것은 매우 어렵고 시간이 많이 소비되므로 규산염에 대한 용매로서의 좋은 특징을 상쇄한다.

불산은 가끔 다른 산들과 함께 사용되어 다른 용매에 용해되기 어려운 철강을 용해한다. 불산은 독성이 강하므로 시료를 용해하고 과량의 시약을 제거하기 위해 증발을 시킬 때 항상 환기가 잘되는 후드에서 수행해야 한다. 불산이 피부에 접촉되면 심한 손상과 고통스러운 상처를 일으킨다. 이러한 현상은 접촉 후 몇 시간이 지나야 나타나므로 만약 불산이 피부에 묻으면 즉시 접촉된 부위를 많은 양의 물로 씻어내야 한다. 플루오르화 이온을 침전시키는 묽은 칼슘이온 용액으로 처리하여도 도움이 될 것이다. 그러므로 불산은 실리카(Si)를 포함하는 시료의 완전한 분해와 Ni-Cr 합금, Silicate Mineral에 사용된다.

❖ 주의

Hydrofluoric Acid(불산)는 독성이 크므로 시료를 용해하고 과량의 시약을 제거하기 위해 증발시킬 때 항상 환기가 잘되는 후드에서 수행해야한다. Hydrofluoric Acid(불산)가 피부에 접촉하면 심한 손상과 상처를 일으킨다. 이러한 현상은 접촉 후 몇 시간이 지나야 나타난다. 산이 피부와 접촉하면 즉시 접촉된 부위를 많은 양의 물로 씻어 내고, 플루오르화 이온을 침전시키는 묽은 Calcium이온 용액으로 처리한다.

6.1.6 인산(Phosphoric acid, H_3PO_4)

오르토인산(H_3PO_4)을 가열하여 증발 농축하면 각 증발 온도에 따라 조성이 상이한 끈끈한 투명액체를 얻게 된다. 이 용액은 진한 인산이라고 하며 목탄과 흑연 등도 녹일 수 있는 독특한 용제이다. 오르토인산을 플라스크에 가한 다음 보호관이 부착된 온도계를 삽입하여 가열(250~320℃)하면서 액면의 공기를 깔대기가 달린 아스피레이터(Aspirator)를 사용하여 빨아내면 간단히 얻어진다. 이 용액은 유기화합물은 물론, 유리와 같은 무기물질까지도 용해할 수 있다. 더욱이 진한 인산에 요오드산칼륨, 중크롬산칼륨 등을 녹인 것은 강력한 산성화 용액제가 되며, 또한 염화주석(II)을 녹인 것은 강력한 환원용제로서 SO_4^{2-}는 정량적으로 H_2S로 되며, 요오드화 유기물을 정량할 수도 있다. 이와 같이 강인산은 끓는점이 높기 때문에 다양한 용해 작용을 나타낸다.

6.1.7 혼산(Mixed Acid)

산 혼합물을 사용하거나 무기산에 산화제를 첨가하면 더 빨리 용해된다.

1) $HCl : HNO_3$(왕수)

일반적인 혼합비율은 $HCl : HNO_3 = 3 : 1$이며, 저장해 놓고 사용하는 것이 아니라 필요할 때마다 만들어 사용한다. 염산과 질산에 각각 녹지 않는 귀금속, 금, 백금 광석과 같은 무기물질이나 식물체, 폐수의 분해에 사용된다. Silicate 매트릭스에서 금속성분들을 녹여내지만 완전히 용해시키지는 못한다.

2) $HNO_3 : H_2SO_4$

일반적인 혼합 비율은 $HNO_3 : H_2SO_4 = 1:1$이며, Sulfate Complex의 생성이나 고온에서 산화되는 화합물의 처리, 시료의 탈수(Dehydrating)에 좋다. (고분자, 지방, 유기물질 등) 시료의 완전한 분해를 위해서 초기 처리 후 SO_2의 백색 연기가 발생될 때 까지 용액의 부치를 감소시킨 후 과산화수소를 첨가할 수 있다.

3) $HNO_3 : HF$

일반적인 혼합 비율은 $HNO_3 : HF = 1:5$이며, Ti, W, Nb, Zr(ZrO_2 제외)를 녹인다. Alloys, Carbides, Nitrides, borides, silicate Rocke, Ash, Slag, Si 함량이 높은 Plant Materials의 처리에 사용된다.

4) $HNO_3 : HCl : HF$

일반적으로 왕수($HCl : HNO_3 = 3:1$)와 HF를 7:3의 비율로 혼합하여 사용하여 사용하며 $HNO_3 : HCl : HF$ = 5:15:3로 혼합하여 사용하기도 한다. Alloys, Silicate, Ash, Slag, Clay, Glass와 Ceramics의 Digestion에 사용된다.

[표 6-1] 분석원소별 사용하는 산

금속	분해에 이용되는 산 등	분해방법의 한 예	주의점
Ag	질산 질산-황산	통상 질산을 이용, 분해한다.	미량이라도 Cl이온이 있으면 AgCl침전을 생성한다.
Al	염산, 황산 염산-질산 염산-과산화수소수 황산-질산 등 수산화알칼리	염산으로 분해 후 과산화수소수를 떨어뜨려 완전히 분해하는 방법이나 염산-질산의 혼합산에 의한 분해를 이용한다. Si를 포함하는 합금은 불용해분을 여과 분리해 여과지를 회화 후 질산 및 불산에서 규산분을 휘산 재거한다. 20% 수산화나트륨을 이용 분해하며, 과산화수소수를 떨어뜨릴 때도 있다.	묽은 질산 단독으로는 분해속도가 늦고 진한 질산에는 부동태화되어 분해하지 않는다. 염산, 황산을 이용하여 분해할 때 분해속도가 느린 경우 Sn, Ni, Cu 용액을 첨가한다.
Au	질산-염산	질산-염산의 혼합산 외의 산에 불용	
Bi	질산, 진한 황산 질산-염산	통상, 질산(1+1)을 이용, 분해한다.	염산 산성, 질산 산성의 어느 쪽 액성 중에서나 안정적이지만, 너무 희석하면 가수분해들을 생성한다.
Cd	염산, 질산 질산-염산	주로 질산(1+1) 단독 또는 질산-염산의 혼합산이 이용한다.	
Co	염산, 질산, 황산 질산-염산	통상 질산(1+1) 단독 또는 질산-염산의 혼합산이 이용된다. 염산, 황산 단독은 반응속도가 늦다.	
Cr	염산, 질산, 과염소산	과염소산으로 분해하는 방법이 이용된다. 잔사가 남은 경우는 여과 분리해 여과지를 회화한 후 황산 및 불산으로 규산분을 휘발 제거하고, 나아가 피로황산칼륨을 이용해 융해한다.	황산에는 불용 또는 황산에 의한 건고는 산에 녹지 않는 무수크롬산을 생성한다. 과염소산을 이용, 분해하면서 2크롬산이 되므로 분해 후 염산을 떨어뜨려 건고하면 휘산 제거할 수 있다.
Cu	질산 질산-염산 질산-황산	통상 질산(1+1)을 이용해 가열 분해한다.	질산과의 반응이 격렬하기 때문에 물로 희석한 산을 사용한다.
Ca	염산 질산-염산 수산화알칼리	염산에 의해 분해한다. 소량의 질산을 첨가하면 반응이 빠르다.	진한 질산에는 부동태화되어 분해되지 않는다.
In	염산, 질산, 황산, 질산-염산	통상 질산(1+1), 질산-염산의 혼합산에 의해 분해한다.	

[표 6-1] 계속

Ir	산불용 과산화나트륨 수산화알칼리 융해	5% 이하 Pt 등의 합금에서는 질산 - 염산의 혼합산으로 분해할 수 있는 경우가 있다.	
Mg	염산, 질산, 황산 이들의 혼합산	염산(1+1)으로 분해한 후 과산화수소수 또는 질산을 넣고 다시 분해하는 방법이 주로 사용한다.	일반적으로 산과 반응이 격렬하기 때문에 물로 희석한 산을 사용한다.
Mn	질산, 염산, 황산 질산-염산	질산, 염산, 황산을 단독으로 사용하는 방법을 이용하고 있다.	일반적으로 산과의 반응이 격렬하기 때문에 물로 희석한 산을 사용한다.
Mn	불산, 진한 질산, 진한 황산, 인산 불산-질산 질산-황산 염산-질산	통상 불산-질산 등 불산을 포함하는 혼합산을 이용한다. 질산-황산의 혼합산, 인산-염산-불산-질산의 혼합산에 의한 분해도 이용한다.	F^-, NH_4^+이 온 을 포함하지 않는 용액에서는 불용성 산화물을 생성하기 쉽다, 주석산을 첨가하여 안정화시킨다.
Nb	불산, 진한 황산 염산-불산 질산-불산 불산-과산화수소수	통상 질산-불산의 혼합산으로 분해한다.	F^- 이온을 포함하지 않는 용액에서는 불용성 산화물을 생성하기 쉽다.
Ni	염산, 질산, 황산 질산-염산	지금(地金)의 분해에는 주로 질산(1+1)이 사용된다. W를 포함하는 합금에는 질산-인산-과산화수소수의 혼합산 이용.	진한 HNO_3에는 부동태화 해, 분해속도가 늦다.
Pb	질산, 진한 황산 질산-염산	지금(地金)의 분해에는 주로 질산(1+4)이 이용된다, 진한 황산에도 분해 능하다. 단, 희석하면 $PbSO_4$ 침전이 생성한다. 염산 산성용액도 희석하면 $PdCl_2$가 침전한다.	진한 질산에는 분해하기 어렵다.
Rh	산에 녹지 않음 과산화나트륨, 수산화알칼리 융해	함유량 50% 이하인 Pt, Pd 등의 합금에는 질산-염산의 혼합산에서 분해 가능한 경우가 있다.	
Pt	질산-염산(왕수)	염산-질산의 혼합산(5:1) 또는 (3:1)이 이용되고 있다. 왕수계 이외의 산에는 녹지 않는다.	

[표 6-1] 계속

Ti	염산, 황산, 불산 염산-불산 질산-불산 불산-과산화수소수	염산, 황산에도 분해하지만 반응속도는 느리며, 불산에는 격렬하게 반응한다. 이러한 산 분해에는 불용성 산화물을 생성하기 쉬워서 과산화수소수 또는 소량의 질산을 첨가해 산화시킨다.	질산에도 분해하지만, 불용성 산화물을 생성한다.
Pd	진한 질산, 진한 황산, 질산-염산	통상은 질산-염산의 혼합산이 이용된다.	PdO는 산에 불용, 표면산화 정도에서는 포름산에 의해 환원 가능하다.
W	질산, 불산 염산-불산 질산-불산 불산-과산화수소수	질산, 염산-질산에도 분해하지만, 반응이 느리다, 불산을 포함하는 혼합산을 이용하는 경우가 많다. 합금의 분해에는 다시 인산이나 과산화수소수를 추가한다.	질산, 염산-질산으로 분해하는 경우에는 불용성 산화물을 생성하기 때문에 주석산을 추가한다.
Zn	염산, 질산, 황산 이들의 혼합산 수산화알칼리	지금(地金)은 염산, 질산, 황산 등으로 용이하게 분해한다, 합금의 경우는 산화성 산을 공존시킨다.	일반적으로 산과의 반응이 격렬하기 때문에 물로 희석한 산을 이용한다.
Zr	불산 염산-불산 질산-불산 황산-불산	불산을 포함하는 각종 혼합산을 이용하고 있다. 황산-황산암모늄의 혼합액에도 분해한다(백연이 발생할 때까지 충분히 가열한다).	
Ru	산에 녹지 않음 과산화나트륨 수산화알칼리 융해	함유량 수% 이하인 Pt, Pd 등의 합금에는 질산-염산의 혼합산에서 분해 가능한 경우가 있다.	알칼리 융해 후 산에 분해되면 일부가 RuO_4가 되어 휘산한다.
Sb	질산, 진한 황산 질산-염산	염산-질산 혼합산이 주로 사용되고 있다.	주석산을 첨가하거나 3M 이상의 염산용액으로 한다. 염산용액을 가열하면 휘산한다.
Sn	염산, 황산 염산-질산 염산-과산화수소	염산-질산(3:1)의 혼합산이 이용된다.	질산에만 의한 분해는 메타주석산이 생성한다. 메타주석산은 뜨거운 진한 황산 이외의 산에 녹지 않는다. 할로겐화물은 휘산한다.
Ta	불산 염산-불산 질산-불산	불산 이외의 산에는 분해하지 않기 때문에 불산 단독 또는 다른 산과의 혼합산을 이용한다.(불산단독 : 반응속도 느림.)	과산화수소, 옥살산, 주석산, 구연산을 첨가해 가수분해를 막는다.

6.2 분석 전 주의사항

6.2.1 분석실 환경

1) 보호구 착용

시료 전처리시 무기산을 다룰 때는 손을 보호하는 장갑, 호흡기를 보호하는 마스크, 눈을 보호하는 보안경 등 신체를 보호할 수 있는 보호구를 착용하여야 한다.

2) 배기시설

무기산을 사용하게 되면, 인체에 해로운 가스(Fume)가 발생하기 때문에 배기시설인 Fume Hood가 꼭 필요하며, 무기산으로 전처리할 경우 반드시 hood안에서 전처리하여야 한다. 그리고 Fume이 산성이기 때문에 대기오염 방지를 위한 세정시설도 반드시 필요하다.

[그림 6-1] Fume Hood

[그림 6-2] 세정시설

분리형 일체형 부스형

[그림 6-3] 각종 비상샤워 시설

3) emergency shower 설치

작업장에서는 응급상황시 바로 대처 할 수 있도록 비상 샤워 시설을 설치하여야 한다.

6.2.2 위험물 취급

위험물 취급 담당자란 위험물을 제조, 취급하는 작업을 할 때 규정된 지휘자를 말하며, 위험물을 제조하거나 취급하는 설비 및 당해 설비의 부속설비가 있는 장소의 온도, 습도, 차광 및 환기상태 등을 수시로 점검하고 이상을 발견한 때에는 즉시 필요한 조치를 수행하고, 이에 대한 기록 및 보관하는 일을 한다.

위험물 취급 담당자는 유독한 유해물질 및 위험물을 취급 시 다음 사항들을 관리해야 한다.

1) 유독 유해한 물질

- 시안 화합물, 산화수은(II), 아비산 : 유독하므로 일반 시약과는 별도로 보관하고, 여러 사람이 취급하지 않도록 한다.
- 수은(Hg) : 증기가 유독하므로 항상 마개를 꼭 막고, 온도가 낮은 곳에 보관한다. 만약, 수은이 실험대 위나 실내에 흩어졌을 때는 모두 모아 시약병에 담아두도록 한다.
- 이황화탄소 : 기화하기 쉽고, 유해하므로 마개를 꼭 막아 둔다.
- 할로겐과 할로겐화수소 : 발생 실험은 통풍이 잘 되는 곳에서 실시하되, 들이 마시지 않도록 유의한다.
- 진한 암모니아수, 발연성 산, 아세트산 등의 휘발성 물질 : 점막을 자극하여 상하게 하므로 마개를 꼭 막아두고, 마개를 열 때는 얼굴을 가까이 대지 않도록 한다.

2) 피부를 상하게 하는 물질

- 강한 염기, 할로겐, 할로겐화수소, 진한 황산, 진한 질산, 포르말린, 페놀, 크레졸 등이 닿으면 피부가 상한다.
- 질산은 용액 : 피부에 닿으면 검게 된다.

3) 불붙기 쉬운 물질

- 공기 중에서 불붙는 것 : 흰 인
- 물과 격렬하게 반응하는 것 : 나트륨(석유 속에 보관), 칼륨, 생석회, 카바이트
- 불붙기 쉬운 것 : 메탄올, 에탄올, 아세톤, 벤젠, 에틸에테르, 톨루엔, 가솔린, 이황화탄소
- 연소하기 쉬운 고체 : 흰 인, 붉은 인, 황, 마그네슘 가루, 셀룰로이드

4) 폭발하기 쉬운 물질

- 염소산 칼륨 : 갑자기 충격을 가하거나, 고온으로 가열하면 폭발한다.
- 아세틸렌과 중금속의 화합물 : 질산은이나 황산구리의 용액에 아세틸렌을 통하여 얻은 물질은 건조시킬 때 폭발하기 쉽다.
- 질산은과 암모니아수 : 질산은에 암모니아수를 가한 것을 공기 중에 방치하면 폭발성이 있는 물질을 생성한다.

- 과산화수소 : 진한 과산화수소수(30~50%)에 금속이나 금속의 산화물, 탄소 가루를 섞으면 폭발하기 쉽다.
- 진한 질산 : 타기 쉬운 것을 섞으면 폭발하기 쉽다.

6.2.3 응급조치 요령

화학물질을 사용함에 있어서는 불식간에 다양한 응급사항이 발생할 수 있으며, 이에 따른 응급조치 요령을 숙지하여야 한다.

1) 산에 의한 화상

- 화상 입은 부위를 응급샤워시설이나 싱크대에서 재빨리 세척 한 다음, 묽은 탄산수소나트륨 용액으로 씻는다.
- 화상이 심할 경우 에는 의사의 진단을 받아야 하며, 의사의 처방을 받은 후 상처부위에 알맞은 조치를 취하도록 한다.
- 치부 : 묽은(0.1 M) 암모니아수 또는 묽은(1%) 탄산수소나트륨의 수용액으로 중화한다.
- 눈 또는 입 : 0.1%탄산수소나트륨 수용액으로 씻는다.
- 의복 : 0.1 M의 암모니아수로 중화한다.

2) 알칼리에 의한 화상

- 산과 마찬가지로 많은 물로 충분히 씻고, 아주 묽은 아세트산 용액으로 세척하여 준다.
- 화상 입은 부위에 따라 다음과 같이 응급조치를 취할 수 있다.
- 피부 : 0.1% 아세트산 용액으로 중화한다.
- 눈 또는 입 : 약 2% 붕산수로 닦는다.
- 의복 : 0.1% 아세트산 수용액으로 중화한다.

3) 눈에 약품이 들어갔을 때

- 알칼리가 눈에 들어갔을 때는 붕산 세안 액으로 씻고 산이 눈에 들어갔을 때에는 묽은 탄산수소나트륨 용액으로 씻는다. 그런 조치를 한 다음에는 다량의 물로 씻고 지체 없이 의사의 검진을 받아야 한다.

4) 유독가스를 마셨을 때

- 즉시 앉거나 누워서 깊게 호흡한다. 할로겐을 들이마셨을 때에는 알코올로 적신 솜뭉치로부터 공기를 흡입한다. 상당한 양을 들이마셨을 때에는 인공호흡과 산소의 흡입이 필요하며 지체 없이 의사를 부른다.
- 염소가스, 이산화황, 암모니아, 클로로포름, 에테르 등의 유독가스 혹은 휘발성 액체의 증기를 마셨을 경우에는 신선한 공기가 있는 곳으로 옮겨 눕히고 체온이 저하되지 않도록 보온하고 회복할 때까지 안정시킨다. 특히, 염소가스를 흡입하였을 때에는 편한 자세에서 맑은 공기로 심호흡을 하고 알코올 증기를 흡입한다.

5) 시약에 불이 붙었을 때

- 주위의 모든 전기 전원을 끄고 인화성인 물질과 용매를 먼 곳으로 옮긴다.
- 알코올이나 아세톤과 같이 물과 잘 섞이는 용매에 불이 붙었을 경우는 물로 소화작업을 해도 좋으나 일반적으로는 이산화탄소 소화기를 사용한다.

6.3 시료채취 및 전처리

도시광산의 원료 중 유가금속의 경제성을 기반으로 하는 가치판단 및 상거래를 위해서는 다음의 과정이 기본적으로 수반되는 행동이다.

「시료채취」 ⇨ 「전처리」 ⇨ 「정량분석」 ⇨ 「경제성평가」

각 단계에서 발생할 수 있는 오차의 범위를 인지하는 것은 가치판단을 위한 핵심요소이다. 각각의 오차로부터 최종단계에서의 최종오차범위는 도시광산의 거래가격 산정시 수요측과 공급측간의 불공정한 거래를 초래할 수 있기 때문에 이의 객관적 자료관리 및 상호신뢰로부터 합리적인 상거래가 이루어지게 된다. 그러므로 도시광산 원료의 분석은 수요공급의 상거래를 위해서 매우 중요한 부분이 된다.

6.3.1 시료채취

도시광산 시료뿐만 아니라 모든 분석 시료의 채취는 시료 전처리에 있어서 가장 중요한 문제이다. 시료의 채취에 있어서 가장 중요한 원칙은 분취한 시료가 시료 전체를 대표 할 수 있어야 한다는 것이다. 그러므로 시료의 형상과 균질 여부에 따라 가장 적절한 방법으로 시료를 채취하지 않으면 안된다.

시료 채취자는 항상 이러한 원칙을 염두하고 시료를 채취하여야 하며, 이론적으로는 Random sampling을 권장하고 있는데 실제적으로 시료를 채취하는 경우에는 어려움이 많은 것이 현실이다. 여기에서는 도시광산 시료의 성상과 균일성 확보여부에 따라 시료채취에 대한 방법을 찾아보고자 한다.

1) 평균 시료채취

분석 대상물 전체, 즉 모집단(lot)의 품질을 대표하는 소량의 시료(sample)를 채취한다는 것은 특히 품질이 균일하지 못할 때 분석 전과정 중에서 가장 어렵고 중요한 일이다. 가장 일반적인 평균 시료 채취방법인 축분법(reduction)의 하나인 사분법(quartering)은 다음과 같다.

① 축분법(사분법)

전체 분석 대상물의 각 부분에서 여러 가지 방법으로 무작위(random)로 비교적 많은 시료를 취한 다음, 덩어리의 경우 분쇄하여 전량을 체(sieve)로 쳐서 균일하게 혼합한다. 다음에 원추형으로 쌓아올리고 위에서 고르게 눌러 납작하게 만든다. 원의 중심을 통과하는 직교 십자선을 그어 사등분한 다음, 서로 마주보는 2개의 부분을 취하여 다시 분쇄하고 체로 쳐서 혼합한다. 위와 같은 과정을 반복하여 적당한 소요량이 되면, 깨끗한 용기에 넣고 밀봉하여 실험실용 시료(laboratory sample)로 하고, 실험실에서는 다시 사분법에 따라 소분하여 최종적인 분석용 시료(test sample)로 한다.

② 축분에 대한 주의사항

시료를 축분법으로 채취할 때에 다음 사항을 고려해야 한다.

- 균일하지 못한 시료일수록 제1회 채취량을 증가시켜야 한다.
- 축분조작 중에 반드시 2~3회 막자사발이나 볼밀(ball mill) 등을 이용하여 입자들 적당한 크기로 분쇄하는 동시에, 분쇄 할 때마다 전량을 체로 쳐서 처리한 다음 잘 섞어야 한다.
- 함습시료는 수분량에 따라 그때그때 분석치가 달라지므로, 처음부터 105℃ 내외에서 또는 데시게이터 속에서 항량이 될 때까지 건조시킨 다음 분석할 때가 많다. 이것을 건조시료(dry sample, dry base)라고 한다.

2) 시료채취시 확보해야 할 대표성

일반적인 경우에는 시료 채취의 대원칙이 바로 전체 시료를 대표할 수 있는 대표성이다. 실제에 있어서 시료의 형상이 다양하므로 여러 가지 단위 조작을 잘 활용하여 대표성을 확보하도록 노력해야 하며 가급적 여러 가지 방법으로 시도한 후 데이터를 비교하는 수고도 아끼지 말아야 한다. 이 경우 표준용액, 표준시료를 미지시료로 간주하고 그 분석 결과를 비교하여 정확도나 정밀도를 비교할 수 있다.

대표성확보와 함께 중요한 요소는 재현성이 있는 데이터이다. 대표성이 확보되면 당연히 재현성도 확보되지만 대표성을 확보하기가 원천적으로 불가능한 경우나 어려운 경우는 여러 부위에서 시료를 채취하여 분석한 후 데이터를 평균하여 처리하는 방법도 강구해 볼 수 있다. 어떠한 분석에나 대표 시료를 취하는 것은 가장 중요한 부분인데, 그 이유는 시료를 취할 때 발생하는 오차나 과실은 그 이후 분석의 어떤 시점에서도 보정될 수 없기 때문이다.

시료의 크기나 불균일성이 시료를 취할 때 문제가 될 수 있다. 만일 호수중의 한 화학물질의 농도를 정량하고자 한다면, 호수의 크기가 너무 커서 전체 분석을 시행하지 못하므로 준시료를 취해야 할 것이다. 하나의 준 시료는 특정한 지점, 수심, 사간에서의 물을 대표할 수는 있으나 호수의 모든 물을 대표하지는 못한다. 준 시료를 대상 분석종의 근원에 근접한 곳에서 취하면, 편중된 결과를 나올 수도 있다. 또한 물과 부유물을 포함한 시료의 경우는 불균일할 것이다.

분석층은 두 상 사이에서 달리 분배 될 수도 있다. 부유물의 농도는 위치와 수심에 따라 다를 수도 있다. 대상 분석종의 대푯값을 취하기 위해서는 타당함을 입증 할 수 있는 통계계획에 맞추어 위치와 시간을 선정하여 취한 여러 개의 준시료가 필요하다.

분말의 형태의 시료는 다시 혼합하여 균일한 시료로 얻을 수 있다. 위에서 든 보기들은 분석을 위해 대표적인 준시료를 취하며 부딪힐 수 있는 전형적인 문제의 예를 의미할 뿐이다. 의미 있는 분석 데이터를 얻으려면 시료를 얻기 위해 수행 가능한 방법을 사용하여야 하고 가능하다면 통계적인 기법으로 타당성을 입증해야 한다.

분석 시료를 채취할 때 부가적인 문제는 오염, 부주의한 채취, 취급 또는 저장기간 동안의 시료 변질 등에 기인한다. 분석하고자 하는 원소가 미량일 경우 시료가 접촉하는 모든 표면은 오염의 근원이 될 수도 있다. 시료 수집과 분석 시점간의 시간에 시료 중에서 일어나는 화학적 과정으로 인하여 분석 결과가 무효로 될 수도 있다. 이러한 과정에서 광분해, 흡착 증발손실, 열분해, 미생물 작용, 화학반응 등이 있다. 후일 분석시 사용하려는 시료는 유리제 용기에 담아 냉암소에 보관하여야 하는데, 이는 이러한 조건에서는 위에서 열거한 과정이 일어나기 어렵기 때문이다.

채취된 시료는 적절한 처리를 하지 않으면 수분의 증발 또는 수분의 흡수, 공기에 의한 산화, 효소작용, 미생물의 번식 등 시료의 보존 중에 성분의 변화 또는 변질이 생길 수 있으므로 시료 보존시 보다 각별한 주의가 요구된다고 본다. 몇 가지 조치방법을 열거하면 다음과 같다.

- 수분량의 변화를 방지하기 위한 방안 : 채취한 시료를 밀폐된 용기에 보관한다.
- 공기에 의한 산화를 방지하기 위한 방안 : 진공포장 또는 시료용기내의 공기를 제거하고 여기에 질소나 불활성 기체(inert gas)를 충진하는 방법이 있다. 또한 공기에 의한 산화를 방지하는 다른 방법으로는 공기에 접촉하는 면적을 적게하여 밀폐시키거나 저온에 보존하여 산화속도를 늦추는 방법도 있다.
- 건조조건에 따른 영향 : 일반적으로 건조조건에 따라 시료의 성질, 상태나 성분이 크게

변하는 경우가 있는데 건조는 가급적 저온에서 신속하게 하여야 하며 감압건조나 고온 상압 건조보다 효과적이다. 그리고 건조된 시료는 저온에서 보관하는 것이 좋다.

3) 시료에 대한 기재사항

시료를 대량으로 여러 장소에서 채취하는 경우 시료에 대한 구분을 하지 못해 난감한 경우가 생긴다. 또한 사전에 준비해야 할 사항을 준비하지 못해 귀중한 시간을 낭비하는 경우가 종종 발생한다. 시료를 채취하기 전에 꼼꼼히 필요한 사항을 점검하는 것이 무엇보다 중요하며 실험목적을 다시한번 상기시키는 것도 실수를 줄이는 방법 중의 하나이다. 그러므로 시료 채취시 다음과 같은 사항을 기록해 두면 혼동을 피할 수 있다.

◆ 시료의 명칭과 번호
◆ 채취일시와 반송일시
◆ 채취장소와 채취시 상황
◆ 검사목적 및 검사항목
◆ 시료채취 후 처리상황
◆ 운반방법
◆ 기타 참고사항

6.3.2 시료별 채취방법

1) 스크랩(Scrap) 시료채취

스크랩은 전자 부산물로서 도시광산 시료의 대표라고 할 수 있으며, 사업장 폐기물과 생활폐기물로 나눌 수 있다. 사업장 폐기물은 생산 공정 중 불량품이나 생산품에 필요한 부분을 사용하고 남은 부산물 등이며, 생활폐기물은 폐휴대폰, TV, 컴퓨터 등 전자제품이 대표적이라 할 수 있겠다.

[그림 6-4] 사업장 폐기물 스크랩

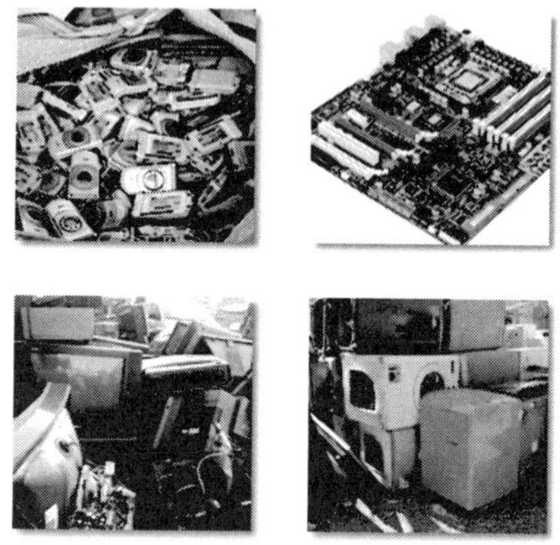

[그림 6-5] 생활 폐기물 스크랩

[그림 6-6] 스크랩 파쇄분

[그림 6-7] 전자기판스크랩

스크랩 시료는 채취시 대표성을 가지기가 상당히 어렵다. 물론 그중에는 균질한 성질을 가지는 시료도 있지만, 대부분의 시료는 그렇지 않다. 그래서 소각, 파쇄 후 사분법을 이용하여 채취 하도록 한다. 예를 들어 PCB Board, 전자 기판에 IC(중앙처리장치), MLCC 등이 붙어 있는데, 기판에 붙어있는 경우 분리, 소재별로 시료를 채취하고 비율을 계산하여 최종적으로 data를 산출할 때 합산해 주어야 한다. 하지만 소재별 시료로 분리하기가 어려울 때 에는 전체를 절쇄 한 다음 소각하여 파쇄 후 채망을 이용하여 덩어리와 가루로 나누어서 각각 분석 한 다음 최종적으로 합산해 준다.

[그림 6-6]은 도시광산 폐기물을 수거하여 재활용하는 사업장에서 jaw crushers를 이용하여 파쇄 한 사진이다. 하지만 이 시료도 대표성을 확보하지 못했다고 볼 수 있다. 따라서 한 번 더 ball mill이나 ring mill을 이용하여 파쇄를 해주어야 하는데, 이때는 소각이라는 과정을 거치고 진행한다. 소각을 해주는 이유는 첫 번째는 유기물제거와 파쇄시 균질함을

더 쉽게 가져가기 위함이며, 두 번째는 산처리를 할 경우 시료에 더욱 침투가 잘 되게 하기 위함이다. 하지만 주의해야 할 사항은 소각시 유해 화학물질이 많이 나오기 때문에, 반드시 대기오염 방지 시설을 갖추고 작업을 진행 하여야 한다.

2) 슬러지 시료채취

산업 부산물인 슬러지는 대부분 60~90%이상의 수분을 함유하고 있어서 건조 과정을 거쳐야 한다. 하지만 분석하고자 하는 원소가 유기물일 경우 휘발될 가능성이 있기 때문에 신중히 고려하여야 건조 여부를 결정한다. 건조 후에는 파쇄를 하여 슬러지를 100 mesh* 이상 균질하게 만든다. 슬러지가 powder 형태가 되면, 분석하고자 하는 원소의 양에 따라 시료를 채취해주면 된다. 분석원소가 극미량일 경우에는 시료량을 늘려야 하며, 분석 원소가 다량으로 존재한다면 소량 분취를 해도 무방하다.

❖ Mesh

그물의 그물코의 크기를 나타내는 단위이다. 미국의 Tyler의 표준 메쉬는 1 in 사이에 있는 그물코의 수로 나타내며, 독일의 DIN의 표준 메쉬는 1 cm^2중의 구멍수를 나타낸다. KS에서는,「명목 치수(Nominal Dinension)」(단위 ㎛)라 표시한다.

[그림 6-8] 슬러지 시료

3) 도금폐수 시료채취

도금 공정 및 반도체 공정에서 발생되는 폐수는 균일하다고 봐도 무방하다. 이럴 경우에는 긴 유리막대나 봉을 이용하여 잘 저어 준 다음 피펫으로 폐수를 2 ~ 3회 헹구어서 저농도일 경우 약 100 mL 정도, 고농도일 경우 적게는 1 ~ 10 mL 많게는 10 ~ 30 mL 채취하면 된다.

4) 폐촉매 시료채취

폐촉매를 채취하기 위해서는 먼저 적당한 크기로 분쇄 하여야 한다. 석유화학 촉매는 ring mill을 이용하여 100 mesh로 분쇄 하여 분취하고, 자동차 폐촉매는 머플러 와 폐촉매를 분리하고 jaw crusher에서 파쇄한 다음 ring mill로 분쇄하여 분취한다.

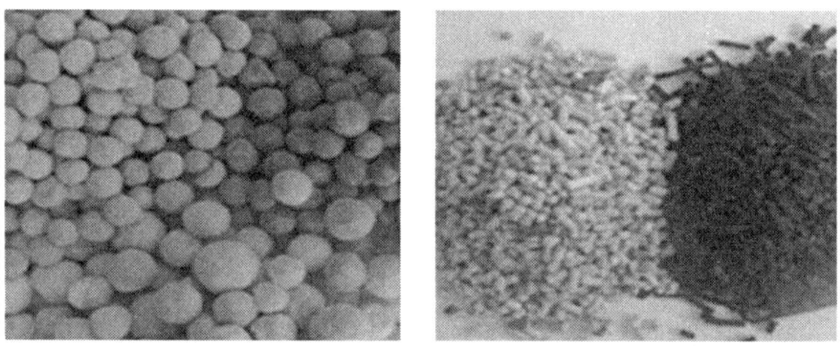

석유화학촉매

자동차촉매(분해 전)

자동차촉매(분해 후)

[그림 6-9] 자동차 폐촉매

6.3.3 시료의 전처리

미지의 시료를 적절한 방법을 통하여 분석원소에 따라 기기측정이나 정량분석 전에 최적의 조건을 만드는 과정으로 측정에 알맞은 조건이 되도록 처리하는 것이 가장 중요하다.

시료 전처리가 결과에 매우 중대한 영향을 미치는 요소이므로 전처리에서 오차를 줄이는 것은 도시광산 유가금속의 가치를 증대시키기 위한 핵심이 될 수 있다.

시료에 따라, 성분에 따라, 보유 분석 장비에 따라 각각 다른 전처리 기술을 적용함에도 불구하고 전처리는 신입사원, 측정분석은 고참 사원이 수행하는 잘못된 관행이 여전히 산적되어 있어 전처리 오차를 인지하는데 한계성을 가지고 있다. 또한, 경험이 풍부한 분석자와 최첨단 분석장비를 보유하여도 결국 각종 시료의 전처리방법을 최적가용기법으로 도출할 수 없다면 도시광산 유가금속의 가치판단은 매우 어려울 수밖에 없다.

시료의 전처리에 앞서서 분석할 수 있는 최소한의 기계적, 물리적 처리방법을 수행해야 하는데, 희석법, 회화법과 함께 건조, 분쇄/파쇄, 절단 등이 이에 해당하며 기초 전처리라고 한다.

희석법은 거시적 성분의 경우에서 농도가 너무 높아 물을 이용하여 일정한 비율로 농도를 낮추는 일련의 작업이다. 일반적으로 미량성분을 분석하기 위해서는 분리, 농축이 필요한 것과 구별된다.

희석은 단순히 물을 사용하여 목적을 달성할 수 있지만 목적성분의 화학적 성질을 고려하여 가수분해, 침전, 변성 등을 하지 않도록 주의하여 희석용액을 선택해야 한다.

희석용액은 초순수를 가장 선호적으로 사용하고 있으며, 희석량에 따른 희석배수는 최종농도 계산에서 빼놓을 수 없는 계산인자이다.

회화(연소)법은 건식회화, 습식회화 등이 있으며, 건식회화는 시료를 건조 후 버너로 가열하여 남는 회분(ash)을 회수하여 회분에 들어있는 무기물질을 분석함이며, 습식회화는 Kjeldahl 분해법으로서 진한 황산 등의 산소산 및 산화제와 함께 가열하여 유기물을 분해하는 방법으로 사용된다.

1) 기초 전처리

일반적으로 시료들은 고체상태의 덩어리로 자연상태에 노출되는 경우가 많기 때문에 다량의 수분을 함유하게 된다. 실질적인 전처리를 수행하기에 앞서서 건조과정과 함량분석을 위한 분쇄과정을 거쳐야만 한다. 또한 커다란 시료를 분석에 필요한 만큼의 크기로 만들기 위한 목적으로 절단의 방법도 사용된다. 이처럼 건조, 분쇄 및 절단은 전처리의 전단계로서 전처리를 위한 핵심과정으로 구분하기도 한다.

건조 전

건조 후

[그림 6-10] 건조 전 후 비교

① 건조

수분을 다량 포함하고 있는 슬러지 시료의 경우 분쇄 및 시료 분취 전 건조를 통하여 수분을 제거해 주어야 한다. 수분이 있을 경우 분쇄가 잘 이루어지지 않으며, 시료를 칭량할 때도 수분 때문에 칭량이 쉽지 않기 때문이다.

시료의 건조는 열풍건조기에 시료를 넣고, 약 105℃에서 24시간 건조 후 데시게이터에서 항온항습 조건으로 방랭을 실시하여야 한다.

② 분쇄

일반적으로 분석에 제공되는 시료의 중량은 채취된 시료의 중량보다 훨씬 적다. 불균일한 고체시료의 분석에는 소량의 분석시료가 그 시료 전체를 대표하기 위해서는 시료를 분쇄하여 균일화해서 축분해야 한다.

균일한 고체시료 라고 해도 덩어리 상태나 입자의 지름이 큰 것은 용해나 융해가 곤란하여 미세분말로 하는 것이 좋다. 이러한 점에서 기체나 액체시료와는 달리 고체시료의 분석에는 시료의 전처리로 분쇄나 갈아 으깨기가 필요하다. 즉, 시료의 전처리로서의 분쇄의 목적은 시료의 균일화와 시료의 분해, 용해, 융해반응을 촉진시키기 위한 시료 표면적의 증대다. 또한 결정의 이방성이 문제가 되는 분석에서는 분쇄한 미세분말에서 이방성의 평균화가 이루어진다. 고체시료는 어떤 특정의 구성물질을 분리하기 위한 전처리로서도 분쇄를 이용한다.

분쇄공정은 시료의 입경에 의해 조쇄, 중쇄, 미분쇄로 나눌 수 있다. 대체로 조쇄는 입경이 수십 mm, 중쇄는 수 mm, 미분쇄는 그 이하의 입자로 분쇄공정을 한다. 다만, 그 구분은 각각의 전문분야에 따라 다르다. 특히 분체를 전문으로 취급하는 분체공학에서는 좀 더 미분말 쪽으로 구분이 편중되어 있다.

- 분쇄(광의)comminution
  시료를 미세하게 만드는 공정 일반
- 분쇄(협의)또는 미분쇄(pulverizing)
  미세분말을 조제하는 공정
- 해쇄(comminution and/or disaggregation)
  시료를 미세하게 하는 공정 일반과 응집 입자를 풀어 놓는 공정을 포함
- 파쇄(crushing and/or breakage)
  조쇄와 중쇄 영역의 분쇄공정
- 마쇄(grindind)
  갈아 으깨는 분쇄 공정. 일반적으로는 충격파쇄를 제외한 미분쇄공정과 소성물질시료의 분쇄의 공정

분쇄장치는 진동이나 소음을 발생시키고 분진을 일으킬 가능성이 있으므로 다량의 시료를 분쇄할 경우에는 분쇄 전용실험실이 있는 것이 바람직하다. 그 실험실에는 분진 수집설비가 설치되는 것이 좋다. 또한 분쇄장치는 기계적인 구동부분이 있으므로 안전한 분쇄 작업이 이루어지도록 기능적인 분쇄실이 필요하다.

[표 6-2] 분쇄용기의 재질과 오염

재질	주된오염	재질	주된오염
텅스텐 카바이드	W, C, Co, Ti, Ta	산화알루미늄	Al, Cr
붕소 카바이드	B, C, Cu, Ni	산화알루미늄자기	Al, Ga
크롬카바이드철계	Fe, Cr, Mn, C	자기	Si, Al
스테인리스스틸	Fe, Ni, Cr		
주철	Fe	지르코니아	Zr, Hf
붕소 카바이드	Fe, Mn, Si	마노	Si,Pb

Ring miller freezer mill ball mill

[그림 6-11] 각종 분쇄기 사진

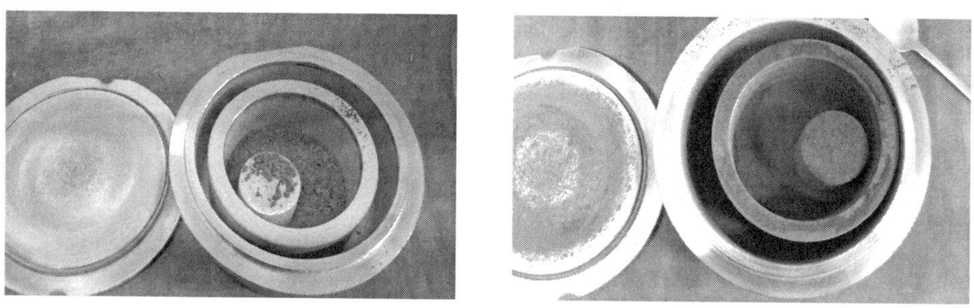

슬러지시료의 파쇄 전 슬러지시료의 파쇄 후

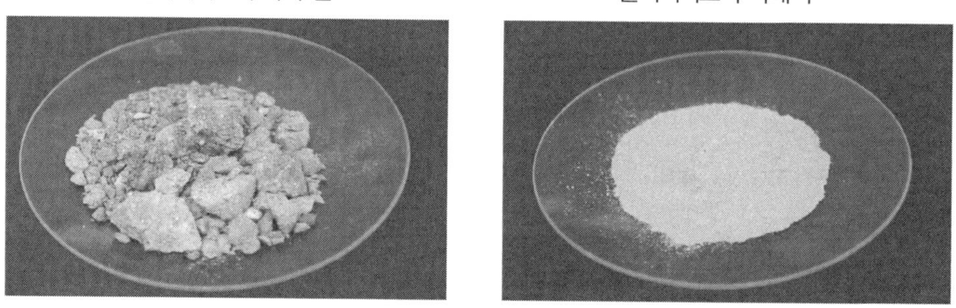

파쇄 전 파쇄 후

[그림 6-12] 파쇄의 전후 비교 사진

③ 절단

큰 시료를 분석에 필요한 크기의 시료로 만들기 위한 절단, 이 경우는 대부분 다른 전처리의 전단계로 이루어진다.

분석에 필요한 형상으로 가공하거나, 하나의 시료로 여러 개의 시료를 얻기 위해 분할하거나, 시료의 내부구조 분석용으로 시료 내부를 관찰할 수 있는 단면을 얻거나, 또는 산화 등의 영향을 받지 않은 시료 내부의 새로운 면을 얻기 위하여 절단과정을 거치게 된다.

절단은 그 과정에서 역학적 방법(기계전단, 연삭절단 등), 화학적 방법(부식법 등), 전기적 방법(방전가공 등), 레이저 등 고에너지 빔에 의한 국소가열 융해 파괴 절단, 열절단법 등이 있지만 역학적 방법을 가장 일반적으로 사용하고 있다.

동식물체나 고무 같이 예리한 칼로 절단할 경우는 절단면에서의 시료손실은 없지만 톱이나 다이아몬드를 박아 넣은 원형 블레이드를 이용한 회전절단기에 의한 연삭절단 등에서는 칼날의 두께 정도가 시료에 손실을 입힌다. 절단법에 의해 손실되는 시료의 두께는 1 mm에서 얇으면 0.1 mm정도이며 미소시료를 절단할 때에는 문제가 되기도 한다.

연삭절단 등에서는 절단공정에서 시료 절단면에 절단기기의 소재가 부착하여 오염의 원인이 되기도 하는데 절단면을 연마함으로써 제거할 수가 있다.

역학적 방법에 의한 절단에서는 절단면에 뒤틀림이 생길 수 있어서 절단면에 대한 관찰이 중요하다. 이러한 경우에도 절단면을 연마함으로써 뒤틀림으로 생긴 층을 없앨 수 있다.

절단은 시료의 성질과 상태에 따라 가장 적합한 방법을 선택해야 한다.

칼, 세라믹칼, 외과용 메스는 동식물체나 소성 물질의 절단에 유효하며, 금속이나 취성물질의 절단에는 전동커터, 밴드소, 와이어소, 또는 다이아몬드 커터 등 원형 블레이드를 이용한 회전 절단기를 사용한다. 또한 초박막시료의 조제에는 마이크로톰을 사용하고, 레이저에 의한 절단, 플라즈마가스에 의한 용단도 있다.

2) 열판분해(Hot plate digestion) 전처리

원자흡광광도계(AAS)나 유도결합플라즈마원자방출기(ICP-AES) 또는 가시자외선분광계(UV-Vis Spectrometer)와 같은 기기분석은 주로 액상시료를 사용하여 분석을 하게되며, 이때의 전처리 방법 중 하나는 습식분해이다. 실험실에서는 고전적으로 Hot Plate를 사용하여 습식분해를 수행해야 하며, 습식분해 방법은 무엇을 매개체로 하여 시료를 용해하느냐에 따라 다음과 같이 세분할 수 있다.

① 물로 용해하는 방법

가장 간단하고 쉬운 방법이다. 분석하려는 대상물질이 물에 잘 녹는 물질이라면 산이나 다른 화학약품을 사용할 필요가 없다. 이 경우 용해도가 중요한 요소이므로 문헌을 통해 용해도를 미리 알아두면 유용하게 사용할 수 있고, 온도와 용해도와의 관계도 중요한 고려사항 중 하나이다. 또한 용해를 촉진시키기 위해 물과 접촉이 완전하도록 고체의 경우 분말화가 필요하고 만일 분석대상 물질이 아닌 다른 물질이 불용상태로 남아있다면 Filtration을 통해 분리하여 여액만을 분석에 이용한다. 일반적으로 무기물의 염화물의 경우 물에 녹는 경우가 있고 대부분의 경우는 물만으로는 시료의 용해가 어렵다.

물은 모든 용액 중에서 가장 많은 물질을 용해할 수 있는 용매이며, 물의 중요성을 재인식할 필요가 있다. 그러나 천연산 시료가 물에 녹는 경우는 극히 드물다. 시료가 다소라도 물에 녹는 성질이 있으면 물로 충분히 용해시키는 것이 좋다. 분석하여야 할 시료가 무기화학 약품인 경우 물에 가용성인 경우가 많다. 시료에 따라 물에 용해됨으로써 가수분해되어 침전을 생성하는 경우가 있으므로 주의가 필요하다. 고체시료가 물에 용해되는가의 여부는 시험관에 물을 넣고 그 중에 시료를 가한 다음 투과광으로 관찰하면, 시료 표면으로부터 용해되는 모양을 슐리렌 현상으로 식별할 수 있다. 또한 시료 용액의 한 방울을 시계접시에 취한 다음 건조할 때 엷은 막이 생기는 것으로 판별할 수 있으며, 착색물질은 물의 색깔로 판정이 가능하다.

여기서 한 가지 중요한 고려사항을 지적하고자 한다. 만일 분석을 하려는 물질이 물이나 더운물에 끓여 먹는 경우 예를 들어 한약의 성분을 분석하는 경우라면 분석 대상물질을 안전하게 용해하는 용매가 있더라도 실제 사용 가능한 조건에서 시료를 처리하여 분석을 행하는 것이 더 가치가 있는 데이터가 된다. 이 경우 이렇게 시료를 처리한 이유와 조건을 부기(附記) 해 두어야 한다. 또한 물로 용해하는 경우 시료를 완벽하게 용해하려고 하려는 것보다는 분석대상물질이 아닌 성분은 여러 가지 단위조작으로 제거하는 것도 현명한 방법임을 잊지 말아야 한다.

산처리를 하거나 알칼리 처리 또는 고온에서 융제로 처리하는 것은 가용성 염으로 만들기 위한 조작이다. 시료가 물에 가용성인 경우에는, 물에 용해시킨 후 소량의 산을 가하고 AAS나 ICP 등으로 정량이 가능하다. 통상적으로 Na, K, Mg 및 NH_4 염은 가용성이며 몇 가지 예외를 제외하면 염화물, 질산염, 황산염, 과염소산 염 등은 모두 가용성이다. 물에 용해되면 특별한 경우가 아닌 한 다음 단계의 처리를 하지 않으므로 약간의 산을 가한 후 정량하면 된다. 이때 사용하는 물은 증류수를 다시 이온교환수지를 이용하여 각종 이온성분을 제거한 탈이온수를 사용해야 하며 용해를 촉진시키기 위해 이용하기도 한다.

각종 산처리를 할 경우 실제 기기를 이용하여 분석이 끈끈한 경우에 가장 좋은 전처리 방법이기도 한다. 물로 용해한 경우에는 즉시 실험을 해야 오차가 줄어드는데 그 이유는 물질에 따라 보관 용기에 벽면에 흡착 또는 오염으로 인하여 오차가 발생하기 때문이다.

② 단일산으로 용해하는 방법

대부분의 시료는 수용성이 아니므로 이런 경우 다음 단계로서 단일산을 이용하여 시료를 용해시키는 방법을 시도해야 한다. 단일 물질의 경우에는 단일산으로 잘 용해되는 경우가 있는데 실질적으로는 단일산보다 혼산(Mixed Acid)를 더 많이 사용한다.

단일산으로 용해하는 경우에도 휘발성 무기산과 비휘발성 산으로 구분할 수 있는데 휘발성 산으로서 대표적인 경우로는 질산, 염산, 과염소산을 들 수 있고 비휘발성 산으로 대표적인 산은 황산을 들 수 있다. 또한 단일산을 산화성여부에 따라 산화성 산과 비산화성 산으로 구분할 수도 있는데 실제 시료전처리에서 중요한 역할을 하므로 구분을 할 필요가 있다.

질산, 과염소산, 진한 황산 등은 산화성이 있고 염산은 산화성이 없다. 단일산을 이용하여 시료를 용해하는 경우 대원칙은 다음과 같다.

- 가급적 비휘발성 산의 사용을 자제하고 가급적 휘발성 산으로 용해한다.
- 유기물의 다소 존재하는 시료의 경우에는 먼저 산화성 산으로 용해를 시작한다. 이 경우에도 산화력이 약하고 휘발성인 질산을 우선적으로 사용하고 다음에 과염소산을 이용한다. 유기물의 함량이 많은 경우에는 일차적으로 질산을 이용하여 산화물 시도하고 소량의 황산을 사용하여 유기물의 분해를 완결해야 한다. 이미 언급한 대로 황산은 비휘발성 산이므로 최소량만을 사용한다.
- 무기시료를 황산으로 분해하면 불용성 황산염이 생성되므로 무기물의 경우에는 사용을 엄격히 금지한다. 특히 유기물 함량이 낮은 깨끗한 하천수나 호수수는 질산만으로 처리해도 된다.

3) 무기산을 이용한 시료의 전처리

주로 고체시료 중의 금속 및 양성원소의 함유량 분석을 위해서 이용된다. 무기·유기를 불문하고 광범위한 시료에 적용된다. 알칼리금속이나 대부분의 전이금속원소의 전량 분석에 적당한데 규소, 붕소, 알루미늄, 티탄 등의 내화·내산성 산화물을 생성하기 쉬운 시료는 일부 밖에 용해되지 않는다. 분해시약으로는 주로 염산, 질산, 황산, 과염소산과 같은 무기산의 원액 및 이들의 혼합액을 이용하며 필요에 따라서 과산화수소수를 병용한다. 이들 시약을 넣고 드래프트 중에서 열판이나 사욕(沙浴)을 이용해 장시간 가열하는 경우가 많아 방폭·배기가스 처리와 같은 작업상의 안전대책을 세워야 한다. 시료나 목적원소의 종류에 따라서 분해시약을 선택한다.

일반적으로는 용량 200~300 mL의 경질유리제 비커(경우에 따라 톨비커나 삼각비커를 이용하기도 함)에 적당량의 시료를 측정해 담고 소정의 분해시약을 넣어 가열한다. 반응 중에는 시계접시로 뚜껑을 덮는 경우가 많지만 상압 개방계이다. 붕규산염류를 완전하게 용해시키려면 불산이 필요하므로 반응용기로는 PTFE제 비커를 사용한다. 이 방법에서 이용되는 주요 분해시약의 성질과 분해법에 대하여 간단하게 정리해보기로 한다.

① 진한 염산을 이용하는 가열 산분해

진한 염산은 이 목적을 위해 가장 일반적으로 이용되고 있다. 대다수의 금속원소를 용해시킬 수 있고 처리 후의 과잉 염산은 가열시킴으로써 쉽게 제거할 수 있다. 뜨거운 진한 염산은 환원력이 있어서 예를 들면 용존하는 셀렌산(Se^{VI})을 용이하게 알셀렌산(Se^{IV})으로 환원시킨다. 이를 수소화물 발생-원자 스펙트럼법에 의한 정량을 위한 전처리법으로 이용할 수 있다. 이와 같이 염산은 가열 분해시약으로 많은 장점을 가지고 있다.

반면에 염산은 은과 같은 금속이온과 반응하여 난용성 염을 만드는 것, 분해용액을 건고 직전까지 바짝 끓이면 대부분의 금속원소가 염화물로 휘발하는 것과 같은 약간의 결점도 있기 때문에 시료의 성질 및 상태나 목적 원소에 따라서는 염산을 사용할 수 없는 경우도 있다.

② 진한 질산을 이용하는 가열 산분해

진한 질산은 범용하는 분해시약으로 대다수의 금속원소를 용해시킬 수 있고 처리 후 과잉 분량은 가열하여 쉽게 제거할 수 있다. 진한 염산과는 대조적으로 시료를 산화 혹은 니트로화하는 작용이 있다. 상압 개방계에서 이용하면 분해반응을 수반하여 갈색의 사산화이질소를 발생시키고 용액도 황색을 띤다. 유기물이 거의 완전하게 없어지면 용액은 무색 내지 미담황색이 되고 과잉의 질산이 휘산하면 갈색연기가 없어진다. 대부분의 시료, 특히 유기시료에 대하여 유효하지만 금속 크롬 등은 질산과 반응하여 표면에 치밀한 산화피막을 생성하면 부동태화하여 거의 녹지 않는다. 이러한 경우, 예를 들면 크롬을 포함한 금속시료를 가열 용해할 때에는 염산과의 혼합산으로 용해하거나 염산 - 질산을 순서대로 첨가하여 용해하는 방법을 사용한다.

③ 진한 황산을 이용하는 가열 산분해

진한 황산은 탈수작용이 있고 유기물에 대해서는 탈수·탄산작용을 나타낸다. 더구나 뜨거운 진한 황산은 산화작용을 보인다. 생체시료나 암모늄염을 포함하는 시료와 반응하면 아황산가스를 발생시키며 이것도 강한 산화제로 작용한다. 또한 황산은 그 자체가 비휘발성 산이기 때문에 분해액의 끓는점을 상승시키는 효과를 나타내고 열판이나 사욕을 이용하는 상압개방계에서도 100℃보다 고온에서 습식회화가 가능하다. 게다가 분해반응의 결과 발생하는 금속의 황산염도 녹는점이 높기 때문에 Co, Mn, Cu, Zn, Mo나 Na의 열휘산을 억제하는 효과도 발휘한다.

한편, 황산은 끓는점이 높기 때문에 증발건고 직전까지 끓여도 과잉분을 제거하기가 쉽지 않다. 또한 황산은 점도가 높고 연소열도 다른 산에 비하여 크기 때문에 플레임원자흡광분석법이나 ICP-AES에 적용할 때에는 사용량을 최소로 해야 하는 등의 주의해야 할 점이 있다.

④ 과염소산을 이용하는 가열 산분해

과염소산을 가열하면 강력한 산화작용이 나타난다. 단독으로 사용하면 발열과 함께 다량의 발생기산소를 발생시킨다. 따라서 일시에 대량의 과산화수소수를 추가하면 연쇄적으로 분해를 시작하여 폭발을 일으키는 수도 있다, 또한 산화되기 쉬운 시료에 소량의 과산화수소수를 첨가해도 폭발의 염려가 있다. 그러므로 실제시료에 대한 적용은 예를 들어 진한 황산으로 탈수·탄화시키고 대부분을 분해한 시료의 잔류물에 실온까지 냉각시킨 소량(1 mL)의 과산화수소를 첨가하여 온화하게 반응시킨다. 발포하지 않게 되어 탄화물이 잔류하는 경우에는 재차 방냉한 후 과산화수소를 추가하고 같은 조작을 반복한다, 이와 같이 과산화수소수는 산과 병용하는 방법, 특히 반응 종반에 상온에서 소량씩 첨가하면서 유기시료의 탄화잔류물을 분해하는데 적합하다. 또한 반응하지 않은 과산화수소를 가열하여 완전히 제거하는 것이 어렵기 때문에 잔류 과산화수소가 이후의 고차원적 처리나 측정에 영향을 끼치는 경우에는 그 사용법에 주의가 필요하다.

또, 과산화수소를 묽은 수산화나트륨용액과 병용하면 Mo나 W 및 그들의 합금시료를 비교적 용이하게 용해할 수 있다.

⑤ 불산을 이용하는 분해

토양시료나 유리질과 같은 붕규산염류를 완전하게 용해하는 경우에 한정하여 불산을 사용한다. 약산이지만 부식성이 매우 강하므로 유리나 석영질 기구는 사용할 수 없다. 특히 가열 처리를 수반할 경우에는 PTFE제 혹은 백금제 용기를 사용한다. 질산 등과 병용함으로써 유리물을 포함하는 무기시료의 대부분을 용해시킬 수 있다. 이후에 고차적 처리나 측정을 위해서는 불산의 잔류는 바람직하지 않지만 증발 건고함으로써 과잉분을 제거할 수 있고, 이 때 규소는 6플루오르화규소로서 휘산한다. 증발잔사의 대부분은 묽은 염산, 묽은 질산 또는 묽은 황산에 용해하지만 대량의 Al, Ti, Zr, Mo, W 등이 포함된 경우에는 알칼리융해 등의 방법을 병용해야 한다.

4) 융제를 이용한 전처리

일반적인 많은 물질들 특히, 규산염, 몇몇 무기산화물, 약간의 iron합금은 수용성 시약에서 용해된다 하더라도 천천히 용해된다. 이런 경우, 용융염 매질을 사용하면 된다. 여기서, 시료를 융제(flux)라 하는 알칼리금속염과 혼합하고, 이 혼합물을 용융하여 용융물(melt)이라고 하는 물에 녹는 생성물을 만든다. 융제는 사용에 필요한 높은 온도(300 ~ 1,000℃) 그리고 시료와 접촉되어있는 진한 농도의 시약에 의해 대부분의 물질들을 분해한다.

융제를 사용할 때의 여러 가지 위험한 단점이 있기 때문에 가능하다면 사용을 피해야 한다.

융제에 존재하는 불순물로 인해 시료가 오염될 가능성이 있다. 용융을 성공적으로 하기 위해 필요한 비교적 많은 양의 융제(보통 시료 무게의 10배)를 사용함으로써 오염이 더욱 커진다. 용융물이 용해되어 염의 함유량이 높은 수용액이 되었을 때 다음 단계의 분석에 어려움이 될 수 있다. 용융에 필요한 높은 온도는 휘발로 인한 손실을 증가시킬 위험이 있다. 용융이 일어나는 용기도 융제에 의하여 필연적으로 어느 정도 용해된다. 그러므로 시료의 오염을 초래하게 된다.

용해하기 어려운 물질이 단지 소량 함유된 시료인 경우, 먼저 액체시약을 사용하여 용해시킨다. 그 다음 분해되지 않은 잔유물은 걸러서 분리하고, 비교적 적은 양의 적당한 융제로 용융시킨다. 냉각시킨 후 용융물을 액체시약에 녹은 시료와 합친다.

① 용융하기

매우 미세한 가루형태로 된 시료는 약 10배 이상의 융제와 잘 혼합된다. 일반적으로 용융을 하게 된 도가니 안에서 이루어진다. 용융하는데 필요한 시간은 수 분부터 수 시간까지 일 수 도 있다. 깨끗한 용융물이 생성되면 분해가 완료됨을 나타내지만 이 조건이 항상 명확하게 적용되는 것은 아니다. 용융이 완결되면 물질을 서서히 냉각시킨 다음 고체가 되기 바로 전에 도가니 벽 주위에 고체를 분포시키기 위하여 도가니를 회전시켜 쉽게 제거할 수 있는 용융물의 얇은 층을 생성한다.

- 혼합은 용융을 하게 되는 도가니 안에서 이루어진다.
- 용융하는데 걸리는 시간은 수 분에서 수 시간까지일 수도 있다.
- 맑은 용융물이 생성되면 분해가 완료되었음을 나타내지만 이 조건이 항상 적용되는 것은 아니다.
- 용융이 완결되면, 물질을 서서히 냉각시킨다. 고체가 되기 바로 전에 도가니를 회전시켜 벽 주위에 고체가 분포되게 하여 쉽게 제거할 수 있는 용융물의 얇은 층을 생성한다.

② 융제의 종류

몇 가지 예외도 있지만 분석에 사용되는 일반적인 융제는 알칼리 금속 화합물들이다.

- 염기성 융제 : 알칼리 금속의 탄산염, 수산화물 그리고 붕산염들로서 산성 물질들을 용해하는데 사용한다.
- 산성 융제 : 파이로 황산염, 산 플루오르화물 그리고 boric oxide가 있다.
- 산화성 융제 : sodium peroxide 사용
- 소량의 알칼리 질산염 또는 알칼리 염소산염을 sodium carbonate와 혼합하여 사용할 수 있다.

다음은 대표적인 융제를 나타낸 것이다.

- Sodium Carbonate

규산염과 다른 어떤 내화성 물질들은 Sodium Carbonate와 함께 1,000℃ ~ 1,200℃에서 가열함으로써 분해시킬 수 있다. 시료의 양이온 성분은 산에 용해 할 수 있는 탄산염이나 산화물로 변화시키고 비금속 성분들은 용해성 나트륨으로 변화된다. 탄산염 용융은 보통 백금 도가니를 사용한다.

- Potassium Pyrosulfate

매우 다루기 힘든 금속 산화물들을 용해하는데 매우 유용한 산성용제이다. 용융은 약 400℃에서 이루어지며, 이 온도에서 강산성인 Sulfur Trioxide가 서서히 발생한다.

$$K_2S_2O_7 \rightarrow K_2S_2O_4 + SO_2$$

Potassium Pyrosulfate는 Potassium Hydrogen Sulfate를 가열함으로써 생성된다.

$$2KHSO_4 \rightarrow K_4S_2O_7 + H_2O$$

- Lithium Metaborate

Lithium Metaborate $LiBo_2$는 그 자체로 또는 Lithium Tetraborate와 혼합하여 내화성 Silicate와 Alumina Minerals을 분해한다. 특히 AAS, ICP 및 X-선 흡수 또는 방출법을 위한 시료를 만드는데 유용하다. 이 용융은 일반적으로 약 900℃에서 흑연 또는 백금 도가니를 이용한다. 용융물을 식혀서 얻은 glass는 X-선 형광 측정법에 직접 이용한다. Lithium Metaborate은 또한 mineral에 쉽게 용해된다. Boric oxide는 용융물 용액을 Methyl Alcohol과 함께 건조 증발시키면 Methyl borate, $B(OCH_3)_3$로 증발되어 제거 된다.

- 기타 용제

Boric Oxide 및 Calcium carbonate/ammonium chloride 혼합물은 규산염을 분해하여 알칼리 금속들을 분석하는데 사용한다. Boric Oxide sms 메탄올로 건조한 용융물 용액을 증발시킨 이후에 제거한다. Methyl borate,B$(OCH_3)_3$가 증류된다.

몇 가지 예외도 있지만, 분석에 사용되는 일반적인 융제는 알칼리 금속화합물들 이다. 알칼리 금속의 탄산염, 수산화물, 과산화물, 그리고 붕산염들은 산성 물질을 용해하는데 사용되는 염기성 융제들이다. 산성 융제로는 파이로 황산염(pyrosulfate), 산 플루오르화물(acid fluoride), 그리고 boric oxide가 있다. 만약 산화성 융제가 필요한 경우에는 sodium peroxide가 사용될 수 있다. 다른 방법으로서 소량의 알칼리 질산염 또는 알칼리 염소산염을 sodium carbonate와 혼합시켜 사용할 수 있다.

일반적으로 고체시료 중에서 비금속성인 외관을 나타내는 것으로 물, 염산, 질산에 녹지 않는 것을 [표 6-3]에 나타내었다.

[표 6-3] 산에 잘 녹지 않는 물질

할로겐화물	AgCl, AgBr, AgI, AuCl, $PtCl_2$, CaF_2
황산염	$BaSO_4$, $SrSO_4$, $PBSO_4$, $CaSO_4$
황화물	HgS, SnS_2
산화물	강열한 산화물(예를 들어 Al_2O_3, Cr_2O_3, SiO_2, TiO_2, SnO_2, Sb_2O_3, ZrO_2, Nb_2O_5, Ta_2O_5, WO_3 등)
규산염	대부분 산에 불용
규소, 규소화물	Si, SiC
탄소, 탄화물, 황	C, SiC, S
크롬산염	용해된 $PbCrO_4$, $FeCr_2O_3$(크롬 철광)
시안화물, 시아노착물	AgCl, $Fe_4[Fe(CN)_6]_3$

5) Microwave를 이용한 시료의 전처리

마이크로파 시료 분해장치는 대형으로 큰 출력의 전자레인지이며 밀폐셀 내의 시료분해액을 마이크로파로 가열하는 분해방법이다. 가압 분해용기에 비하여 내열·내약품성이 뛰어난 고밀도 테플론 셀을 사용하기 때문에 고온에서 단시간 내에 처리할 수가 있다. 분해시약은 진한 알칼리용액 이외의 대부분의 시약을 이용할 수 있고 수 십분~1시간 정도라면 수십 atm에서 200~300℃의 조건을 사용할 수 있으므로 가압 분해용기보다 한층 더 효율 좋은 습식회화를 실현할 수 있다.

따라서 밀폐계에서의 반응 때문에 가압 분해용기의 경우와 같은 결점을 갖게 된다. 최근에는 용기내 분해가스를 포함할 수 있는 기능을 가진 안전밸브가 달린 테플론 셀이 제품화 되었고, 이를 이용함으로써 유기시료 중의 비소나 셀레늄 측정을 위한 전처리를 효율적으로 실시할 수 있게 되었다.

마이크로파 용해는 닫힌 또는 열린 용기에서도 할 수 있으나, 닫힌 용기가 더 좋다. 왜냐하면 높은 압력으로 인해 높은 온도로 올라가기 때문이다. 불꽃 또는 hot plate를 이용하는 일반적인 방법에 비해 마이크로파 분해법의 중요한 장점중의 하나는 빠르다는 것이다. 일반적인 방법으로 4~5시간 정도 걸리는 분해하기 매우 어려운 시료도 5~10분이면 분해된다. 이 차이는 용액내의 분자에 에너지가 전달되는 메커니즘이 다르기 때문이다.

일반적으로 열은 전도(conduction)에 의해 전달된다. 가열 용기가 약한 전도체이기 때문에 용기를 가열하고 전도에 의해 열이 용액에 전달되는 시간이 필요하다. 용액 내에서의 대류(convection)현상 때문에 단지 작은 분율의 액체만이 용기의 온도 즉 그의 끓는점으로 유지된다. 마이크로파 에너지는 용기를 가열하지 않고 용액의 모든 분자에 거의 동시에 직접 전달되므로 전체 용액이 빠른 시간 내에 끓는점에 오른다.

마이크로파 분해 용기는 마이크로파의 흡수하지 않는 물질로 되어 있다. 이 물질은 열적으로 안정해야만 하고 분해하는데 사용되는 여러 산에 의해 화학적 침식을 받지 말아야 한다. 가장 이상적인 물질은 Teflon이다. Teflon은 마이크로파를 흡수하지 않고, 녹는점은 약 300℃이고, 일반적인 산과 반응하지 않는다, 하지만 황산과 인산은 Teflon의 녹는점보다 높기 때문에 분해할 때 온도를 주의해서 조작하여야 한다. 이때에는 Teflon 대신 석영 또는 borosilicate 유리용기를 사용한다. Silicate 용기는 규산염 및 내화성 합금을 분해하는데 사용되는 플루오르산에 의해 부식되는 단점이 있다.

최근, 마이크로파 전기로는 많은 양의 유기물질을 포함하는 시료를 용융하고, 건식 재를 만들기 위하여 개발되었다. 이 전기로는 석영 절연체로 둘러싸여 있는 silicon carbid로 만든 작은 방으로 이루어져 있다. 마이크로파가 이 방에 집중될 때 2분 내에 1000℃까지 올라간다. 일반 전기로에 비해 마이크로파 전기로의 단점은 가열 cavity가 일반 크기의 도가니처럼 작은 부피라는 것이며, 장점은 다음과 같다.

- 높은 온도에 도달하는 시간이 빠르다. 일반 전기로는 높은 온도로 올리는데 시간이 걸리기 때문에 보통 계속해서 작동한다.
- 일반 전기로에서 가열 코일이 타서 망가지는 현상이 일어나지 않는다.
- 시료를 넣고 꺼낼 때 높은 온도에 노출되지 않는다.

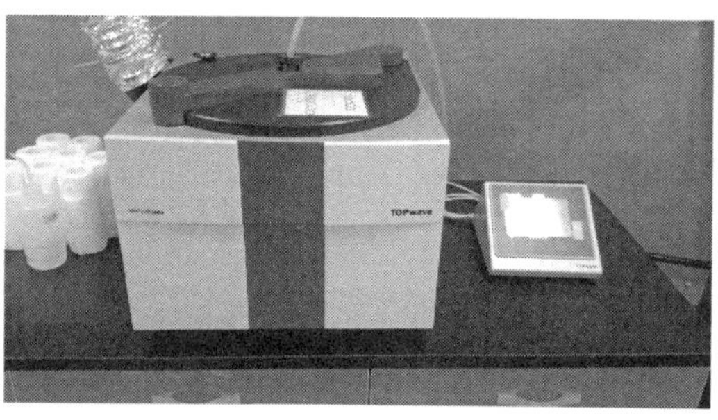

Microwave

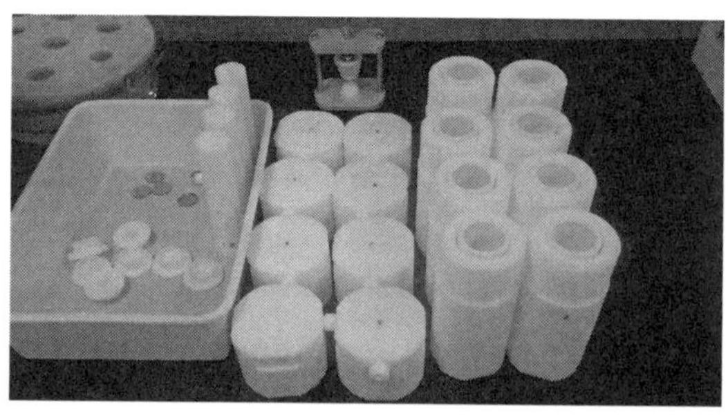

bombe set

[그림 6-13] Microwave 와 bombe

6) 테프론 봄베(teflon bomb) 분해법

두께 약 3 mm 내용부피 약 50 mL인 테프론으로 된 버켓형 용기 및 덮개가 본체로 되어 있다. 우선 용기를 잘 씻은 다음 105℃에서 30 ~ 40분간 건조 시킨다. 안전한 시료는 이 용기에 가한 채 무게를 달아도 좋다. 용기 내에 일정량의 분석 시료 및 분해용 혼산의 적당량을 가한 다음, 덮개를 꼭 잠근다. 1,000 mL 비커에 물을 400 mL정도 넣고 그 안에 테프론 봄베를 넣어서 180℃에서 용해가 종료 될 때 까지 중탕한다. 실온 까지 방치한 다음 봄베의 뚜껑을 열어 내용물을 50 mL 나 100 mL 메스플라스크에 옮겨 담는다. 이 방법은 금속 재료, 광석, 유기물 임상학적 시료, 고분자 물질 등 거의 모든 시료의 용해에 적용할 수 있다.

7) Fusion 방법

일반적인 많은 물질들 특히 규산염, 몇 가지 무기 산화물, 약간의 철 합금들은 산처리로 용해하는 경우 잘 녹지 않는 경우가 많다. 이러한 경우에 융제에 의한 무기 물질을 분해 하는 방법을 사용한다. 즉, 시료를 융제라 하는 알칼리 금속염과 혼합하고 그 다음 이 혼합물을 용융하여 용융물(melt)이라고 하는 수용성 생성물을 만든다. 융제는 사용에 필요한 높은 온도 (300 ~ 1,000℃)와 시료와 접촉되어 있는 진한 농도의 시약에 의해 대부분의 물질들을 분해시킨다. 그러므로 물이나 산에 불용성인 시료는 보통 용융(fusion)과정을 거쳐야 한다. 물을 함유하지 않는 시약을 사용하여 시료를 용융하면 고온이기 때문에 강한 융해작용을 나타낸다. 그러나 용융조작은 다음의 이유로 다른 융해방법이 없을 경우에 한해서만 행한다.

- 고온에서 일어나는 강한 반응성 때문에 용기가 부식되어 시료를 불순화 한다.
- 융제(flux)는 알칼리원소를 포함하기 때문에 다량의 알칼리 금속이 혼입되어, 이후의 조작에 불편을 초래한다.
- 고온에서의 반응이기 때문에 시료의 일부가 휘발하여 분산될 염려가 있다.
- 융제에 존재하는 불순물로 인한 시료가 오염될 가능성이 크다. 이 가능성은 용융을 성공적으로 하기 위해 필요한 비교적 많은 양의 융제(전형적으로 시료 무게의 10배)를 사용함 으로써 더욱 커진다.
- 용융으로 인해 용융물이 용해되어 염의 함유량이 높은 수용액이 되었을 때 분석의 다음 단계가 어려워진다.

용해하기 어려운 물질이 단지 소량 함유된 시료인 경우, 우선적으로 액체 시약을 사용하는 것이 보편적인 방법이다. 그 다음 분해되지 않은 잔류물을 걸러서, 분리하고 비교적 적은 양의 융제로 용융시킨다. 냉각시킨 후, 용융물을 액체시약에 녹은 시료와 합친다.

8) 가압용기를 이용한 분해법(습식분해-용해법)

가압 분해용기는 모두 뚜껑달린 테플론제의 안쪽 통과 스테인리스스틸제의 바깥쪽 통으로 되어있다. 안쪽 통에 시료와 분해시약을 넣어 뚜껑을 닫고 바깥쪽 통에 돌림마개를 꼭 닫아 밀폐한다. 이것을 전기오븐(기구 건조용도 이용 가능)에 넣어 시료를 가열 분해한다.

테플론 용기의 용량은 30 mL 정도인 것이 일반적이다. 한 번에 처리할 수 있는 시료량은 개방계의 경우와 거의 같지만 분해시약의 필요량은 개방계에 비하여 수 mL 정도 소량이어도 된다. 밀폐계에서 가열하기 위해서는 테플론 용기의 내압은 상승하고 그 만큼 용액의 끓는점 상승과 산증기의 농밀화가 일어나 분해반응을 좀 더 촉진시킨다. 따라서 개방계에서의 분해법에 비하여 단시간에 효율적으로 안전하게 처리할 수가 있다.

이 용기를 사용하는 가열분해는 수 시간 내지 며칠간 계속될 수 있지만 테플론재의 내열·내압·내약품성의 제한으로부터 반응온도는 120 ~ 130℃가 상한으로 되어 있다. 유기시료는 대량의 분해가스를 발생하기 때문에 용기내압이 과도하게 상승하는 경향이 있다. 그래서 1회당 처리량을 줄이거나 반응을 도중에 멈추어 방냉하고 뚜껑을 열어 분해가스를 방출한 뒤, 분해조작을 재개하는 등의 조작이 필요한 경우도 있다.

9) 추출 및 선택적 용해법

유기화합물이나 무기물을 포함하는 특정 화학종을 측정하는 경우 가열분해법으로는 목적 화학종을 파괴해 버리기 때문에 이용할 수 없다. 이러한 목적을 달하기 위해서는 좀 더 온화한 조건에서의 전 용해 내지는 용매추출법을 이용한다.

사용하는 용매는 순수한 물, 산용액, 알칼리용액, 알코올 등의 친수성 유기용매와, 에테르 등의 소수성 유기용매 등을 목적에 따라 구분하여 사용한다.

미지의 유기성분을 측정하는 경우 처음에는 물처럼 추출력이 약한 용매로 처리하고 그 다음에는 무수메탄올, 톨루엔, 메틸에틸케톤, 클로로포름의 순으로 용매를 추출력이 커지는 순서대로 바꾸어 각각의 추출분획을 취해, 각 분획을 다양한 측정장치로 분석하여 미지물질의 정성·정량을 실시한다.

예를 들어 여러 종류의 합성고분자의 혼합물시료가 주어졌을 때, [표 6-4]의 용해성을 참고하면 고분자종의 분획, 분리분석을 할 수 있을 것이다.

시료를 작은 조각 내지 입자상으로 가공할 수 있을 경우에는 전부 용해하지 말고 추출만으로 목표 화학종을 효율적으로 회수할 수 있다. 특히 휘발성 용매에 추출할 수 있는 경우에는 속실렛 추출법이 효과를 발휘한다.

한편 절삭할 수 없는 큰 블록처럼 시료의 비표면적이 작은 시료의 화학종을 분석할 경우에는 어떠한 방법으로든 시료를 완전하게 용해시킨 후, 화학종마다 분획, 분리, 농축해서 측정 장치를 이용한다. 이러한 경우, 시료를 모두 용해하면서 목적 화학종을 분해하지 않도록 용매나 용해조건을 선택해야 한다.

[표 6-4] 합성 고분자화합물의 용해성

	폴리메타크릴산메틸	에폭시수지/미경화	폴리아세트산비닐	요소수지	니트로셀룰로오스	페놀수지/미경화	염화비닐수지	폴리스티렌
아세트산	×	○	○	○	○	○	×	
핵산	×	×	×	×	×	○	×	
벤젠	×	○	○	×	×	○	×	○
톨루엔	○		○	○	×	○	×	
클로로포름	○	○	○	○	×	○	×	○
아세트산부틸	○	○	○	×	○	○	×	
테트라히드로퓨란	○	○	○	○	○	○	○	○
메틸에틸케톤	○	○	○	×	○	○		○
아세톤	○	○		×	○	○	×	
디에틸에트르				×	×	○	×	
메탄올	×		○			○	×	

10) 비철금속 재료의 분해법

도시광산의 주요물질에 대한 전처리 기법은 기업의 노하우로 인식하고 있기 때문에 그 분석기법에 대하여 비공개로 진행하고 있으며, 분석기술에 대한 자동화 시스템 구축이 어려워 기업간, 숙련자와 비숙련자의 분석오차가 크게 발생하고 있다. 이로부터 기업간의 분석오차로 인하여 분쟁이 비일비재하게 발생하고 있으며, 분석오차로 인한 분쟁해결을 위하여 한국생산기술연구원을 중심으로 도시광산 주요자원에 대하여 분석기술 중 전처리 기법인 분해법에 대하여 정리 중에 있다. 도시광산 자원 중 비철금속 재료에 대한 시료의 정량분석을 위하여 사용하는 보편적인 전처리방법은 무기산 또는 혼산을 사용하여 분해하는 방법인데, 분해법에 사용되는 주요 항목은 [표 6-5]와 같이 정리할 수 있다.

[표 6-5] 비철금속 분해법

금속	분해법	금속	분해법
Ag	$HNO_3(1+1)$	Pd	HNO_3, $HCl+HNO_3$
As	HNO_3, $HCl+HNO_3$	Pt	$HCl+HNO_3$, Ag 합금으로 만든 후 $HNO_3(1+1)$
Au	$HCl+HNO_3$	Rh	$HCl+HNO_3$, Zn 합금으로 만든 후 $HCl+HNO_3$
Bi	HNO_3	Ru	$KOH+KNO_3$로 용해
Cd	HNO_3, $HCl+HNO_3$	Sb	$HCl+HNO_3$, hot H_2SO_4
Co	HNO_3	Se	HNO_3, $HCl+HNO_3$
In	HNO_3	Si	Na_2CO_3
Ir	Zr 합금으로 만든 후 $HCl+HNO_3$	Sn	$HCl+HNO_3$
Mg	$HCl(1+1)$, $H_2SO_4(1+1)$	Ta	HF, HNO_3+HF
Mn	$HCl+HNO_3$	Te	$H_2SO_4(1+1)$, $HCl+HNO_3$
Nb	HNO_3+HF, $HClO_4+HF$	V	$HCl+HNO_3$
Pb	$HNO_3(1+1)$	W	$HCl+HNO_3$, HNO_3+HF, $NaOH$ 또는 Na_2CO_3 용해

6.4 시료의 정량분석

도시광산 원료에 대한 시료채취 후 건조, 파쇄, 절단, 분취 등을 실시한 뒤 최적 전처리를 수행하고, 특정 목적성분의 함량을 살펴보기 위해서 정성·정량분석을 실시하게 된다.

분석에는 습식분석(적정법), 건식분석(중량법) 및 기기분석 등의 방법이 있으며, 정량분석은 물질을 구성하는 양적 관계를 명확하게 하는 분석법의 총칭을 말한다.

미지시료를 전처리 후에 시료에 함유되어 있는 성분을 원자흡수분광법(AAS), 유도결합플라즈마발광광도법(ICP), 기체크로마토그래피(GC), 가시-자외선흡광광도법(UV-Vis) 등을 사용하여 분석한 후 함량을 수치적으로 나타내는 방법이다.

도시광산을 구성하고 있는 유가금속 원소를 정량적으로 분석하게 되면 재사용 가능한 유가금속에 대한 경제적 가치를 얻을 수 있게 된다. 또한 도시광산의 유가금속 성분을 정확하게 정량적으로 분석했을 때 시료의 품위를 결정해 줄 수 있기 때문에 정량분석은 매우 중요하다.

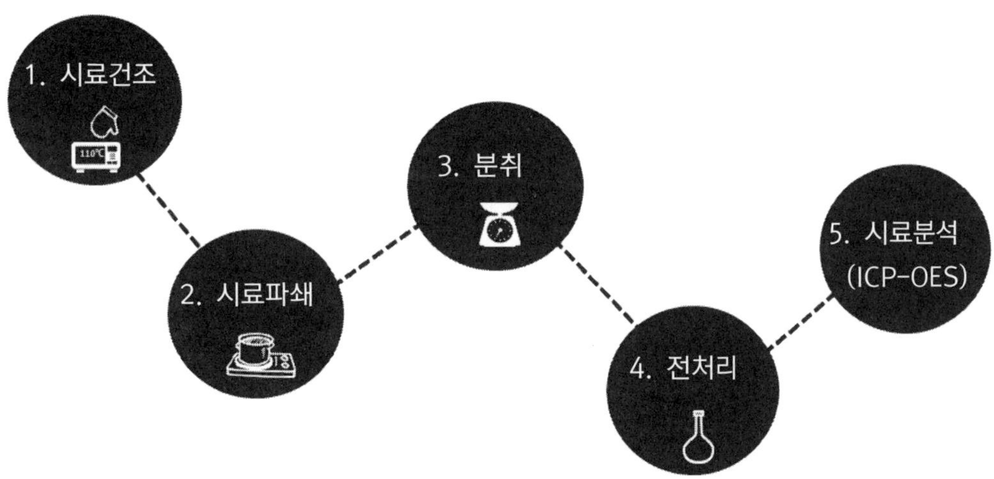

[그림 6-14] 시료분석 전과정

6.4.1 건식분석(fire assay)

산에 불용성 형태의 귀금속을 함유하고 있는 물질들은 기지원소(matrix elements)를 제거하고 백금족 금속을 분리하기 위하여 fire-assay를 시행한다. fire-assay를 위하여 시료와 PbO, 탄산소다(Na_2CO_3), Borax($Na_2B_4O_7$), Sillica(SiO_2), KNO_3 및 유기물(밀가루) 등의 여러 가지의 물질들이 적절히 혼합된 융제(flux)를 도가니에 혼합한다.

1) PbO

일산화납·산화납(산화제일납)이라 불리며, 금밀타승(金密陀僧), 밀타승, 리사지라고도 한다. 융해한 납에 공기를 주입해 산화해서 만드는 원리다.

$$(PbO_2\text{-}(293°C) \rightarrow Pb_{12}O_{19}\text{-}(351°C) \rightarrow Pb_{12}O_{17}\text{-}(375°C) \rightarrow Pb_3O_4\text{-}(605°C) \rightarrow PbO)$$

황색의 분말로서 저온에서는 오렌지색 또는 붉은색을 띄고 고온 에서는 노란색을 띈다. 비중은 약 9.5, 녹는점 약 880℃이다. 금속의 납을 산화로(酸化爐)에 넣고 융해하여 제조하는 용융산화법과 납을 융해하여 입상 (粒狀)으로 하고, 회전드럼 속에서 뜨거운 공기를 통하여 제조하는 연분법(鉛粉法)이 있다. 용도는 납유리, 도자기 법랑, 염화비닐 안정제, 농약, 도료, 안료, 축전지, 광학유리, 고무 등에 사용된다. 납염의 수용액을 전기분해하면 비늘 모양의 고체로 양극에서 얻을 수 있다. 산화납은 핵융합 반응에서 고온으로 녹은 납 용액에 용융된 금속 이온을 뭉치게 하는 역할을 한다.

2) 탄산소다(Na_2CO_3)

Sodium carbonate(Na_2CO_3)는 탄산의 나트륨 염으로서 소다 또는 탄산소다라고 불리고 화학공업 상으로 가장 중요한 제품 중 하나이다. 무수물은 백색 분말의 흡습성이 강한 소다회이며 공업적으로 암모니아소다법으로 만들어 진다. 1수화물, 7수화물, 10수화물로 알려져 있고, 유리·비누 등의 제조 원료, 알칼리로서 종이 제조 등에 사용된다. 탄산소다는 비중 2.533, 굴절률 1.535, 해리압은 1,000℃에서 19 mmHg, 400℃에서 CO를 잃기 시작하고 융점은 852℃이다. 탄산소다는 핵융합반응에서 시료를 녹이는 용융제역할로서 사용된다.

3) Borax($Na_2B_4O_7$)

Sodium borate(화학식 $Na_2B_4O_7$)는 Borax 또는 붕사(硼砂)라 불리며 붕소를 중심원자로 하는 산소산의 염으로 되어있다. 이상적인 화학조성은 10수화물 상태이며 무수물은 백색 분말로서 융점은 741℃이다. 금속산화물을 잘 녹이며 금속의 종류에 따라 색을 나타내 중요한 금속정성 시험법으로 사용된다. 광물을 원료로 만든 유약, 유리, 금속용접 등에 사용되며, 붕사는 시료내의 금속을 녹이는 용융제로 사용된다. 반응식은 다음과 같다.

$$Ca^{2+}(aq) + Na_2B_4O_7(aq) \rightarrow CaB_4O_7(s)\downarrow + 2Na^+(aq)$$
$$Mg^{2+}(aq) + Na_2B_4O_7(aq) \rightarrow MgB_4O_7(s)\downarrow + 2Na^+(aq)$$

4) Sillica(SiO_2)

Silica(화학식 SiO_2)는 실리카라고 불리며 지각 중에 가장 많이 존재하는 성분으로, 거의 모든 토사 암석 속에 다른 성분과 결합한 규산염 광물로서 존재한다. 순수한 상태에서는 규사(珪砂), 규석(珪石)으로 존재한다. 섬유모양의 실리카를 물에서 굳히면 비중 0.1 이하로 아주 가볍고 단단하게 만들 수 있고, 융점은 1,760℃이다. 단열성, 내약품성 등이 뛰어나며 열팽창률이 매우 작아(5×10^{-7}/℃) 열 충격에 강하다. 빛의 흡수가 적고 뛰어난 도광성(導光性)을 갖고 있어 광(光)파이버로서 중요하다. 각종 규산염 광물에 의한 소결체와 유리의 막(膜)은 전자부품 혹은 구조재로 파인 세라믹 중에서 많이 사용되고 있다. 자외부에서 적외부에 걸쳐 투명하여 프리즘 등에도 사용되고 보통은 불순물로 착색되어 있다. 실리카를 탈수하여 입상(粒狀)으로 한 것을 실리카 겔이라고 하는데, 뛰어난 흡착제로서 수분, 용제의 흡착, 회수에 사용 하고 회수도 가능하다. 실리카는 Flour의 Carbon과 반응하여 Si 이온을 생성시켜 이물질이 포함된 Slag를 뭉치게 하는 역할을 한다.

$$SiO_2 + 2C \rightarrow Si + 2CO\uparrow$$

5) Flour

Flour(화학식 $C_{12}H_{22}O_{11}$)는 밀가루라고 불리며 원료인 밀에서 얻어지는 밀가루의 양은 대체적으로 70 ~ 75% 정도이다. 백색분말이며 일반적인 식료품으로 많이 사용되고 있다. 밀가루는 PbO에 탄소를 공급해 줌으로서 산소와 결합해 CO_2로 날려 보내 Pb이온을 잘 뭉치게 한다.

각 성분의 투입 비율은 시료성분의 조성에 따라서 달라지는데 염기성 시료의 경우 실리카의 첨가량을 늘리고, 산성 시료의 경우 탄산염 또는 borax의 첨가량을 증가한다. 또한 시료중에 구리나 니켈의 함량이 높으면 PbO를 더 많이 투입한다. 시료가 융제성분을 산화시키는 경향이 있으면 유기물 환원제의 첨가가 필요하며, 너무 많은 PbO가 Pb로 환원이 되면 산화제로서 KNO_3가 첨가된다.

도가니를 예열된 전기로에 넣고, 약 1시간 30분간 1,150℃까지 반응 시킨 후 집게로 꺼내어 준비된 틀에 부어 식히면 슬래그와 Pb-botton으로 분리된다.

백금족 금속들은 Pb-botton에 포집되고 나머지원소들은 융제성분과 반응하여 슬래그를 형성하는데, 슬래그에 미량의 백금족 원소들이 함유되어 있으면 이를 회수하기 위하여 재처리 하고, 그렇지 않으면 폐기한다.

얻어진 Pb-botton을 예열된 cupel에 담고 산화성 분위기에서 약 950~1,000℃로 가열하면 Pb는 cupel에 흡수되거나 휘발하고 최종적으로 백금족 원소의 구슬(bead)가 남는다. 이 방법을 회취법(灰吹法, cupellation)이라 한다. Cupellation은 bead가 적당량의 은(Ag-시료속에 존재 하던지, 백금족을 포집하기 위해 첨가하던지)을 함유하고 있을 때에만 가능하다. 오스뮴(Os)은 cupellation 과정에서 상당부분 휘발하며, 루테늄(Ru), 로듐(Rh) 및 이리듐(Ir)은 은(Ag)에 대한 용해도가 제한되어 있기 때문에 특별히 주의하지 않으면 부분적으로 손실의 우려가 있다.

Cupellation 후 얻어진 bead는 무게를 달아서 Ag으로 하고, 만약 다량의 Au가 함유 되어 있는 경우 MT도가니에 옮기고 1:1질산(HNO_3)을 넣어 Au과 Ag을 분리한다. 이 과정을 분금이라 칭한다.

분금 후 MT도가니 밑에 침전 되어 있는 것이 Au이다. 이때에 남아있는 여액은 따로 모은다. 모은 액은 추후에 소염이나 염산을 넣어 염화은으로서 다시 회수 할 수 있다. 분리한 Au는 건조(노란색이 될 때까지)하여 무게를 달고 Au로 한다. 액의 색이 붉은 색을 띠면 여액만을 비커에 따로 모아서 염산을 넣고 전처리하여 ICP(유도결합 플라즈마 분광분석법)이나 AAS(원자흡광 분석법)으로 Pd, Pt 등의 백금족을 분석한다. 여기서 주의 할 점은 Ag

의 함량인데, Au, Pd, Pt 등 백금족이 Ag에 함유 되어 있으므로 최종 계산시 Ag값에서 제외해야 한다.

백금, 팔라듐, 로듐은 $PtCl_6^{2-}$, $PdCl_4^{2-}$, $RhCl_6^{3-}$으로 용해되어지며 반응식은 다음과 같다.

- Pt의 산반응 : $3Pt + 4HNO_3 + 18HCl \rightarrow 3H_2PtCl_6^{2-} + 4NO + 8H_2O$

- Pd의 산반응 : $3Pd + 6HNO_3 + 12HCl \rightarrow 3H_2PdCl_4^{2-} + 6NO_2 + 6H_2O$

- Rh의 산반응 : $3Rh + 4HNO_3 + 2HCl \rightarrow 3H_2RhCl_6^{3-} + 2NO + 4H_2O$

건식시료의 배합

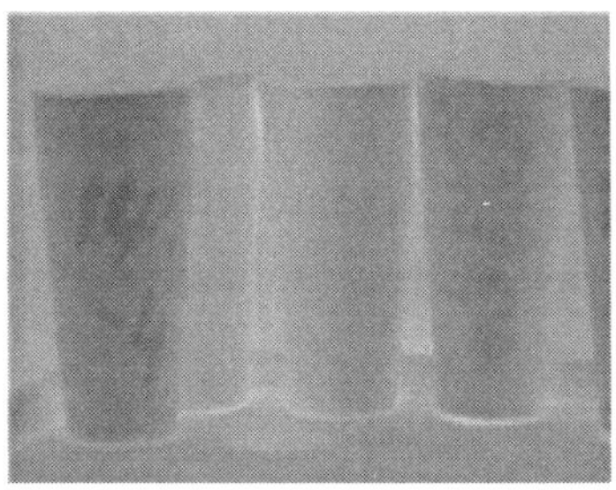
전기로에서의 용융

용융 후 방냉

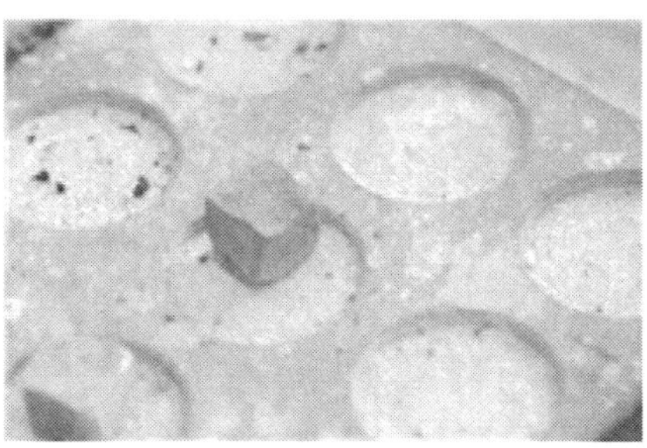
슬래그와 분리

큐펄레이션 후

[그림 6-15] 건식분석에서 일어나는 공정

6.4.2 스크랩의 분석

1) 스크랩의 분석방법

① 스크랩 시료(Au, Ag, Cu 함유)의 분석 방법

금(Au), 은(Ag), 구리(Cu) 등을 함유하고 있는 스크랩 시료는 분석을 위하여 적당한 크기로 파쇄(충격, 전단, 압축 등)를 한 후 정량을 분취하여 도가니에 담아서 소각한다.

소각 후 시료의 대표성을 위하여 분쇄를 수행하게 되는데, 이 때 소각과정에서 시료가 벌크(bulk)한 덩어리로 발생되는 경우에는 파쇄/분쇄 과정을 수행하게 된다. 덩어리와 가루(더 이상 미분쇄가 불가능 한 경우)를 분리하여 각각의 무게를 측정하여 비율을 구한다.

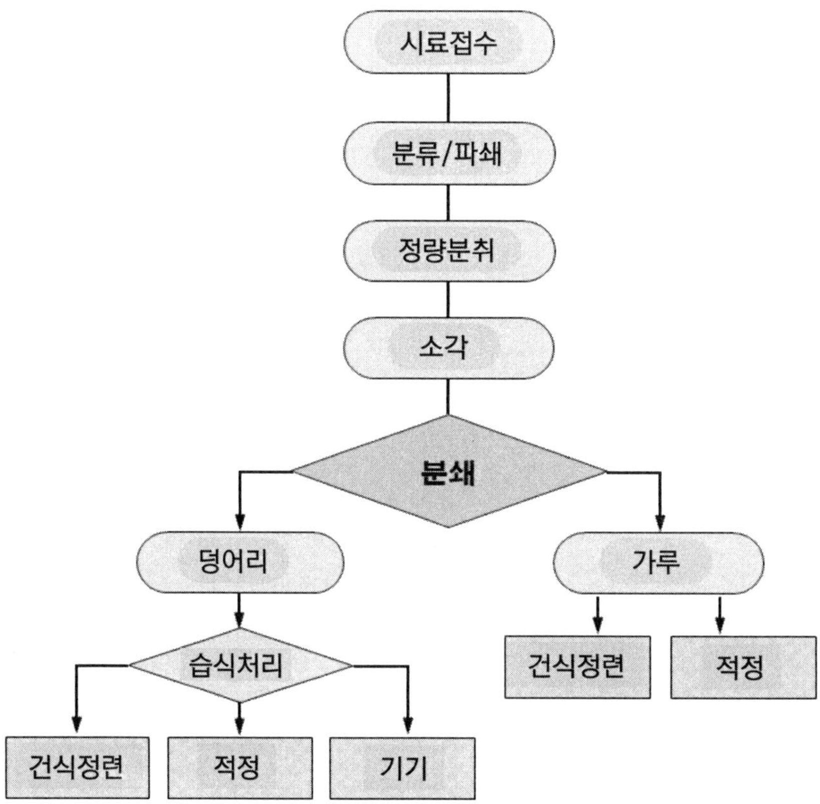

[그림 6-16] Au, Ag, Cu 高함량 스크랩 시료의 분석 공정도

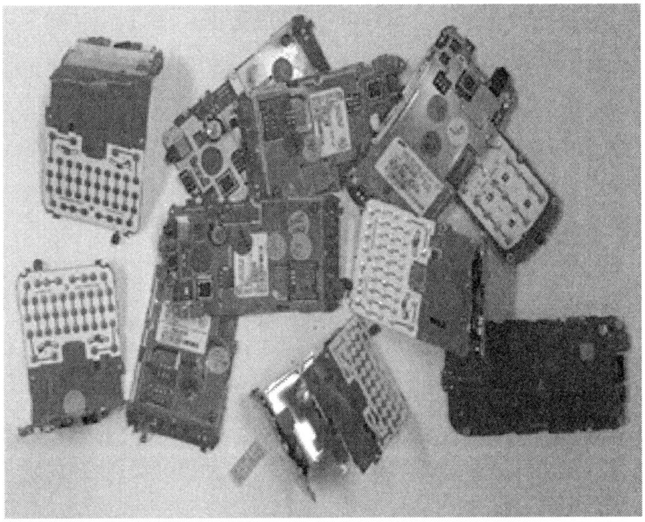

[그림 6-17] 유가금속 함유 도시광산 스크랩

덩어리를 비이커에 옮기고 HNO_3를 넣어 Au과 나머지 무기원소를 분리한다. HNO_3를 넣으면 Au를 제외한 Cu, Ag 등의 무기원소 등만 용해되고 Au및 기타 유기물류는 용해되지 않는다. 갈색연기(NOx)가 더 이상 일어나지 않으면 반응이 끝난 것이다. 반응이 끝난 시료는 여과 하여 여과한 침전물은 fire assay 법으로 분석함으로써 Au로 정량하고, 여액은 농축하여 HCl으로 AgCl을 침전(스크랩 시료에 다량의 Ag이 존재하는 경우)시킨다. 2차 여과를 하여 여과한 침전물은 fire assay를 하여 Ag로 정량한다. 여액에서는 적정을 하여, Cu를 정량한다. 그리고 AAS나 ICP를 통하여 여액에 남아있는 Au을 확인한다.

가루는 비커에 분취하여 왕수로 전처리를 하여, 적정으로써 Cu를 정량하고, 융제가 배합되어 있는 도가니에 정량을 분취하고 fire-assay를 하여 Au, Ag을 정량한다.

② F-PCB 스크랩의 정량분석방법

Cu base에 Au도금이 되어있는 시료는, 소각 후 단일산 (HNO_3)으로 NOx gas(갈색)가 발생하지 않을 때까지 첨가하여 전 처리한 다음, 여과하여 여과물은 fire-assay로 Au를 정량하고, 나머지 여액은 적정으로 Cu를 정량한다.

③ Au도금 스크랩 중 박리 전처리에 의한 정량분석방법

Au lead frame, 혹은 Au 도금 샘플의 경우 박리 전처리를 하여 분석하는 방법도 있다. 박리액은 10% KSCN+박리제 1% 로서 KSCN을 먼저 비커에 분취 한 다음 150℃에서 완벽히 용해 한 후 유리 막대로 저어가면서 KSCN의 1/10 만큼의 박리제를 넣어 만든다. (KSCN이 다 녹지 않았을 때 박리제를 넣거나 KSCN과 박리제를 같이 넣어 용해하면 액의 색이 진하게 변하고 박리효과도 떨어지므로 주의하도록 한다.) 박리제 준비가 다 되었으면, 샘플이 들어 갈만한 적당한 트레이에 분석하고자 하는 샘플을 넣고 박리제를 넣어 샘플 겉면에 있는 Au를 박리한다. 박리한 액은 비커에 모은다. 모은 액을 ICP-OES 나 AAS로 정량 분석한다.

④ Ag L/F 중 Ag 분석방법

Ag lead frame (이하 L/F) 중 Ag는 보통 1~2% 정도 함유되어 있는 경향을 보이는데, L/F 의 경우에는 PCB가 함유 되어 있지 않아서 즉시 산 전처리가 가능하다. 보통 Cu base에 Ag가 도금되어 있는 경우가 많은데, HNO_3(질산)으로서 Cu와 Ag을 함께 용해 한 후, HCl를 넣어 AgCl로 Ag를 침전 시킨 후 여과하여 여과물을 fire assay(건식분석) 으로 무게를 달거나, 무게를 단 여과지(glass filter)에 여과하여 AgCl무게를 재고 Ag로 환산하여 계산하는 방법이 있다.

그 밖에도 수없이 많은 다양한 종류의 스크랩이 있기 때문에 일일이 열거 하기는 어려움이 따른다. 따라서 다음과 같은 사항을 고려하여 스크랩 분석을 할 때 참고 하면 되겠다.

⑤ 스크랩 분석 시 고려할 사항

- PCB가 함유 되어있는가?
  (소각 과정 선택)
- 시료의 대표성을 확보 할 수 있는가?
  (절단 방법, 분쇄 여부 판단, 분취범위와 양 선택)
- 분석하고자 하는 원소가 무엇인가?
  (산의 선택)
- 분석하고자 하는 원소의 함량이 어느 정도 인가?
  (방법의 선택-건식, 습식, 기기분석)

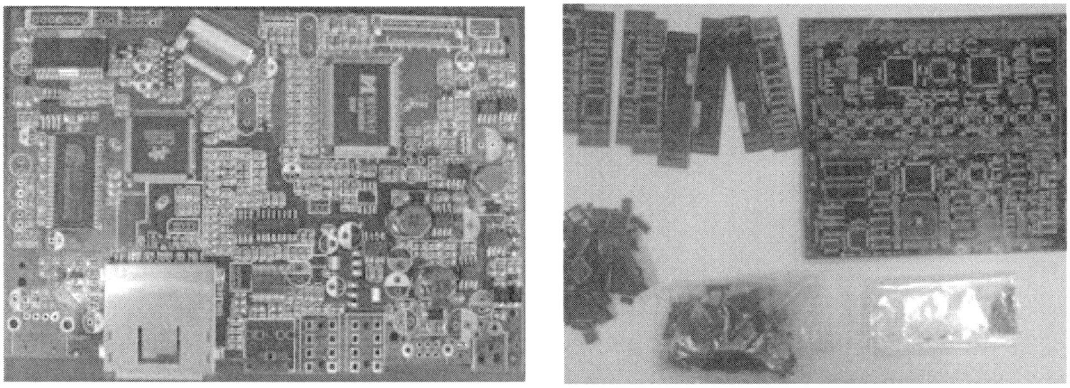

[그림 6-18] PCB 기판의 열처리 후 분리

2) 스크랩의 분석과정

① 분류

스크랩의 경우 대부분의 샘플 size가 크기 때문에, 산전처리하기 위해서는 적당한 크기로 분류 하는 과정이 필요 하다. 분류 방법으로는 가위(함석가위, 재단가위) 혹은 니퍼, 절단기 등을 이용하여 절단 하는 방법과, PCB기판의 경우에는 판에 붙어 있는 MLCC, IC, 소켓 등을 떼어 내기 위한 열처리 작업이 필요하다.

② 소각

스크랩 시료 중 한 종류인 PCB는 마치 케이크처럼 여러 층으로 이루어져 있고, 다른 물질로 이루어진 각 층은 열과 접착제 등으로 겹쳐져 있기 때문에 바로 산으로 처리하기에는 어려움이 따른다. 따라서 800℃ 이상의 고온에서 열처리로, 구조를 파괴하여 산전처리와 분쇄를 용이하게 하도록 한다.

나머지 F-PCB, IC, BGA 등 PCB를 포함하고 있는 경우에 소각으로 구조를 파괴하여 산 침투가 용이하게 한다.

③ 분쇄

대표성을 확보하기 위해서는 분쇄의 과정이 필요하다. 분류한 스크랩을 소각 후 무게를 단 다음 분쇄기로 100 mesh 이하로 잘게 갈아주면 대표성을 확보할 수 있는데, 더 이상 분쇄가 되지 않으면 채로 걸러서 덩어리와 가루로 구분을 한다. 각각의 무게를 달고 최종적으로 계산할 때 비율을 적용하여 값을 산출하도록 한다. 모든 샘플을 분쇄하지는 않으며, 대체적으로 일정하지 않은 샘플의 경우에만 분쇄과정을 거친다.

④ 질산전처리(Au)

스크랩에 함유되어 있는 원소 중 다량의 Au이 함유되어 있을 경우 질산 처리만 하고(Au는 왕수 이외에는 어떠한 산에도 용해되지 않는다), 여과하여 여과물을 건식분석으로 함량을 측정할 수 있다. 이때에 Cu, Ni, Fe 등 기타 무기원소들은 용액에 남아있는데, 혹시 미량의 Au가 용액에 남아있을 수 있으므로 기기분석으로 잔량의 Au를 확인한다. Ag도 함께 함유되어 있는 샘플이라면 여액을 농축하여 HCl으로 AgCl침전을 만든 다음 여과하여 건식분석으로 정량하도록 한다.

⑤ 왕수전처리

1차 전처리로 박리한 경우, 스크랩 중 분석하고자 하는 원소가 미량으로 함유 되어있는 경우에는 왕수로 전처리 다음 기기분석으로 정량 한다.

⑥ 여과물 fire-assay

질산만으로 전처리를 실시한 경우에는 Au분석을 위해서 그리고 왕수로 전처리를 실시한 경우에는 Au, Ag분석을 위해서 여과물을 fire-assay 한다. 스크랩 중 Fe가 많이 함유되어 있는 경우, 왕수로 전처리를 하여도 미량의 Au이 여과물에 함유되어 있는 경우가 많기 때문에 여과물에서의 Au확인 작업이 필요하다.

⑦ 여액 Cu 적정

스크랩 중 PCB, Router 등은 Cu 20~30% 정도 함유 되어 있고, L/F의 경우에는 90%이상 함유되어 있다. 여액의 Cu을 확인하기 위해서는 여액의 무게를 달고, 일정량의 용액을 비커에 분취 하고, Cu 적정법에 따라서 적정을 한다.

⑧ 여액 Au, Pd, Ni, Fe 등 기기측정

스크랩 중 Au분석의 경우 여과물을 건식분석 하여 분금으로 정량한 경우에 여액에 남아 있는 양과 합산하여 최종 결과로 한다. 그 밖에 Pd, Ni, Fe 등의 나머지 무기원소의 경우 여과 후 여액의 무게를 단 다음 기기분석을 하여 정량을 한다.

⑨ 결과 값 도출

스크랩 함유 원소별 결과 도출 방법을 정리하면 다음과 같다.

- Au : 질산 전처리 여과물 건식분석 + 여액 기기분석, 왕수 후 기기분석
  (여과물 건식 확인 후 합산)
- Ag : 질산 전처리 여과 후 염화은 침전 여과물 건식분석
- Pd, Ni, Fe : 왕수 전처리 후 AAS분석
- Cu : 여과 후 여액 무게 단 후 일정량 분취하여 Cu적정법을 적정

- $\text{덩어리비율} = \dfrac{\text{덩어리무게}}{\text{전체무게}}$
- $\text{가루비율} = \dfrac{\text{가루무게}}{\text{전체무게}}$
- $\text{덩어리 } Au(a)(mg/kg) = \dfrac{\text{분금후무게}}{\text{시료무게}} \times 10^6 \times \text{덩어리비율}$
- $\text{덩어리} Ag(b)(mg/kg) = \dfrac{bead\text{무게} - blank - \text{분금후무게}}{\text{시료무게}} \times 10^6 \times \text{덩어리비율}$
- $\text{덩어리} Cu(c)(\%) = \dfrac{\text{적정량}}{\text{시료무게}} \times \dfrac{\text{용액무게}}{\text{분취무게}} \times 0.5 \times f$
- $\text{덩어리 기기 } Au, Pd(d)(mg/kg) = \dfrac{\text{기기측정값} \times \text{용액무게}}{\text{시료무게}} \times \dfrac{\text{희석액량}}{\text{분취량}} \times \text{덩어리비율}$
- 가루는 덩어리비율 대신 가루비율을 넣어서 계산
  가루 Au(e), 가루 Ag(f), 가루 Cu(g), 가루기기Au, Pd(h)

【최종결과(소각 후 경우)】

- $Au = [Au(a) + Au(d) + Au(e)] \times$ 소각비율
- $Ag = [Ag(b) + Ag(f)] \times$ 소각비율
- $Cu = [Cu(c) + Cu(g)] \times$ 소각비율
- $Pd = [Pd(d) + Pd(h)] \times$ 소각비율

6.4.3 슬러지의 분석

1) 슬러지의 분석방법

① Au, Ag 분석방법

반도체 공정 슬러지는 조성이 다양하고, matrix가 복잡하여 습식-용해법으로 전처리하여 ICP 또는 AAS 기기분석을 할 경우 각원소의 특징에 따라 간섭이 있을 수 있다. 슬러지 안에 귀금속이 미량이라면 시료를 다량으로 분취하여야 하는데, 다량분취는 습식 전처리로는 적합하지 않다. 따라서 Au, Ag 등의 귀금속류는 fire-assay 전처리법을 통하여 matrix 및 이물질을 제거하여 분석하는 것이 더 용이하다. 슬러지의 조성별로 산화납의 배합비율이 다를 수 있으며, 금(Au)은(Ag)재의 경우에는 철정을 꽂아서 분석을 할 수 있다.(*4.1 건식분석 참조)

② Cu 분석 방법

반도체 공정 슬러지 속 Cu 함유량을 분석하고자 할 때, 10% 미만인 소량의 경우 질산-염산 분해하여 원자방출분광분석법이나 원자흡수분광분석법으로 분석하며, 10% 이상의 고(高)함량 슬러지의 경우 적정방법을 통하여 함량을 정량한다.

【구리 정량 방법】

티오황산나트륨을 이용한 구리 정량 방법은 구리 함량 10% 이상 시료에 적용한다. 시료를 질산과 염산으로 분해한 후 플루오르화나트륨을 넣어 Cu의 침전을 억제한 다음, 암모니

아수로서 Al, Fe 등 적정에 방해되는 원소를 제거하고, 초산을 넣어 산도를 맞추어 준다. 지시약으로 KI를 넣어 주고, 티오황산 나트륨용액(약 0.75 M)으로 적정하여 준다. 티오황산나트륨의 작용은 Cu와 KI가 반응하여 생성된 Cu_2I_2와 $Na_2S_2O_3$ 가 반응하여 I 를 유리하는데, 이때 색이 연한 분홍색을 나타낸다.

구리 함량별 시료 분취량은 다음과 같다.

[표 6-6] 시료채취량

구리 함유량(%, 질량분율)	시료 채취량(g)
15미만	0.5 이상
15이상 25 미만	0.3~0.4
25이상 50 미만	0.2~0.3
50이상	0.1~0.2 또는 5g 전처리 후 재 분취

$$Cu(\%) = \frac{\text{티오황산타트륨 적정량}(ml)}{\text{시료분취량}(g)} \times 0.5 \times f$$

f는 99.999% 이상의 순도를 가지는 Cu standard로 시료의 구리 분석 방법과 동일한 방법으로 분석 한 다음 역으로 계산 하여 준다.

③ Ni, Zn, Cr 의 분석 방법

슬러지의 Ni, Zn, Co, Cr 등은 왕수(질산1 : 염산3)로 분해한 다음, 여과하여 유기물 및 불순물 등을 제거하고, 원자방출분광법이나 원자흡수분광법으로 분석한다.

④ 기타 원소 분석방법

슬러지에 함유되어 있는 기타 무기원소의 분석을 할 경우에는 예비분해 실험을 한 다음 알맞은 전처리 실험을 수행한 후 ICP 혹은 AAS의 기기분석으로 정량한다.

⑤ 슬러지 분석 시 고려 할 사항

- 수분이 함유 되어있는가?
  (건조 여부 판단)
- 유분이 함유 되어있는가?
  (소성 여부 판단)
- 대표성을 확보 할 수 있는가?
  (분쇄 여부)
- 분석하고자 하는 원소가 무엇인가?
  (열판 산처리가 가능한가? 마이크로웨이브로 해야하는가?)
- 분석하고자 하는 원소의 함유량이 어느 정도 인가?
  (Cu 슬러지의 경우-적정으로 할 것인가, 기기분석으로 할 것인가)

2) 슬러지 분석과정

① 시료 입수

시료가 입고되면 정해진 절차에 따라 접수하고 분석을 위한 계획 및 방법을 설정한다.

② 건조(소성)

대부분의 슬러지에는 수분을 포함하고 있는 경우가 많기 때문에 분쇄를 더 용이하게 하기 위하여 110℃에서 12시간 이상 건조하여 수분을 제거한다. 유분이 있는 경우에는 800℃이상에서 1시간 이상 소성하여 유분기를 날려 보내야 분쇄하는데 용이하다.

③ 분쇄

슬러지 시료의 대표성을 확보하기 위하여 Ringmill machin 으로 분쇄하여 준다.

④ Au, Ag, Pd, Pt 분석을 위한 fire-assay

금은재 슬러지의 경우 fire assay 방법으로 분석한다. 다량의 Au가 함유되어 있으면 분금으로 Au을 정량하고, 함유하고 있는 양이 1~100 mg/kg 정도로 분금이 불가능하면, 큐펠레이션 후 bead를 산전처리 한 다음 기기분석으로 미량의 Au(Pd, Pt 함유)를 정량한다.

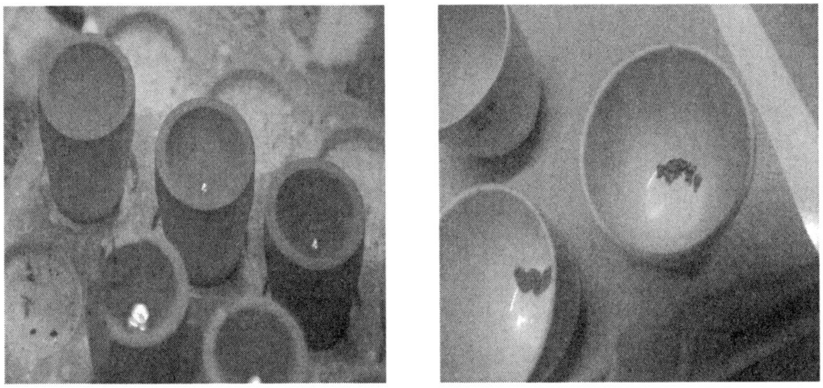

큐펠 후 분금 후

[그림 6-19] 큐펠레이션 및 분금 후

여기서 bead(Ag)무게를 달고 그 bead를 가지고 전처리 하여 분석 하였다면 최종 Ag값에서 Au, Pd, Pt값을 빼 주어야 한다.

- 분금을 수행하기 위해서는 Au양의 1.5배 이상의 Ag이 있어야 가능하다. 시료 중 Ag의 함량이 부족하면 Ag을 추가하여(가은) 분금이 가능한 조건으로 만들어 준다.

⑤ 왕수분해

슬러지 시료 중 Ni, Co, Mn, Zn, Cu 등 왕수분해에 용이한 샘플은 왕수(염산 3 : 질산 1)로서 분해하고, Cu은 적정으로, 나머지 성분들은 ICP-OES로 정량한다. 열판에 의한 산 분해가 어렵거나, 휘발성 원소의 경우 마이크로웨이브나 퓨전전처리 방법으로 분해한다.

⑥ microwave 분해

분해가 어렵거나(W, Ti, Mo, V), 휘발성 원소(As, Pb, Hg)의 경우 microwave로 전처리 하면 더 쉽고 빠르게 전처리가 가능하다. 하지만 시료 분취량이 한정(무기물 최대 1g, 유기물 최대 0.3 g)되어 다량의 분취를 요구할 때는 제한적이다. 따라서 분석하고자 하는 시료의 원소와 상태를 고려하여 microwave 전처리를 하도록 한다. microwave는 온도, 시간, 압력, 산(acid)을 시료에 가하고 micro 파를 이용하여 전처리하는 장비이며, 전처리시 사용하는 산성용액은 다음과 같다.

$$\text{W, Mo, Ti, V} \quad \rightarrow \quad HNO_3 + HCl + HF$$
$$\text{Hg, As, Pb} \quad \rightarrow \quad HNO_3, HNO_3 + HF$$

이 밖에 원소들은 원소의 성질에 따라 산을 알맞은 산을 선택 하여 전처리한다. 온도, 시간, 압력은 장비에 따라 조건이 다르므로 장비 매뉴얼에 따르도록 한다.

⑦ 기기 분석

장비 운용 방법에 따라 기기분석을 진행 한다.

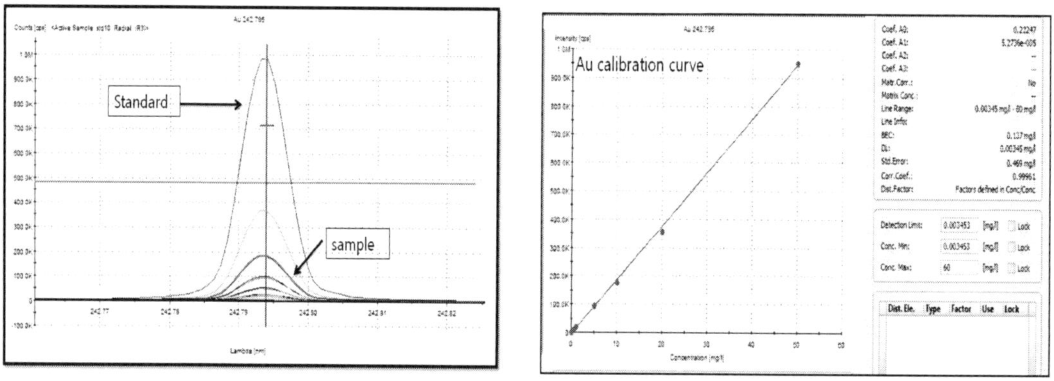

[그림 6-20] ICP-OES의 Peak

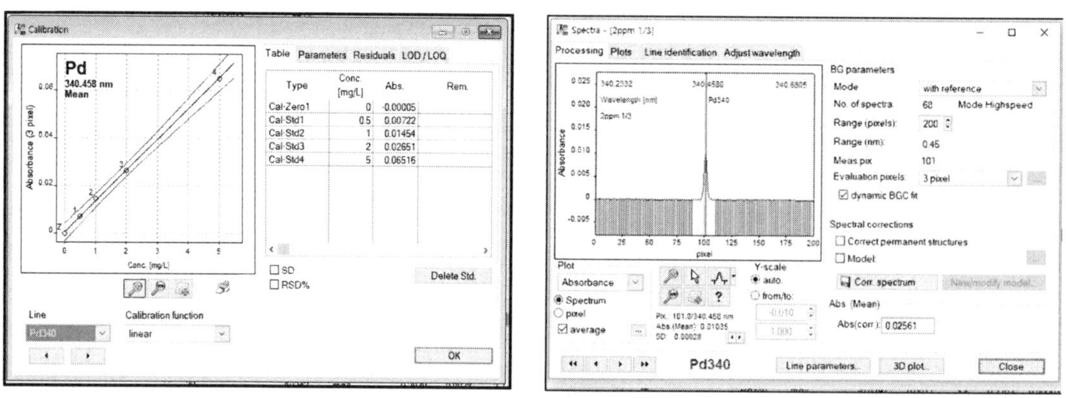

[그림 6-21] AAS의 Peak

6.4.4 자동차 폐촉매의 분석

1) 폐촉매의 분석방법

도시광산의 주원료로 집중조명되고 있는 것이 자동차의 폐촉매인데, 매년 점점 증가하고 있는 자동차 폐촉매에서 유가금속의 회수는 자원빈국의 중요한 관심사가 되고 있다.

폐자동차의 발생량 증가에 따라 폐촉매의 발생량도 급속도로 증가추세이며, 이에 따른 유가금속 회수를 위한 기술의 발전도 함께 상승하고 있다.

촉매 속 백금족(PGM) 계열은 여러 산화상태로 존재하기 때문에 회수방법의 정립이 쉽지 않다. 또한 알루미나, 실리콘과 같은 방해성분의 제거기술도 함께 수반되어야 한다. (자동차 폐촉매는 벌집모양으로 코디어라이트 형태이며, $2MgO \cdot Al_2O_3 \cdot 5SiO_2$ 또는 $2FeO \cdot 2Al_2O_3 \cdot 5SiO_2$로 구성되어 있다.) 따라서 알칼리 퓨전(fusion)과 공침 과정을 거쳐 정량분석을 하게 된다.

2) 폐촉매의 분석과정

① 시료 융제와 배합

촉매시료 적당량을 알루미나 도가니에 분취하고, 그 위에 융제를 덮는다. 융제의 양은 보통 시료양의 10배 정도로 한다.

② 알카리 퓨전

시료 적정량을 도가니에 분취하고 융제를 넣은 후, 전기로에 넣어 750℃까지 단계별로 열을 가하여 용융시킨다.

③ 산 융해

용융시킨 알루미나 도가니를 꺼내어 방냉 한 다음 500 mL 비이커에 넣고, 물을 넣고 가열하여 1차 용해 후 염산을 넣어 완전하게 용해시킨다.

④ 공침

공침제를 넣어 PGM's를 공침한다.

⑤ 여과

membrane filter(왕수에 분해되는 재질)로 공침된 PGM's를 여과한다.

⑥ 왕수처리

PGM's을 여과지와 함께 비이커에 넣고, 왕수로 용해한다.

⑦ mass up

Massflask에 옮겨넣고, 표선을 맞춘다.

⑧ 기기분석

기기분석 운용방법에 따라 기기분석을 한다.

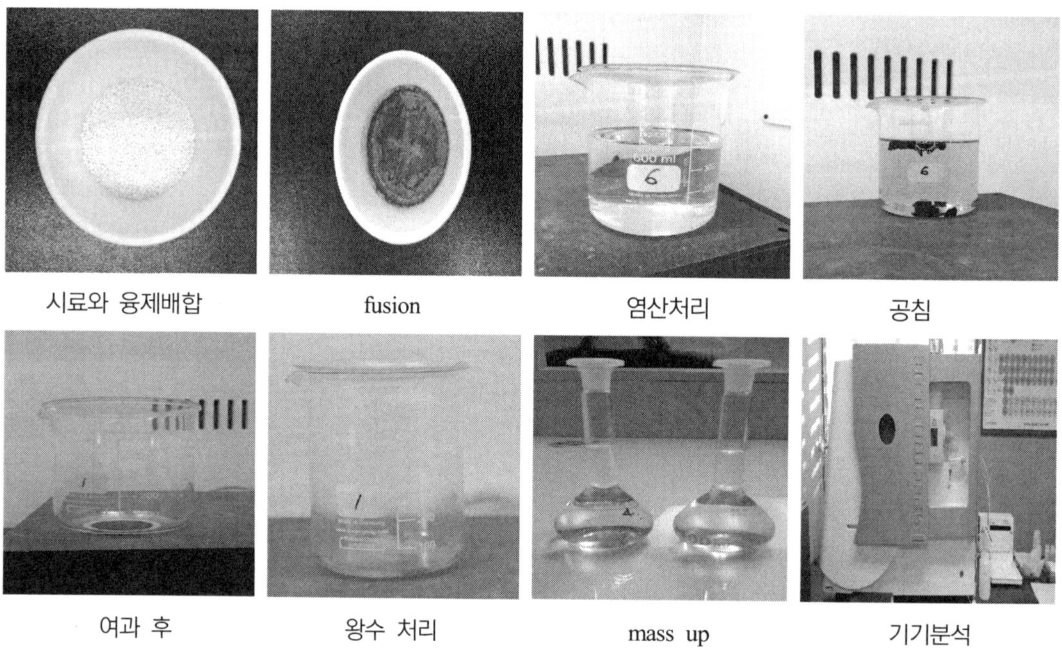

[그림 6-22] fusion의 분석 공정도

$$Pd, Pt, Rh\,(mg/kg) = \frac{\text{기기분석값}(mg/l) \times \text{용액량}(ml)}{\text{시료무게}\,(g)}$$

도시광산의 가치판단

7

7.1 가치판단의 이해

7.1.1 가치판단 정의

도시광산 속 유가금속 함량을 정성 및 정량 분석하여 도시광산 시료의 기준함량을 결정하고, 함량은 국제유가금속 가격의 기준이 되는 런던금속거래소(London Metal Exchange : LME)의 시세를 통하여 적정가격을 정하며, 수요공급 기업 간의 재활용 경제성을 평가하는 일련의 과정을 가치판단이라 한다.

❖ 런던금속거래소(London Metal Exchange : LME)

1877년 설립된 세계 최대의 금속선물거래소로서 하루 거래 대금이 1백억 달러에 이르며 시카고상품거래소(CBOT)와 함께 세계 원자재시장의 양대산맥이다.

18세기 후반 영국에서는 산업혁명에 따른 급속한 공업화로 많은 양의 비철금속을 칠레 등지로부터 수입해야 했으며, 이에 따라 상인들은 한 장소에 모여 항해중인 수입금속 대한 정보를 교환하고 거래를 하기도 하였다.

점차 거래량이 많아지고 거래도 복잡해짐에 따라 1877년 1월 런던금속거래소(London Metal Exchange : LME)라는 명칭의 거래소를 설립하고 최초의 공식적인 거래를 시작하였다. 이후 1881년부터 정기시장이 되었으며 1882년부터 선물거래를 시작하였다.

상장품목은 주로 비철금속인 전기동, 주석, 알루미늄, 납, 아연, 니켈, 알루미늄 합금이며, 하루의 거래는 오전장, 오후장으로 구분되어 거래되고 1개 품목당 5분씩 4회 거래가 된다.

공식가격(Official Price)은 오전장이 끝난 후 발표된다. 이곳에서 결정하는 가격을 LME 가격이라고 하며 세계에서 거래하는 가격의 기준이 된다.

전 세계에 걸쳐 LME가 선정한 지역에 LME가 소유하지는 않으나 승인한 창고에 실물 측면을 맞추기 위해 막대한 금속재고가 보관되어 있다.

LME는 생산지보다는 오히려 금속을 필요로 하는 순수한 소비지역에 창고를 둔다는 정책을 기본으로 한다.

1962년에는 첫 번째 해외지역의 창고가 로테르담에 승인된 후로 비유럽지역으로는 1987년 싱가포르가 처음이다. 현재 미국, 유럽, 극동지역 등 12개 국가, 42개 지역에 걸쳐 350개가 넘는 LME창고가 산재해 있다.

2001년 11월 한국의 부산시와 광양시가 LME 창고도시로 지정되었으며, 2002년 10월 창고를 운영할 업체가 최종 확정되었다.

이로서 한국은 영국과 미국 등에 이어 세계 13번째, 아시아에는 싱가포르와 일본에 이어 3번째로 LME 창고를 갖게 되었다.

국내에서 유가금속의 거래는 LME와 마찬가지로 환율과 시차를 고려한 금속시세를 알아보기 쉽도록 다음과 같은 제공 사이트들이 있으며, 이들 사이트를 통하여 유가금속에 대한 거래를 진행하고 있지만 기본적으로 유가금속에 대한 가치평가의 근간이 되는 분석은 공신력 있는 객관적인 분석결과보다는 대상회사들이 개별분석을 진행하여 거래를 하고 있는 실정이다.

- 백상금속 : www.packsang.com
- 삼성금속 : www.samsunggold.co.kr
- KITCO : www.kitco.com

7.1.2 가치판단의 중요성

도시광산의 재사용을 위해서는 경제성을 따지지 않을 수 없다. 도시광산 속 귀금속 및 유가금속 등의 원소는 미량으로 함유하고 있는 경우가 대부분이어서 그에 따른 분석 기술이 수반되어야 하고, 그 만큼 정량적으로 정확히 분석하여야 도시광산의 가치를 판단할 수 있다.

도시광산 자원을 산업자원으로 재사용하기 위해서는 다음과 같은 추진체계를 요하게 되며, 이 추진체계의 과정으로부터 기업간의 수익을 보장하며 산업적 거래를 왕성하게 창출할 수 있게 된다.

『수거』 - 『주요부품 분류 및 분쇄』 - 『물리적·화학적 처리』 - 『유가금속 최종분류』

[표 7-1] 도시광산 1Ton당 금(Au) 함량(g) 비교

항 목	함 량(g)	비 고
폐휴대폰	200~400	
폐반도체칩	200~600	
금광석	3~5	

* 자료 : 한국환경정책평가연구원, 2010.

도시광산은 도심에서 쓰고 버린 컴퓨터, 휴대전화, TV, 자동차 등으로부터 가치있는 유가금속을 뽑아내는 재활용 사업이다. 도시광산은 재활용뿐만 아니라 유가금속을 회수 후 최종처리까지를 모두 분석할 수 있어야 하며, 단순히 원료자체의 가격보다도 도시광산 원료의 전 과정에 대한 해석이 가능해야만 도시광산으로서의 가치를 판단할 수 있는 것이다.

각종 도시광산 원료 1 ton으로부터 회수할 수 있는 금(Au)의 함량을 살펴보면 [표 7-1]과 같다.

버려지는 폐휴대폰 1 ton으로 약 200~400 g의 금을 추출할 수 있는데, 이는 같은 양의 금광석에서 나오는 추출량의 약 100배 이상에 달한다.

매년 버려지는 휴대폰은 점점 더 증가추세에 있다. 도시광산에 재활용되고 있는 폐휴대폰의 비중은 점점 커지고 있으며, 2011년 추산된 버려진 휴대폰은 1500만대에 달하는 반면 재활용된 휴대폰은 350만대로 조사되었다. 나머지는 모두 폐기처분되었다는 점을 생각해볼 때, 폐휴대폰 한 대당 얻어지는 금속의 가치는 2011년 4월 기준 약 3,217원이며, 도시광산 산업으로 재활용할 시 2011년에만 약 370억원의 가치를 창출할 수 있었다는 것이다.

이와 같이 미처 의식하지 못하면서 폐기처분되고 있는 폐휴대폰으로부터 자원의 재발견을 인지할 수 있다면 도시광산에 대한 가치판단으로부터 사회적 합의에 따르는 도시광산 정책의 발전적 방안을 마련할 수 있을 것이다.

도시광산 자원의 재사용을 위한 기존의 환경부에서 운영하고 있는 폐기물관리체계인 『올바로시스템』 공개정보의 효율적 활용과 함께 도시광산 원료의 객관적이고 정밀한 정량분석에 대한 결과의 공유로부터 도시광산의 가치는 더욱더 중요해질 것이며, 이로부터 『자원순환기본법』 및 『폐기물관리법』에 따르는 도시광산의 전 과정 재활용평가 기법은 점진적으로 폭넓은 인식과 함께 사회의 요구가 증대될 것이다.

7.2 가치판단 사전준비

7.2.1 가치판단 과정

유가금속 함량 분석을 위하여 현재 보유하고 있는 기준서의 명확한 정의 및 관리를 통해 발생 가능한 분석 결과 값의 오류를 사전에 방지하여 고객에게 제공하는 정보의 정확성을 높이고, 그 수준을 유지 발전하고자 기준서를 표준화하는 과정을 수행한다.

도시광산 원료의 발생지로부터 원료의 가치를 판단하기 위해서는 시료의 채취로부터 정량분석까지의 여러 단계별 진행해야할 업무가 있다. 하나하나의 업무활동을 가치판단을 위한 프로세스라고 하며, 각 프로세스에서의 오류를 최소화 하는 것이 도시광산의 최적가용기법(BAT, Best Available Techniques Economically Achievable)의 적용인 것이다.

도시광산의 가치판단은 시료의 입수(수거, 운반, 수집 등)에서부터 분쇄 및 정량분석 등의 과정으로부터 다음과 같은 가치판단을 위한 각각의 과정을 수행해야한다. 이들 과정에서의 오류는 가치판단의 최종결정에 유용하게 적용된다. 각 과정에서의 오류를 유발할 수 있는 요소를 검토해보자.

[표 7-2] 가치판단을 위한 추진과정

과정	내용
▸ 입 수	고객사의 시료를 받는 작업
▸ 분 취	입수된 시료를 분석하기 위하여 일정량의 시료를 취하는 것
▸ 건 조	시료의 수분을 제거하기 위하여 Dry oven에서 건조하는 작업
▸ 분 쇄	부피가 큰 시료를 분취하기 위하여 작게 분리하는 작업
▸ 소 각	유기물, 유분 등 무기산 용해가 어려운 시료에 대해 일정온도로 태우는 작업
▸ 파 쇄	시료의 대표성을 만들기 위하여 시료를 균질하게 100 mesh 이상 만드는 작업
▸ 분 류	파쇄 후 덩어리가 있는 경우 채를 이용하여 덩어리와 가루를 분리하는 작업
▸ 퓨 전	융제를 이용하여 시료를 융해하는 방법
▸ 습 식	무기산을 이용하여 분석시료를 융해하는 작업
▸ 여 과	습식 전처리 후 기기 분석을 위하여 불순물을 여과하는 작업
▸ 적 정	적정시약을 통하여 정량분석
▸ 건 식	고온에서의 핵융합반응을 이용한 분석 방법
▸ 측 량	건식 후에 bead(Ag)를 측량하거나 분금 후 Au 측량
▸ 박 리	박리액을 이용하여 스크랩 겉면에 코팅되어있는 Au을 분석
▸ 기 기	AAS, ICP 를 이용한 정량 분석
▸ 성적서	모든 분석이 끝난 시료에 대한 검사 증명서

7.2.2 가치판단의 해석

세계 각국의 전문가들은 2013년 현재 도시광산이 지닌 잠재적 가치를 전체 세계자원 매장량의 약 20%인 것으로 추정하고 있다. 한국의 전문가들은 도시광산자원의 경제적 가치를 산업폐기물분야 약 30조원, 생활계폐기물분야 약 20조원으로 총 50조원으로 분석하고 있다.

현재 각종 도시광산 자원은 [그림 7-1]과 같은 흐름으로 처리되고 있다. 도시광산 최종처리 과정의 정·제련은 제련소에서 처리하게 된다. 제련소에서는 수집상이 수집하여 중간 처리한 제품의 가치(분석결과)를 보고, 시세에 따라 구매를 하여 정제련을 하게 된다.

수집상이 수집하여 중간처리 후 제련소에 공급할 때 여기에는 도시광산 폐기물 중 함유되어 있는 원소의 함량, 총 발생량, 시세 등이 고려되어야 한다. 제련소에서는 원자재인 폐기물을 납품 받는 곳이기 때문에 분석결과에 의한 가치판단의 결과가 중요하게 작용한다.

국내에서 대표적인 제련소로는 LS니꼬(동제련), 고려아연(납, 아연, 동), 희성PMTech(촉매) 등이 있다.

국외 제련소로는 일본의 DOWA 홀딩스(www.dowa.co.jp), 스미모토 금속광산(www.smm.co.jp), 미스비시 메트리얼(www.mmc.co.jp), 중국의 Jiangxi 제련소(www.jxcc.com), Yunnan 제련소(www.yunnan-copper.com), Tongling 제련소(www.tnmg.co.cn) 등이 있으며, 미국은 Kennecott Utah 제련소(www.kennecott.com), Asarco 제련소(www.asrco.com) 등이 있다.

국내에서 현재 진행하고 있는 처리시스템으로는 도시광산의 산업은 발전할 수 없는 구조이다. 각 단계별로 도시광산 자원은 개인-개인, 개인-기업 등의 수요공급에 대한 이권개입과 뒷거래 등의 비합리적인 경쟁체제 속에서 발전하고 있지만, 도시광산 자원의 순환구조 및 시장의 형성을 주도하는 객관적인 공공시스템의 부재로부터 그 한계성을 가지고 있다. 한국생산기술연구원 자원순환기술지원센터에 의하여 도시광산 원료에 대하여 자원순환을 위한 기술패키지가

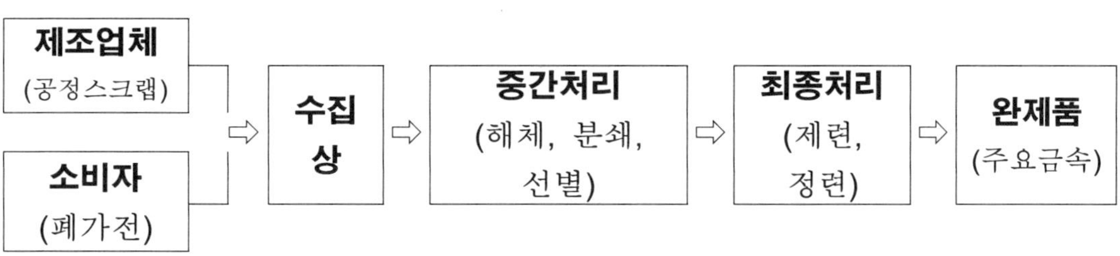

[그림 7-1] 도시광산 자원의 처리개념도

지속적으로 작성 중에 있으며, 완제품을 제조하기 위한 연관된 공통기술 및 관련품목들이 정리되어 제공되고 있다. 그러나, 최종처리 후 완제품을 만들기까지에는 도시광산 원료에 대한 가치판단을 통하여 거래가 객관성을 가지고 있어야 하며, 이에 대한 공정거래는 미흡한 실정이다. 따라서 도시광산 원료의 발생에서부터 수요-공급간에 공정거래를 유도하기 위한 최적가용기법(BAT)의 확보로부터 도시광산 자원의 단계별 활성화가 필요한 것이다.

도시광산의 최적가용기법을 적용하기 위해서는 폐기물로 배출되고 있는 도시광산 원료에 대하여 처리과정의 각 단계별 물량정보 및 유가금속 분석결과를 확보하고, 이 자료들을 해석하여 판단할 수 있는 분야별 전문분석가 그룹이 형성되어야 하며, 각각의 해석과정에서 도출되는 모든 자료를 공유할 수 있는 체계를 수립해야 한다.

도시광산 원료를 공급하고자 하는 기업에서는 발생원에 대한 공정을 전문가그룹에 컨설팅을 통하여 주요원료의 배출과정에 대한 최적의 환경관리 방안을 마련하고, 수요기업에서는 도시광산 원료의 전문분석을 기반으로 완제품을 만들기 위한 기술플랫폼의 적정한 활용을 통하여 최적기술을 선정할 수 있는 체계를 갖추는 것이다. 즉, 도시광산 자원의 재활용을 위한 최적가용기법은 유가금속 함유 부산물의 발생사업장에서 효과적인 배출저감을 위한 환경관리 기법과 환경인허가를 위한 세부방안을 마련하고, 유가금속의 분석결과로부터 환경개선과 경제성을 확보하여 자원이용의 효율성을 증대시키는 것이다.

[그림 7-2] 최적가용기법의 적용

도시광산 산업분야의 최적가용기법을 적용하기 위해서는 [그림 7-3]과 같은 도시광산 원료의 거래방안을 토대로 도시광산 산업분야에서 기본매뉴얼 마련 및 각종 기술에 대한 플랫폼의 적용을 최적화할 수 있다. 즉, 도시광산 산업분야에서 재활용 원료의 종류와 함유 및 배출량이 얼마나 되는지를 가치분석을 상호 공유함으로써 수익분배를 평등하게 유지할 수 있는 것이다. 기존의 방법으로는 기업-기업간 혹은 개인-기업간 객관적 공유할 수 있는 시스템이 없어서 가치의 판단이란 것이 모호하게 해석되어 신뢰할 수 없는 상거래가 되었다면, 최적가용기법에 따른 가치판단으로부터 객관적이고 건강한 상거래를 통하여 상호발전의 발판을 마련할 수 있으며 이로부터 친환경적이고 지속가능한 기업발전을 도모할 수 있는 것이다.

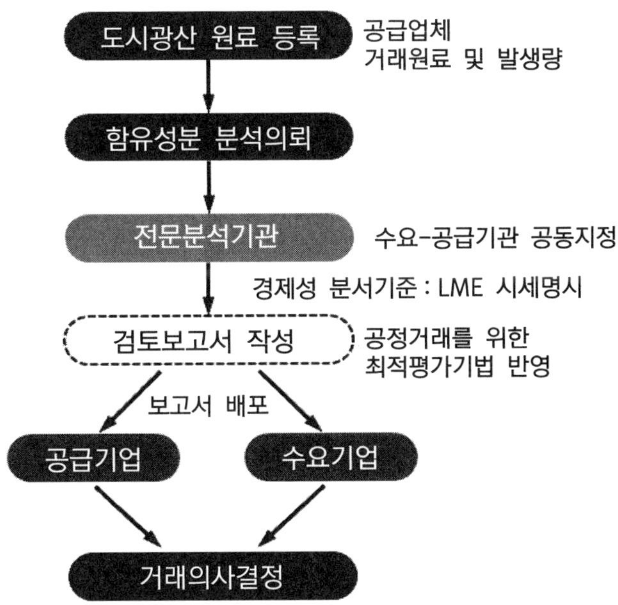

[그림 7-3] 도시광산 원료 거래방안

7.3 가치판단 사례분석

도시광산의 가치판단을 위한 핵심내용은 수요자-공급자간의 거래를 객관적이고 합리적인 판단하에 신뢰할 수 있도록 진행함에 있다. 또한, 가치판단을 위한 주요한 요소로는 아래와 같다.

- 가치판단의 주요요소

  도시광산 속 유가금속 함량을 분석하여 재활용 경제성을 평가하는 데는 여러 가지 요인이 작용한다. 제련소의 주력 금속, 금속의 함량, 납품하고자 하는 중량, 제련소 수수료(TC), 금속의 시세, 운반비, 환율, 자원순환법에 의거한 폐기물처분부담금(제공자 부담, 2018년 1월 1일 적용 예정) 등 다양한 변수에 따라 시료의 가치는 달라질 수 있다.

  예시) 제련소의 구입 기본 (수집사의 운반비, 마진율 등 제외)
  = (포함금속LME가격×환율×품위×중량×인정비율) - 제련수수료(정련, 분석, 운반 등)

본 가치판단은 [그림 7-4]와 같이 수집상(공급자)과 정·제련업체(수요자)의 관계를 일례로 가정하였다. 각 도시광산 원료에 대한 가치판단은 제6장의 원료분석에서 언급한 일련의 처리과정으로부터 성분결과를 도출한 후 가치판단을 진행하게 된다. 성분 결과치는 가정하여 산정하였다.

도시광산의 거래를 위한 사례분석을 전자폐기물슬러지를 대상으로 하여 가치판단 사례분석을 실시해보고자 한다.

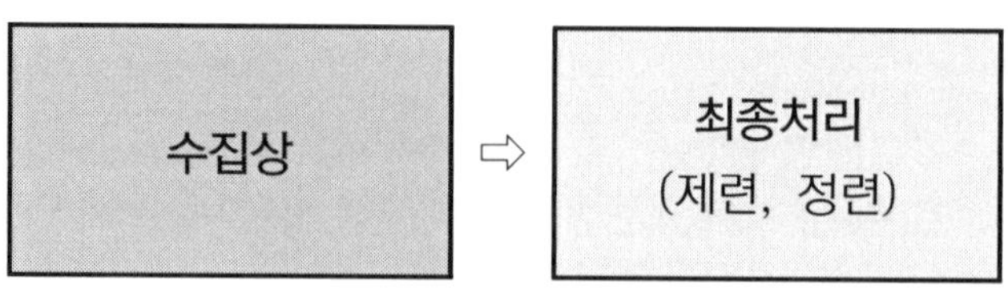

[그림 7-4] 가치판단 사례 예시

【가치판단 사례분석】

- 대상 도시광산 원료 : 전자폐기물슬러지

금(Au), 팔라듐(Pd), 은(Ag), 니켈(Ni) 함유 슬러지의 가치판단 방법은 품위를 결정한 후 금속 LME가격 및 환율을 검토하여 진행한다.

① 품위

각 원소의 분석결과가 다음과 같다고 가정한다.

[표 7-3] 전자폐기물슬러지의 예상 함유량 (가정)

원소	함량	단위
Au	120	mg/kg
Ag	250	
Pd	60	
Ni	230,000	
수분	85	%

② 금속 LME가격 및 환율

성분분석결과의 검증이 완료되면, 유가금속 함량을 확정하게 되며, 그 시점의 금속시세를 확인하여 적용하게 된다.

[표 7-4] 귀금속 Metal 적용시세 (기준 : 2017년 8월 9일)

귀금속/Metal	시세 ($/Toz)	단위환산 (Toz/g)	환율 (₩/$)	금속가 (₩/g)
Au	1,217.10	0.032150	1,133.97	44,373
Ag	16.14			588
Pd	856.00			29,648
Ni	9,481.67			10,752
Pt	971.00			33,631
Rh	930.00			32,211

국내거래 금속가격 계산법
* 금속가 = 금속시세 × 단위환산 × 환율

③ 기타 (중량, 제련소 인정비율, 정련비)

성분비에 따른 시세가 확정되면 각 함량에 시세를 적용하여 최종 가치를 판단하게 된다.

금속가격 산출방식
위 [표 7-3]전자폐기물슬러지의 예상 함유량의 총 폐기물 발생량이 100 kg(중량)이고, 제련소 인정비율을 85%, 정련비를 10%로 가정할 때 슬러지의 가치산출 방법은 수분함량을 제외한 순수 metal의 양을 가지고 다음과 같이 거래한다.

구분	함량 (mg/kg)	중량 (kg)	metal (g)	판가 (₩)	인정비 적용(₩)	정련비 (₩)	가치 금액 (₩)
Au	120	100	1.8	79,871	67,891	7,987	67,811
Ag	250	100	3.75	2,207	1,876	221	1,873
Pd	60	100	0.9	26,683	22,680	2,668	22,654
Ni	230,000	100	3,450	37,094,156	31,530,033	3,709,416	31,492,939

【산출근거】

- $metal(g) = \frac{\text{함량}(mg/kg)}{1000} \times \text{중량}(kg) \times \left(1 - \frac{moisture(\%)}{100}\right)$
- $\text{판가} = metal \times \text{금속가격}$
- $\text{인정비적용} = \text{판가} \times \left(\frac{\text{인정비율}(\%)}{100}\right)$
- $\text{정련비} = \text{판가} \times (1 - \text{정련비율}(\%))$
- $\text{가치금액}(\text{원})$
  $= \text{금속가} \times \frac{\text{함량}(mg/kg)}{1000} \times \text{중량}(kg) \times \left(1 - \frac{moisture(\%)}{100}\right) \times \left(\frac{\text{인정비율}(\%)}{100}\right) - \text{정련비}$

위 결과에 따라 전자폐기물슬러지는 ₩31,585,277 만큼의 경제적 가치가 있다고 판단된다.

도시광산 관련법

8

8.1 「자원의 절약과 재활용 촉진에 관한 법률」

【법률 제1조, 제11조~제20조】

- 폐기물의 발생을 억제하고 재활용을 촉진하는 등 자원을 순환적으로 이용하도록 함으로써 환경의 보전과 국민경제의 건전한 발전에 이바지함을 목적으로 한다.
- 정부는 개발사업의 시행자가 그 사업의 시행에 앞서 자원순환을 촉진할 수 있도록 필요한 대책을 강구하여야 한다.
- 생산자책임재활용제도(EPR, Exteded Producer Responsibility)의 근거 법률로서 포장재, 전지류, 타이어, 윤활유 등에 대해 생산자에게 재활용 의무를 부과하는 제도로 이행하지 않을 경우 부과금을 징수한다.
- 재활용가능자원을 효율적으로 활용하기 위하여 폐기물의 발생량과 재활용 여건을 고려하여 재활용가능자원의 분리수거를 위한 지침을 정할 수 있다.
- 폐기물부담금과 재활용부과금은 관련 사업을 위한 처리시설 설치지원, 연구기술개발, 회수·재활용 및 처리지원, 재활용가능자원의 구입 및 비축, 재활용을 촉진하기 위한 사업의 지원 용도로 사용한다.

8.2 「전기·전자제품 및 자동차의 자원순환에 관한 법률」

【법률 제1조, 법률 부칙 제2조, 시행령 별표3, 시행령 제14조 및 제15조제3】

- 전기 · 전자제품 및 자동차의 재활용을 촉진하기 위하여 유해물질 사용억제, 재활용이 쉽도록 제조, 폐기물의 적정하게 재활용하도록 하여 자원을 효율적으로 이용하는 자원순환체계를 구축함으로써 환경의 보전과 국민경제의 건전한 발전에 이바지함을 목적으로 한다.
- 기존 EPR에 있던 전기 · 전자제품과 자동차에 대한 내용을 신규법률로 제정
- '14년 1월부터 재활용의무 대상 전기·전자제품 품목을 27개로 확대하고 재활용 목표량을 설정하여 관리

8.3 「폐기물관리법」

【법률 제25조제5항제5호~제7호, 시행령 별표4의2, 시행규칙 별표5의3, 시행규칙 제28조, 제29조】

- 생활계 및 사업장계폐기물에 관련된 배출과 처리의 전반적인 내용을 다루고 있으며, 폐기물처리업과 폐기물처리업허가와 폐기물처리업의 변경허가 등에 관한 것은 도시광산 업종과 관련된 내용으로서 도시광산 업종은 '폐기물 중간재활용업', '폐기물 최종재활용업', '폐기물 종합재활용업'에 해당 함
- 폐기물의 재활용 준수사항을 마련
- 폐기물의 처리에 관한 구체적인 기준과 방법을 마련
- 구체적 재활용 유형, 재활용 공정도 및 재활용 공정별 물질수지 분석자료 등을 마련하여 재활용환경성평가를 받아야 함
- 재활용이 어렵다고 판단되는 기준을 마련하여 재활용 허가를 제한하고, 그 이외 재활용은 모두 인정하는 것으로 시행령과 시행규칙이 개정됨

8.4 「폐기물의 국가간 이동 및 그 처리에 관한 법률」

【시행령 제2조】

- 유해 폐기물의 국가간 이동 및 그 처리의 통제에 관한 바젤협약 및 동협약에 의한 폐기물의 수출수입 및 국내 경유를 규제하기 위한 법률
- 시행령 제2조(폐기물의 종류)에 의하여 폐인쇄회로기판(PCB)를 포함한 대부분의 금속스크랩은 본 법률의 적용을 받고 있음

❖ 바젤협약(Basel Convention)

바젤 협약은 위험 폐기물의 국경 이동과 그 처분에 관한 OECD 국가의 책임을 선언했다. 이는 1989년 3월에 채택되어 1992년 5월에 발효했다. 1996년에서 EC 이외에 100개국이 협약의 당사자가 되었다. 협약은 폐기물 관리 조치에 대한 기술적인 지침을 포함하고 있다. 이 지침에서 물질은 수출 금지 물질(목록 A)와 비-OECD 국가로 수출될 수 있는 물질로 분류된다. 1994년 당사자들에 의해 채택된 결정은 비-OECD 국가에서 최종 처분하기 위하여 위험 폐기물을 OECD 국가로부터 수출하는 것을 즉각 금지시켰다. 그 결정은 1997년 12월 31일에 완전히 금지시키기 전에 재활용 또는 회수작업을 위한 유사한 수출도 단계적으로 폐지시켰다.

8.5「자원순환기본법」

- 자원을 효율적으로 이용하여 폐기물의 발생을 최대한 억제하고 발생된 폐기물의 순환이용 및 적정한 처분을 촉진하여 천연자원과 에너지의 소비를 줄임으로써 환경을 보전하고 지속 가능한 자원순환사회를 만드는데 필요한 기본적인 사항을 규정함을 목적으로 한다.
- 산업계에서 활용되고 있는 폐자원을 조사하여 가능한 많은 폐자원이 순환자원으로 인정받을 수 있도록 경제성과 환경성 등의 구체적 기준을 제시하고자 함
- 2018년부터 발효되며, 2017년 현재 시행령 및 시행규칙을 마련 중임
- 자원순환과 관련된 모든 법률은 이 법의 목적과 기본원칙에 부합되게 하여야 함
- 도시광산 업종에 있어서 접근성이 매우 높음

8.6 「환경친화적 산업구조로의 전환촉진에 관한 법률」

【법률 제20조, 제21조】

- 청정생산기술에 의하여 환경오염을 제거하거나 줄이기 위한 기술과 녹색제품을 생산함으로써 에너지와 자원을 절약함
- 재생자원의 총괄적 수급현황 분석, 고부가가치화를 위한 기술개발 연구 및 표준화, 기업간 재생자원 교환의 촉진 등에 관한 시책을 수립하여 시행
- 생태산업단지 내의 기업간 자원 및 에너지 연계를 위한 기술개발 및 보급

8.7 「산업발전법」

【법률 제16조, 제17조】

- 자원의 수급과 이용을 통합적으로 고려하여 산업의 자원생산성 향상에 관한 종합적 대응
- 산업생산에 필요한 자원의 안정적인 확보공급 및 관리를 위한 대책, 산업의 자원 생산성 향상 기술 및 경영기법 보급·확산 등을 다루고 있음
- 산업생산에 많은 영향을 미치는 자원의 확보·공급· 사용 등 자원의 전과정에 대한 조사 및 관리에 관한 업무 등

8. 「산업직접활성화 및 공장설립에 관한 법률」

【시행령 제6조, 시행령 제21조제2항제2호】

- 시행령에 '폐기물의 수집운반, 처리 및 원료재생업'의 산업단지의 입주자격 부여하고 있음

참고문헌

[1] Andy Smith & Jol Desmarchelier(2017), Improved Accuracy in the Analysis of Precious Metals by ICP-OES. Glass Expansion Application Note, GEICP. (http://www.geicp.com)

[2] Chuck Vollmer(2015), Urban Mining Process : Reclamation of valuable raw materials and metals from urban waste streams, Jobenomics, 1~3. (http://jobenomicsblog.com)

[3] Cobalt Institute(2008), World Metal Statistics Yearbook.

[4] Global steel dust(2016), Proven Waelz Kiln Technology,

[5] Greenerchoices(2015), Electronics recycling, Green Star of Interior Alaska.

[6] Kito Metals Inc., http://www.kitco.com/

[7] KOTRA(2011), 일본 소형전기전자기기 리사이클제도 구축, Green Report, 33(12).

[8] LG사이언스(2010), 세계는 지금 '희소금속' 확보 전쟁 중, LG사이언스랜드.

[9] LS NIKKO(2015), http://www.lsnikko.com/nikko/index.aspx.

[10] P.J.Potts(1987), "A handbook oh silicate rock analysis", Blackie & Son.

[11] Randy Shelton, B.S.(2010), E-Waste Recycling, SNU-Tulsa Research Journal, Volume 3, Issue 1, 35-61.

[12] StEP (2009), Recycling: From e-Waste to Resources, Sustainable Innovation and Technology Transfer, Industrial Sector Studies.

[13] UMICORE(2014), Recycling of Precious Metals from the Urban Mine, ACS national meeting.

[14] USGS(205), Mineral Commodity Summaries 2015, U.S. Geological Survey.

[15] Wei Lin, Rong-Wei Zhang, Seung-Soon Jang, Prof. Ching-Ping Wong, Jung-Il Hong(2010), "Organic Aqua Regia"-Powerful Liquids for Dissolving Noble Metals, Angewandte Chemie, 122, 43, PP. 8101~8104.

[16] Widmer, Oswald-Krapf, Sinha-Khertriwal, Schnellmann, & Boni(2005), Global Perspectives on e-waste, Environmental Impact Assessment Review 25(2005) 436-458.

[17] 국가청정생산지원센터(2010), 도시광산 산업 동향 및 발전과제, 한국생산기술연구원.

[18] 국가청정생산지원센터(2015), 도시광산 산업 동향 및 발전과제, 한국생산기술연구원.

[19] 국립환경과학원(2016), 산업폐수의 발생과 처리-2014 환경오염 배출업소 조사결과, 환경부.

[20] 금나반기자단(2012), 경제기사 X-파일 : 희귀광물 주요산지 및 생산 점유율(USGS,2008),미래의 창.

[21] 기획재정부 외4부처(2009), 폐금속자원 재활용 대책, 관계부처 합동 발표회.

[22] 김광임 외2인(2010), 폐금속자원 재활용 촉진을 위한 제도·기술적 지원 방안, 한국환경정책·평가연구원.

[23] 김동환 외1인(2015), 금속의 세계사, 다산에듀.

[24] 김령주 외2인(2016), 국내 도시광산 산업 현황 조사분석, 한국자원리싸이클링학회지, Vol.25, No.5.

[25] 김정주(2014), 폐가전제품의 물질흐름분석을 통한 재활용 최적화 방안 연구, 서울과학기술대학교 석사학위논문.

[26] 런던금속거래소(LME), www.lme.com.

[27] 박관희(2016), 금속가격 상승에 따라 주목받는 '도시광산', FutureEco.

[28] 산업기술종합연구소(National Institute of Advanced Industrial Science Technology, AIST)(2007), Rare Metal Task Forum, 공업조사회.

[29] 산업통상자원부(2016), 2016 자원순환 이노베이션 로드맵-도시광산 · 재제조, 한국생산기술연구원.

[30] 삼우ENG(2017), www.isweng.com.

[31] 손승환 외1인(2016), Microwave digestion을 활용한 자동차 폐촉매에 함유된 유가금속(Pd, Pt) 정량분석 개선, 한국분석과학회, 제56회 춘계학술대회.

[32] 순환자원거래소(2012), www.re.or.kr, 환경부.

[33] 신호정 외3인(2017), 국내 희소금속의 재활용현황 및 당면과제, 한국자원리싸이클링 2017춘계학술대회.

[34] 신호정 외3인(2017), 도시광산 재자원화 기술개발의 현재와 미래, 대한금속재료학회 2017춘계학술대회.

[35] 심주현 외3인(2006), 이온교환과 전기투석을 이용한 니켈회수의 비교연구, 한국환경공학회, 28(6).

[36] 엘림글로벌(2017), www.elim-global.com.

[37] 오승호(2008). 분석시료 전처리 핸드북, 도서출판 아카데미서적.

[38] 오승호(2007), 기기분석을 위한 시료전처리 기초와 실무, Korea cyber analysis supporting center.

[39] 윤주호 외1인(2012), 그린카 자원순환 기술개발 동향, 한국자동차공학회 오토저널, 34(2).

[40] 윤태구 외1인(2014), 에코재자원화 센터설립, 아주경제.

[41] 이신재(2011), 자동차社 스스로 폐자동차 자원순환하기로, 에너지신문.

[42] 이재천(2013), 비철 제련슬래그를 철자원으로 활용하기 위한 녹색공정개발, 폐금속 · 유용자원 재활용 기술개발 사업단, 웹진4호.

[43] 이희선 외3인(2015), 폐자동차의 자원순환 고도화방안을 위한 폐자원 및 잔재물 흐름분석, 한국환경정책 · 평가연구원.

[44] 일본국립환경연구소(2008), 리어메탈리사이클 기술의 동향.

[45] 일본환경성(2010), 일본의 순환형 사회형성을 위한 법제도 시행상황, 중앙환경심의회.

[46] 자원순환기술지원센터(2012), 도시광산 기업대상 전문가 양성교육, 한국생산기술연구원.

[47] 자원순환기술지원센터(2014), 자원순환 기술플랫폼 구축현황 및 활용방안, 한국생산기술연구원.

[48] 정도현(2013), 자동차 재제조 부품의 표준화를 통한 발전방안, 한국자동차공학회 오토저널Vol.12.

[49] 정웅태 외2인(2011), 녹색성장을 위한 희소자원의 개발과 관리방안, 에너지경제연구원, 협동연구보고서, 11-01.

[50] 정호원 외3인(2012), 환경친화적 폐자동차 해체기술, 한국자동차공학회 오토저널, 34(2).

[51] 조경진(2010), 국내 도시광산 산업의 현황과 활성화 과제, 한국산업은행, 산업이슈, 22~35.

[52] 조영환 외1인(1993), 非鐵金屬製鍊工學, 한양대학교출판부.

[53] 한국광물자원공사 전자도서관, http://lib.kores.net/KORES/.

[54] 한국비철금속협회(2010), 산업용 원자재 중장기 수급안정화 방안 연구(희소금속을 중심으로), 산업통상자원부.

[55] 한국전자산업환경협회(2013), 전기 · 전자제품 및 자동차의 자원순환에 관한 법률 일부개정 안내.

[56] 한국지질자원연구원(2005), 고순도 은(Ag) 분말제조를 위한 연속식 전해조 제작 및 기술지원, 산업자원부.

[57] 한국지질자원연구원(2010), 미래주도형 폐금속 자원 재활용 기술개발 연구, 한국환경공단.

[58] 한국철강협회(2009), 철강통계연보.

[59] 한국환경공단녹색산업진흥처(2010), 폐금속 자원 재활용 기술, 한국환경공단.

[60] 환경부(2012), EU 폐전기전자 제품 처리지침(WEEE) 개정 분석보고서.

[61] 환경부(2015), 전국 폐기물 발생 및 처리현황.

[62] 황용길 외2인(2013), 폐수 중 유가금속 회수기술 동향, 한국자원리싸이클링학회, 22(3).

[63] 휠라이프(2017), 배기장치-자동차 상식 엔진편 (http://post.naver.com/viewer/postView.nhn?volumeNo=8711735&memberNo=32594659).

[64] (사)재활용대안기업연합회(2009), 소형 전기전자 폐기물 적정관리 방안 연구.

[65] (사)한국자동차자원순환협회(2009), 폐자동차 해체부품의 효율적 재활용방안 연구, 환경부.

[66] (사)한국전자회로산업협회(2017), PCB(Printed Circuit Board) Briefing,(http://www.kpca.or.kr/ kr/data/briefing_03.php)

[67] (주)에코(2017), www.ps-eco.kr.

[68] (주)이온텍(2013), 이온교환수지의 폐기물처리, 한국표준분류.

[69] (주)파코코리아(2015), 한국의 금(gold)산업, http://www.facco.kr/?p=299.

찾아보기

생활과 도시광산

2018년 1월 10일 초판 인쇄

2018년 1월 15일 인쇄 발행

저 자 고재철 · 류경원 · 염운주 · 이현주

발 행 인 송기수

발 행 처 도서출판 GS인터비전

편 집 처 도서출판 GS인터비전

인 쇄 처 대명프린팅

등록번호 제 25100-2016-000050호

I S B N 979-11-5576-195-3 (93540)

주 소 서울 은평구 증산로 15길 69 2층

전 화 02-976-7898, 02-3272-7898.

팩 스 02-6468-7898

홈 페 이 지 gsintervision.co.kr

E - M a i l gsinter7@gmail.com

정 가 24,000원